Excel 2019 必學範例

大數據資料整理術

全華研究室　王麗琴　編著

全華

編輯大意

學習可以是一件很快樂的事

我們常常在學習中，得到想要的知識，並讓自己成長。

學習應該是快樂的，學習應該是分享的。

本書將學習的快樂，分享給你，讓你在書中得到幸福與成長。

本書共分為 12 個範例，每個範例都可靈活運用在工作上、課業上，且範例都有詳細的說明及操作過程，在操作過程中可以學習到各種 Excel 的操作技巧。書中還有許多 Excel 必學的函數、大數據資料整理術、圖表視覺化等實用內容。相信學會了這些使用技巧後，日後就可以舉一反三，應用到其他例子。

在本書中的所有範例，都會先針對每個範例做說明，並告訴你可以學習到什麼，而書中的範例在本書的「範例光碟」中，附有原始檔案、相關檔案及最後範例結果檔案，所以在學習前，別忘了先開啟光碟中的檔案，跟著書中的步驟一起練習。光碟中還提供了操作影片，讓你可以跟著我們一起做，一起掌握 Excel 的操作技巧。

在每個範例的最後，都會有「自我評量」單元，自我評量中所要使用的原始檔案，也都可以在「範例光碟」中找到。學會了新技巧，當然要找個機會好好大展身手一番。所以，請在學習完每個範例後，別忘了到「自我評量」單元中，練習看看我們所設計的題目喔！

全華研究室

商標聲明

書中引用的軟體與作業系統的版權標列如下：

- Microsoft Windows 是美商 Microsoft 公司的註冊商標。
- Microsoft Excel 是美商 Microsoft 公司的註冊商標。
- 書中所引用的商標或商品名稱之版權分屬各該公司所有。
- 書中所引用的網站畫面之版權分屬各該公司、團體或個人所有。
- 書中所引用之圖形，其版權分屬各該公司所有。
- 書中所使用的商標名稱，因為編輯原因，沒有特別加上註冊商標符號，並沒有任何冒犯商標的意圖，在此聲明尊重該商標擁有者的所有權利。

關於範例及操作影片

本書收錄了書中所有使用到的範例檔案、範例結果檔及教學影片。請依照書中的指示說明，開啟這些範例檔案使用，或者也可直接開啟結果檔案觀看設定結果，使用檔案時，建議你先將光碟片中的檔案，複製到自己的電腦中，以方便操作使用。在「操作影片」資料夾中提供了各範例的操作教學影片，可以隨時開啟觀看。

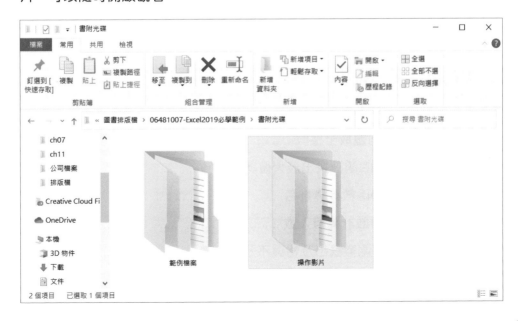

Contents

Example 01 產品訂購單

- 1-1 建立產品訂購單內容 1-3
  啓動 Excel 並開啓現有檔案．於儲存格中輸入資料．使用填滿功能輸入資料
- 1-2 儲存格的調整 1-8
  欄寬與列高調整．跨欄置中及合併儲存格的設定
- 1-3 儲存格的格式設定 1-12
  文字格式設定．對齊方式的設定．框線樣式與填滿色彩的設定
- 1-4 儲存格的資料格式 1-18
  文字格式．日期及時間．數值格式．特殊格式設定．日期格式設定．貨幣格式設定
- 1-5 用圖片美化訂購單 1-23
  插入空白列．插入圖片
- 1-6 建立公式 1-26
  認識運算符號．加入公式．複製公式．修改公式
- 1-7 用加總函數計算金額 1-30
  認識函數．加入 SUM 函數．公式與函數的錯誤訊息
- 1-8 活頁簿的儲存 1-33
  儲存檔案．另存新檔

Example 02 學期成績計算表

- 2-1 用 AVERAGE 函數計算平均 2-3
- 2-2 用 ROUND 函數取至整數 2-4
- 2-3 用 MAX 及 MIN 函數找出最大值與最小值 2-6
- 2-4 用 RANK.EQ 函數計算排名 2-8
- 2-5 用 COUNT 函數計算總人數 2-13
- 2-6 用 COUNTIF 函數找出及格與不及格人數 2-15

◐ 2-7　條件式格式設定 2-18

只格式化包含下列的儲存格‧前段/後段項目規則‧用圖示集規則標示個人平均‧清除規則‧管理規則

◐ 2-8　資料排序 2-27

◐ 2-9　註解的使用 2-30

新增註解‧顯示所有註解

Example 03　產品銷售統計報表

◐ 3-1　取得及轉換資料 3-3

匯入文字檔‧資料更新

◐ 3-2　格式化為表格的設定 3-7

表格及範圍的轉換‧表格樣式設定‧設定合計列的計算方式

◐ 3-3　用DATE及MID函數將數值轉換為日期 3-12

認識 DATE 及 MID 函數‧將數值資料轉換為日期格式

◐ 3-4　佈景主題的使用 3-18

◐ 3-5　工作表的版面設定 3-21

紙張方向的設定‧邊界設定‧縮放比例及紙張大小‧設定列印範圍‧設定列印標題

◐ 3-6　頁首及頁尾的設定 3-28

◐ 3-7　列印工作表 3-33

預覽列印‧選擇要使用的印表機‧指定列印頁數‧縮放比例‧列印及列印份數

◐ 3-8　將活頁簿轉存為PDF文件 3-35

Example 04　大數據資料整理

◐ 4-1　認識政府開放資料 4-3

◐ 4-2　將缺失的資料自動填滿 4-4

◐ 4-3　用ISTEXT函數在數值欄位挑出文字資料 4-6

Contents

● 4-4 用LEFT函數擷取左邊文字 4-10

● 4-5 轉換英文字母的大小寫 4-13

● 4-6 用資料驗證功能檢查資料 4-18
　　　重複的資料項目．用資料驗證功能限定不能輸入重複資料．用 ASC 函數限定
　　　只能輸入半形字元．用TODAY 函數限定輸入的日期．用資料驗證功能限定
　　　輸入的數值為整數．用資料驗證功能填入重複性的資料

● 4-7 用HYPERLINK函數建立超連結 4-31

Example 05　用圖表呈現數據

● 5-1 使用走勢圖分析營收的趨勢 5-3
　　　建立走勢圖．走勢圖格式設定．變更走勢圖類型．清除走勢圖

● 5-2 用直條圖呈現營收統計數據 5-7
　　　認識圖表．在工作表中建立圖表．調整圖表位置及大小．套用圖表樣式

● 5-3 圖表的版面配置 5-14
　　　圖表的組成．新增圖表項目．修改圖表標題及圖例位置．加入資料標籤．加
　　　入座標軸標題

● 5-4 變更資料範圍及圖表類型 5-20
　　　修正已建立圖表的資料範圍．切換列 / 欄．變更圖表類型．變更數列類型．
　　　圖表篩選

● 5-5 圖表的美化 5-25
　　　變更圖表標題物件的樣式．變更圖表物件格式

● 5-6 用XY散佈圖呈現年齡與血壓的關係 5-27
　　　插入 XY 散佈圖．新增資料來源．修改座標軸．加上趨勢線．移動圖表

● 5-7 用3D地圖呈現臺灣人口數分布情形 5-37
　　　啟用 3D 地圖．變更圖表視覺效果．變更數列圖形．顯示地圖標籤．擷取場
　　　景．變更 3D 地圖佈景主題．關閉 3D 地圖視窗．修改 3D 地圖

Example 06 產品銷售數據分析

● 6-1 資料篩選 6-3
自動篩選・自訂篩選・清除篩選・進階篩選

● 6-2 小計的使用 6-10
建立小計・層級符號的使用・移除小計

● 6-3 樞紐分析表的應用 6-14
建立樞紐分析表・產生樞紐分析表資料・隱藏明細資料・資料的篩選・設定
標籤群組・更新樞紐分析表

● 6-4 調整樞紐分析表 6-24
修改欄位名稱及儲存格格式・以百分比顯示資料・資料排序・小計・設定樞
紐分析表選項・變更報表版面配置・套用樞紐分析表樣式

● 6-5 交叉分析篩選器 6-34
插入交叉分析篩選器・美化交叉分析篩選器・移除交叉分析篩選器

● 6-6 製作樞紐分析圖 6-40
建立樞紐分析圖・設定樞紐分析圖顯示資料

Example 07 零用金帳簿

● 7-1 自動顯示天數、月份及星期 7-3
用 DAY 及 EDATE、DATE 函數自動顯示當月天數
用 IF、OR、MONTH、DATE 函數自動顯示月份
用 IF、OR、TEXT、DATE 函數自動顯示星期

● 7-2 用資料驗證設定類別清單 7-12

● 7-3 用 IF 及 AND 函數計算結餘金額 7-14

● 7-4 用 SUM 函數計算本月合計與本月餘額 7-16

● 7-5 用 SUMIF 函數計算各類別消費金額 7-18

● 7-6 用 IF 函數判斷零用金是否超支 7-22

● 7-7 複製多個工作表 7-23

Contents

● 7-8　合併彙算 7-26
　　建立總支出工作表‧合併彙算設定

● 7-9　用立體圓形圖呈現總支出比例 7-30
　　加入圓形圖‧圖表版面配置

Example 08　報價系統

● 8-1　用移除重複工具刪除重複資料 8-3

● 8-2　定義名稱 8-6

● 8-3　用資料驗證工具及INDIRECT函數建立選單 8-11
　　建立類別選單‧用INDIRECT函數建立貨號選單

● 8-4　用ISBLANK及VLOOKUP函數自動填入資料 8-15

● 8-5　用SUMPRODUCT函數計算合計金額 8-24

● 8-6　保護活頁簿 8-27

● 8-7　設定允許使用者編輯範圍 8-30

Example 09　投資理財試算

● 9-1　用FV函數計算零存整付的到期本利和 9-3

● 9-2　目標搜尋 9-7

● 9-3　用PMT函數計算貸款每月應償還金額 9-10

● 9-4　運算列表 9-13

● 9-5　分析藍本 9-16
　　建立分析藍本‧以分析藍本摘要建立報表

● 9-6　用IPMT及PPMT函數計算利息與本金 9-26

● 9-7　用RATE函數試算保險利率 9-30

● 9-8　用NPV函數試算保險淨現值 9-33

● 9-9　用PV函數計算投資現值 9-36

Example 10　巨集的使用

🔵 10-1　認識巨集與VBA..10-3
　　　使用內建的巨集功能‧使用 Visual Basic 編輯器建立 VBA 碼

🔵 10-2　錄製新巨集...10-5

🔵 10-3　執行與檢視巨集 10-12
　　　執行巨集‧檢視巨集‧刪除巨集

🔵 10-4　設定巨集的啓動位置 10-15
　　　建立巨集執行圖示‧在功能區自訂巨集按鈕

Example 11　VBA程式設計入門

🔵 11-1　VBA基本介紹...11-3
　　　開啓「開發人員」索引標籤‧Visual Basic 編輯器

🔵 11-2　VBA程式設計基本概念 11-8
　　　物件導向程式設計‧物件表示法‧儲存格常用物件：Ranges、Cells‧常數
　　　與變數‧運算式與運算子‧VBA 程式基本架構

🔵 11-3　結構化程式設計 11-14
　　　循序結構‧選擇結構‧重複結構

🔵 11-4　撰寫第一個VBA程式 11-17

Example 12　大數據資料視覺化—Power BI

🔵 12-1　認識Power BI...12-3

🔵 12-2　下載及安裝Power BI Desktop...................................12-4

🔵 12-3　Power BI Desktop的檢視模式...................................12-7

🔵 12-4　取得資料..12-8
　　　載入 Excel 活頁簿‧載入 CSV 文字檔格式‧取得網路上的開放資料‧儲存檔案

🔵 12-5　Power Query編輯器 12-19
　　　進入 Power Query 編輯器‧變更資料行標題名稱‧移除不需要的資料行‧變
　　　更資料類型‧移除空值(null)資料列‧套用 Power Query 編輯器內的調整

Contents

● 12-6 建立視覺化圖表 12-27

在報表中建立視覺效果．格式設定．增加或移除欄位．變更視覺效果類型．
新增與刪除空白頁面

● 12-7 調整報表畫布的頁面大小及檢視模式.................................... 12-34

調整頁面大小及背景色彩．切換報表畫布檢視模式．使用焦點模式展示視覺
效果

● 12-8 視覺效果的互動 12-38

查看詳細資料．互動式視覺效果．變更視覺效果的互動方式

● 12-9 線上學習... 12-42

產品訂購單

範例檔案

Example01 → 產品訂購單 .xlsx

Example01 → 招牌 .png

結果檔案

Example01 → 產品訂購單 -OK.xlsx

Example01 → 產品訂購單 -OK.xls

在「產品訂購單」範例中,將學習如何進行文字格式、儲存格、工作表等基本操作,除此之外,還會學習到如何讓產品訂購單具有計算的功能。

加入圖片　　跨欄置中　　　　　　　　特殊格式　　日期格式

框線

填滿色彩

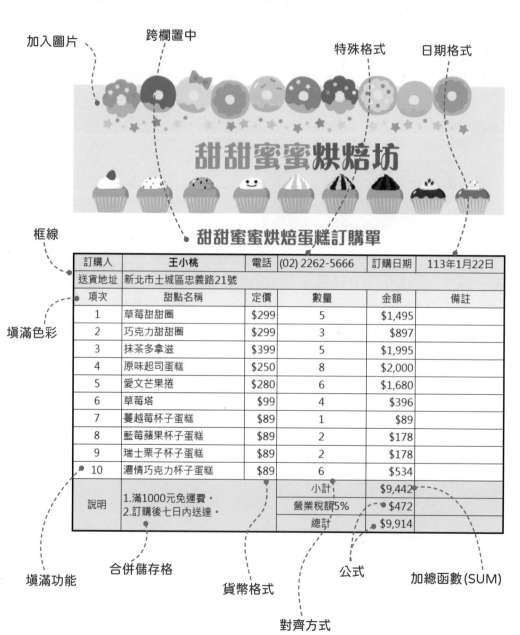

甜甜蜜蜜烘焙蛋糕訂購單

訂購人	王小桃	電話	(02) 2262-5666	訂購日期	113年1月22日
送貨地址	新北市土城區忠義路21號				
項次	甜點名稱	定價	數量	金額	備註
1	草莓甜甜圈	$299	5	$1,495	
2	巧克力甜甜圈	$299	3	$897	
3	抹茶多拿滋	$399	5	$1,995	
4	原味起司蛋糕	$250	8	$2,000	
5	愛文芒果捲	$280	6	$1,680	
6	草莓塔	$99	4	$396	
7	蔓越莓杯子蛋糕	$89	1	$89	
8	藍莓蘋果杯子蛋糕	$89	2	$178	
9	瑞士栗子杯子蛋糕	$89	2	$178	
10	濃情巧克力杯子蛋糕	$89	6	$534	
說明	1.滿1000元免運費。2.訂購後七日內送達。		小計	$9,442	
			營業稅額5%	$472	
			總計	$9,914	

填滿功能　　合併儲存格　　　　　　　　　　　公式　　加總函數(SUM)

貨幣格式

對齊方式

Example 01 產品訂購單

1-1 建立產品訂購單內容

在「產品訂購單」範例中，已先將一些基本的文字輸入於工作表，但還有一些未完成的內容需要輸入，而在建立這些內容時，有一些技巧是不可不知的，這裡就來學習如何開啓檔案及輸入資料吧！

◎ 啓動Excel並開啓現有檔案

啓動 Excel 2019時，請執行「**開始→Excel**」，即可啓動**Excel**。啓動 Excel時，會先進入開始畫面中的**常用**選項頁面，在畫面的左側會有**常用**、**新增**及**開啓**等選項；而畫面的右側則會依不同選項而有所不同，例如：在**常用**選項中，會有**新增空白活頁簿**、**範本**及**最近**曾開啓過的檔案等。

開啓現有的檔案時，可依以下步驟進行：

◆**01** 開啓Excel操作視窗後，請按下**開啓**，進入**開啓**頁面中。

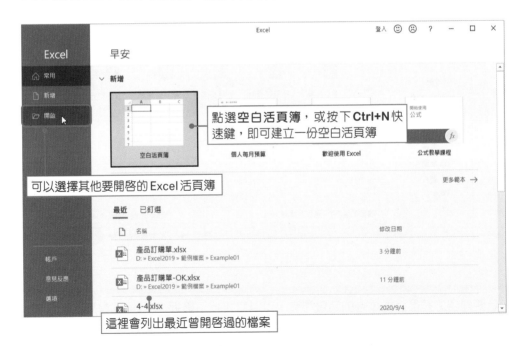

> 要啓動Excel並開啓現有檔案時，還可以直接在Excel活頁簿的檔案名稱或圖示上，**雙擊滑鼠左鍵**，啓動Excel操作視窗，並開啓該份活頁簿。

02 進入**開啟**頁面後，點選**瀏覽**按鈕，開啟「開啟舊檔」對話方塊，即可選擇要開啟的檔案。

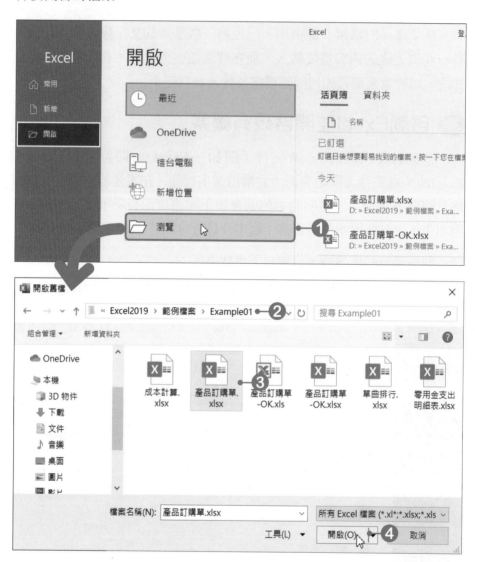

若要開啟的是最近編輯過的活頁簿時，可以直接按下**最近**，Excel就會列出最近曾經開啟過的活頁簿，而這份清單會隨著開啟的活頁簿而有所變換。

若已進入Excel操作視窗，要開啟已存在的Excel檔案時，可以按下「**檔案→開啟**」功能；或按下**Ctrl+O**快速鍵，進入**開啟**頁面中，進行開啟檔案的動作。

Example 01 產品訂購單

於儲存格中輸入資料

工作表是由一個個格子所組成的，這些格子稱為「**儲存格**」，當滑鼠點選其中一個儲存格時，該儲存格會有一個粗黑的邊框，而這個儲存格即稱為「**作用儲存格**」，該儲存格代表要在此作業。

在儲存格中輸入文字時，須先選定一個作用儲存格，選定好後就可以進行輸入文字，輸入完後按下 **Enter** 鍵，即可完成輸入。若要到其他儲存格中輸入文字時，可以使用鍵盤上的↑、↓、←、→及 **Tab** 鍵，移動到上面、下面、左邊、右邊的儲存格。

◆01 先選取 **B15** 儲存格，再把滑鼠游標移到資料編輯列上按一下**滑鼠左鍵**，即可輸入文字，文字輸入好後，再按下 **Alt+Enter** 快速鍵，將插入點移至下一行中。

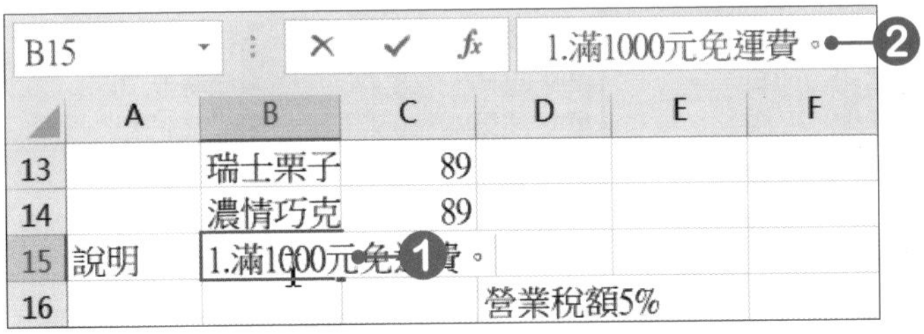

◆02 插入點移至下一行後，再輸入文字，輸入好後，按下 **Enter** 鍵，即可完成輸入的動作。

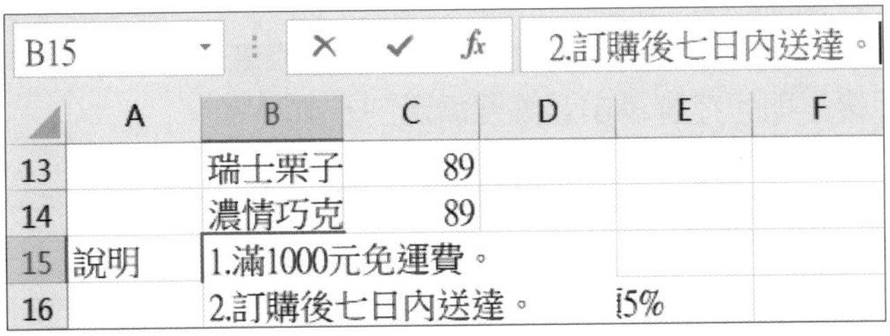

修改與清除資料

修改儲存格的資料時，直接**雙擊**儲存格，或是先選取儲存格，到資料編輯列點一下，即可修改儲存格的內容。清除儲存格內的資料時，先選取該儲存格，按下 **Delete** 鍵；或是在儲存格上按下**滑鼠右鍵**，點選**清除內容**，也可將資料刪除。

使用填滿功能輸入資料

選取儲存格時，於儲存格的右下角有個黑點，稱作**填滿控點**，利用該控點可以依據一定的規則，快速填滿大量的資料。

在此範例中，於項次欄位中要輸入1~10的數字，而輸入時可以不必一個一個輸入，只要使用填滿功能的等差級數方式輸入即可。

▶01 先在**A5**及**A6**兩個儲存格中，輸入**1**和**2**，表示起始值是1，間距是1。

▶02 選取**A5**及**A6**這兩個儲存格，將滑鼠游標移至**填滿控點**，並拖曳**填滿控點**到**A14**儲存格，即可產生間距為1的遞增數列。

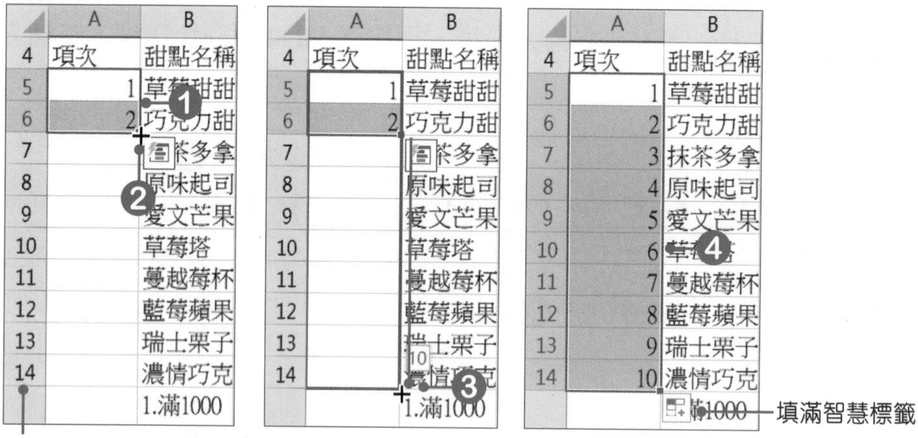

	A	B
4	項次	甜點名稱
5	1	草莓甜甜
6	2	巧克力甜
7		茶多拿
8		原味起司
9		愛文芒果
10		草莓塔
11		蔓越莓杯
12		藍莓蘋果
13		瑞士栗子
14		濃情巧克
		1.滿1000

	A	B
4	項次	甜點名稱
5	1	草莓甜甜
6	2	巧克力甜
7		茶多拿
8		原味起司
9		愛文芒果
10		草莓塔
11		蔓越莓杯
12		藍莓蘋果
13		瑞士栗子
14		濃情巧克
		1.滿1000

	A	B
4	項次	甜點名稱
5	1	草莓甜甜
6	2	巧克力甜
7	3	抹茶多拿
8	4	原味起司
9	5	愛文芒果
10	6	草莓塔
11	7	蔓越莓杯
12	8	藍莓蘋果
13	9	瑞士栗子
14	10	濃情巧克
		滿1000

填滿智慧標籤

在工作表的上方是**欄標題**，以Ａ、Ｂ、Ｃ等表示；而左方則是**列標題**，以1、2、3等表示

使用填滿控點進行複製資料時，在儲存格的右下角會有個圖示，此圖示為**填滿智慧標籤**，點選此圖示後，即可在選單中選擇要填滿的方式。

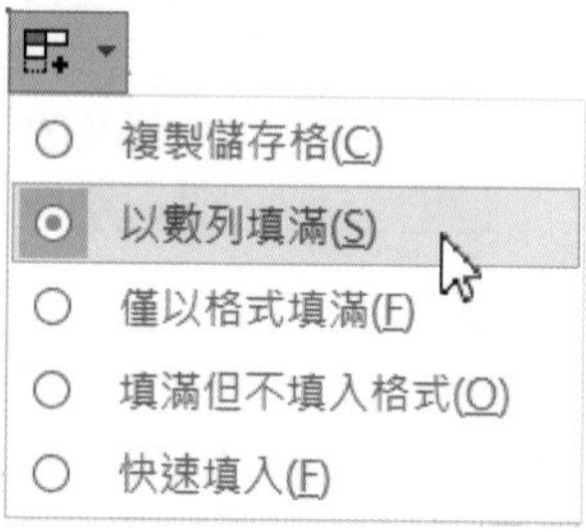

複製儲存格：將資料與資料的格式一模一樣的填滿。

以數列填滿：依照數字順序依序填滿，是一般預設的複製方式。

僅以格式填滿：只會填滿資料的格式，而不會將該儲存格的資料填滿。

填滿但不填入格式：會將資料填滿至其他儲存格，而不會套用該儲存格所設定的格式。

○ 複製儲存格(C)
◉ 以數列填滿(S)
○ 僅以格式填滿(F)
○ 填滿但不填入格式(O)
○ 快速填入(F)

快速填入：會自動分析資料表內容，判斷要填入的資料，例如：想要將含有區碼的電話分成區碼及電話兩個欄位時，就可以利用**快速填入**來進行。

Example 01 產品訂購單

填滿功能的使用

利用填滿控點還能輸入具有順序性的資料，例如：日期、星期、序號、等差級數等，分別說明如下。

填滿重複性資料：當要在工作表中輸入多筆相同資料時，利用填滿控點，即可把目前儲存格的內容快速複製到其他儲存格中。

填滿序號：若要產生連續性的序號時，先在儲存格中輸入一個數值，在拖曳**填滿控點**時，同時按下 **Ctrl** 鍵，向下或向右拖曳，資料會以**遞增**方式(1、2、3……)填入；向上或向左拖曳，則資料會以**遞減**方式(5、4、3……)填入。

等差級數：若要依照自行設定的間距值產生數列時，以建立奇數數列為例，先在兩個儲存格中，分別輸入1和3，表示起始值是1，間距是2，選取這兩個儲存格，將滑鼠游標移至填滿控點，並拖曳填滿控點到其他儲存格，即可產生間距為2的遞增數列。

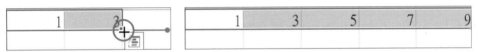

填滿日期：若要產生一定差距的日期序列時，只要輸入一個起始日期，拖曳填滿控點到其他儲存格中，即可產生連續日期。

其他：Excel預設了一份填滿清單，所以輸入某些規則性的文字，例如：星期一、一月、第一季、甲乙丙丁、子丑寅卯、Sunday、January等文字時，利用自動填滿功能，即可在其他儲存格中填入規則性的文字。

若要查看Excel預設了哪些填滿清單，可按下「**檔案→選項**」功能，在「Excel選項」視窗中，點選**進階**標籤，於**一般**選項裡，按下**編輯自訂清單**按鈕，開啟「自訂清單」對話方塊，即可查看預設的填滿清單或自訂填滿清單項目。

除了使用填滿控點進行填滿的動作外，還可以按下「**常用→編輯→填滿**」按鈕，在選單中選擇要填滿的方式。

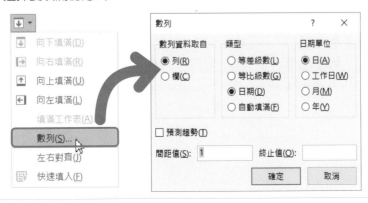

1-2 儲存格的調整

資料都建立好後，接著就要進行儲存格的列高、欄寬等調整。

◎ 欄寬與列高調整

輸入文字資料時，若文字超出儲存格範圍，儲存格中的文字會無法完整顯示；而輸入的是數值資料時，若欄寬不足，則儲存格會出現「#####」字樣，此時，可以直接拖曳欄標題或列標題之間的分隔線，或是在分隔線上**雙擊滑鼠左鍵**，改變欄寬，以便容下所有的資料。

在此範例中，要將列高都調成一樣大小，而欄寬則依內容多寡分別調整。

◆**01** 按下工作表左上角的 **全選方塊**，選取整份工作表。

◆**02** 將滑鼠移到列與列標題之間的分隔線，按下**滑鼠左鍵**不放，往下拖曳即可增加列高。

	A	B	C	D	E	F	G	H
1	甜甜蜜蜜批發蛋糕							
2	訂購人							
3	送貨地址							
4	項次	甜點名稱	定價	數量	金額	備註		
5	1	草莓甜甜	299					
6	2	巧克力甜	299					
7	3	抹茶多拿	399					
8	4	原味起司	250					
9	5	愛文芒果	280					
10	6	草莓塔	99					
11	7	蔓越莓杯	89					
12	8	藍莓蘋果	89					
13	9	瑞士栗子	89					
14	10	濃情巧克	89					

高度: 20.50 (37 像素)

調整列高時會出現高度標示，讓我們知道目前調整的高度是多少。高度是以點為單位，**1點大約等於0.035公分**，所以21點，約為0.735公分

Example 01 產品訂購單

03 列高調整好後，將滑鼠移到要調整的欄標題之間的分隔線，按下**滑鼠左鍵**不放，往右拖曳即可增加欄寬；往左拖曳則縮小欄寬。

	A					F	G	H
1	甜甜蜜蜜烘焙蛋糕訂購單							
2	訂購人		電話		訂購日期			
3	送貨地址							
4	項次	甜點名稱	定價	數量	金額	備註		
5		1 草莓甜甜	299					
6		2 巧克力甜	299					
7		3 抹茶多拿	399					
8		4 原味起司	250					
9		5 愛文芒果	280					
10		6 草莓塔	99					
11		7 蔓越莓杯	89					

> 按下**滑鼠左鍵**不放往右拖曳可加寬；往左拖曳則縮小欄寬

04 利用相同方式將所有要調整的欄寬都調整完成。

	A	B	C	D	E
1	甜甜蜜蜜烘焙蛋糕訂購單				
2	訂購人		電話		訂購日期
3	送貨地址				
4	項次	甜點名稱	定價	數量	金額 備
5		1 草莓甜甜圈	299		
6		2 巧克力甜甜圈	299		
7		3 抹茶多拿滋	399		
8		4 原味起司蛋糕	250		
9		5 愛文芒果捲	280		
10		6 草莓塔	99		
11		7 蔓越莓杯子蛋糕	89		
12		8 藍莓蘋果杯子蛋糕	89		

要調整欄寬或列高時，也可以按下「**常用→儲存格→格式**」按鈕，於選單中點選要調整的項目。點選**自動調整欄寬**選項，儲存格就會依所輸入的文字長短，自動調整儲存格的寬度；若要自行設定儲存格的列高或欄寬時，可以點選**列高**或**欄寬**選項。

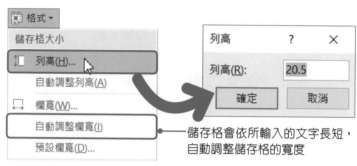

ᴏ 儲存格會依所輸入的文字長短，自動調整儲存格的寬度

跨欄置中及合併儲存格的設定

產品訂購單的標題文字輸入於 A1 儲存格中，現在要利用**跨欄置中**功能，使它與表格齊寬，且文字還會自動**置中對齊**；還要再利用**合併儲存格**功能，將一些相連的儲存格合併，以維持產品訂購單的美觀。

◆01 選取 **A1:F1** 儲存格，再按下「**常用→對齊方式→跨欄置中**」選單鈕，於選單中點選**跨欄置中**，文字就會自動置中。

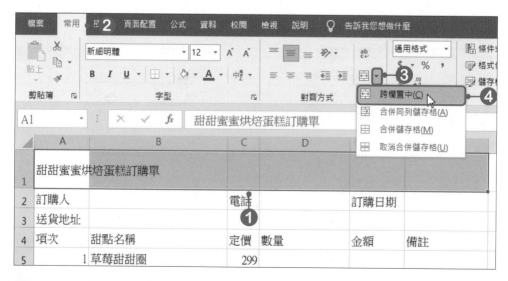

Example 01 產品訂購單

◆02 選取 **B3:F3** 儲存格，再按下「**常用→對齊方式→跨欄置中**」選單鈕，於
選單中點選**合併同列儲存格**，位於同列的儲存格就會合併為一個。

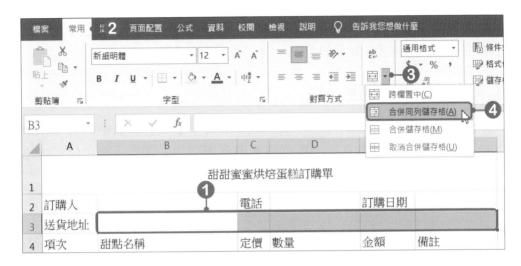

若要將合併的儲存格還原時，可以按下「**常用→對齊方式→跨欄置中**」選單鈕，
於選單中選擇**取消合併儲存格**，被合併的儲存格就會還原回來。

◆03 分別選取 **A15:A17** 及 **B15:C17** 儲存格，按下「**常用→對齊方式→跨欄置中**」選單鈕，於選單中選擇**合併儲存格**，被選取的儲存格就會合併為一個。

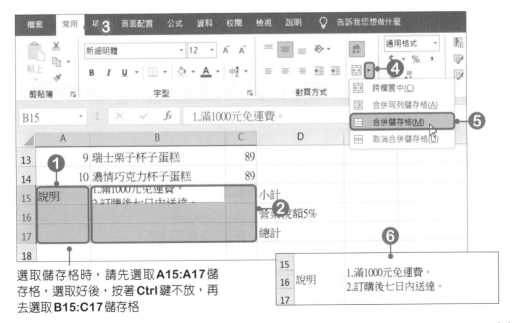

選取儲存格時，請先選取 **A15:A17** 儲
存格，選取好後，按著 **Ctrl** 鍵不放，再
去選取 **B15:C17** 儲存格

1-3 儲存格的格式設定

若要美化工作表時，可以幫儲存格進行一些格式設定，像是文字格式、對齊方式、外框樣式、填滿效果等，讓工作表更為美觀。

文字格式設定

變更儲存格文字樣式時，可以使用「**常用→字型**」群組中的各種指令按鈕；或是按下**字型**群組的 對話方塊啟動器按鈕，開啟「設定儲存格格式」對話方塊，進行字型、樣式、大小、底線、色彩、特殊效果等設定。

01 選取整個工作表，進入「**常用→字型**」群組中，更換字型。

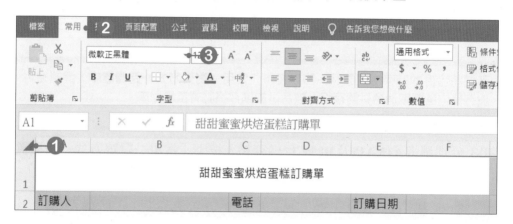

02 選取 **A1** 儲存格，進入「**常用→字型**」群組中，進行文字格式的設定。

Example 01 產品訂購單

對齊方式的設定

使用「**常用→對齊方式**」群組中的指令按鈕，可以進行文字對齊方式的變更，操作方式如下表所列。

按鈕	功能	範例
靠上對齊 置中對齊 靠下對齊	可以設定文字在儲存格中垂直對齊方式。	垂直靠上對齊 垂直置中對齊 垂直靠下對齊
靠左對齊文字 置中 靠右對齊文字	可以設定文字在儲存格中水平對齊方式。	靠左對齊文字 置中 靠右對齊文字
ab c	可以讓儲存格中的文字資料自動換行。	王小桃零用金支出 王小桃零用金支出明細表
減少縮排	可以減少儲存格中框線和文字之間的邊界。	零用金支出明細
增加縮排	可以增加儲存格中框線和文字之間的邊界。	零用金支出明細
逆時針角度(O) 順時針角度(L) 垂直文字(V) 文字由下至上排列(U) 文字由上至下排列(D) 儲存格對齊格式(M)	可以設定文字的顯示方向。	順時針角度 王小桃 垂直文字 王 小 桃

了解各種對齊方式指令按鈕的使用後，即可將儲存格內的文字進行各種對齊方式設定。

框線樣式與填滿色彩的設定

要美化工作表中的資料內容時，除了設定文字格式外，還可以幫儲存格套用不同的框線及填滿效果。

框線樣式的設定

在工作表上所看到灰色框線是屬於**格線**，而這格線在列印時並不會一併印出，所以若想要印出框線時，就必須自行手動設定。

▶01 選取 **A2:F17** 儲存格，按下「**常用→字型→** □ **框線**」選單鈕，於選單中點選**其他框線**選項，開啟「設定儲存格格式」對話方塊。

Example 01 產品訂購單

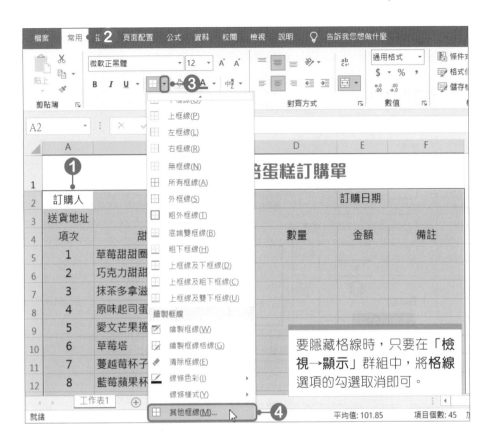

要隱藏格線時，只要在「**檢視→顯示**」群組中，將**格線**選項的勾選取消即可。

→**02** 在**樣式**中選擇線條樣式；在**色彩**中選擇框線色彩，選擇好後按下**內線**按鈕，即可將框線的內線更改過來。

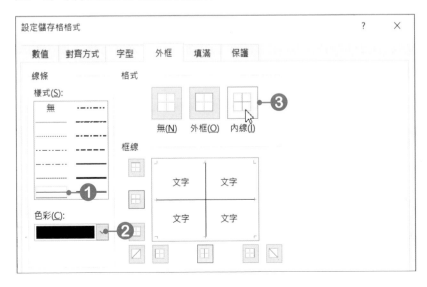

03 接著設定外框要使用的線條樣式,再按下**外框**按鈕,都設定好後按下**確定**按鈕,回到工作表中,被選取的儲存格就會加入所設定的框線。

改變儲存格填滿色彩

這裡要將訂購人的資料加入填滿色彩,以便跟下方的訂單有所區隔。

01 選取 **A2:F3** 儲存格,按下「**常用→字型→ 填滿色彩**」選單鈕,於選單中點選要填入的色彩即可。

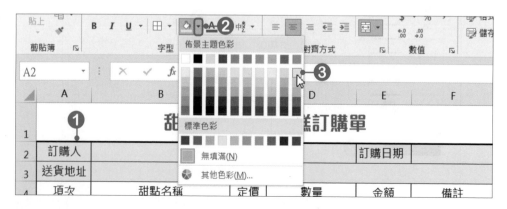

Example 01 產品訂購單

◆02 接著將 **A4:F4 及 A15:F17** 儲存格，也填入不同的色彩。

	A	B	C	D	E	F
4	項次	甜點名稱	定價	數量	金額	備註
5	1	草莓甜甜圈	299			
6	2	巧克力甜甜圈	299			
7	3	抹茶多拿滋	399			
8	4	原味起司蛋糕	250			
9	5	愛文芒果捲	280			
10	6	草莓塔	99			
11	7	蔓越莓杯子蛋糕	89			
12	8	藍莓蘋果杯子蛋糕	89			
13	9	瑞士栗子杯子蛋糕	89			
14	10	濃情巧克力杯子蛋糕	89			
15	說明	1.滿1000元免運費。 2.訂購後七日內送達。		小計		
16				營業稅額5%		
17				總計		

清除格式

工作表進行了一堆的格式設定後，若要將格式回復到最原始狀態時，可以按下「**常用→編輯→ 🧹 清除**」按鈕，於選單中選擇**清除格式**，即可將所有的格式清除。

複製格式

將儲存格設定好字型、框線樣式及填滿色彩等格式後，若其他的儲存格也要套用相同格式時，可以使用「**常用→剪貼簿→ 🖌 複製格式**」按鈕，進行格式的複製，這樣就不用一個一個設定了。

① 選取已設定好格式的儲存格

③ 拖曳滑鼠選取要套用相同格式的儲存格，被選取的儲存格就會套用相同格式

1-4 儲存格的資料格式

Excel提供了許多資料格式，在進行資料格式設定前，先來認識這些資料格式的使用。

文字格式

在Excel中，只要不是數字，或是數字摻雜文字，都會被當成文字資料，例如：身分證號碼。在輸入文字格式的資料時，文字都會**靠左對齊**。若想要將純數字變成文字，只要在**數字前面加上「'」(單引號)**，例如：'0123456。

日期及時間

當在儲存格中輸入日期資料時，日期會**靠右對齊**，而要輸入日期時，**要用「-」(破折號)或「/」(斜線)區隔年、月、日**。年是以西元計，小於29的值，會被視為西元20××年；大於29的值，會被當作西元19××年，例如：輸入00到29的年份，會被當作2000年到2029年；輸入30到99的年份，則會被當作1930年到1999年，這是在輸入時需要注意的地方。

輸入日期時，若只輸入月份與日期，那麼Excel會自動加上當時的年份，例如：輸入1/22，Excel在資料編輯列中，就會自動顯示為「2021/1/22」，表示此儲存格為日期資料，而其中的年份會自動顯示為當年的年份。

輸入「1/22」時，會自動轉為日期，並顯示成「1月22日」

在儲存格中要輸入時間時，**要用「:」(冒號)隔開，以12小時制或24小時制表示**。使用12小時制時，最好按一個空白鍵，加上「am」(上午)或「pm」(下午)。例如：「3:24 pm」是下午3點24分。

Example 01 產品訂購單

◎ 數值格式

當在儲存格中輸入數值時，數值會**靠右對齊**，數值是進行計算的重要元件，Excel對於數值的內容有很詳細的設定。

首先來看看在儲存格中輸入數值的各種方法，如下表所列。

正數	負數	小數	分數
55980	-6987	12.55	4 1/2
	前面加上「-」負號	按鍵盤的「.」表示小數點	分數之前要按一個空白鍵

除了不同的輸入方法，也可以使用「**常用→數值→數值格式**」按鈕，進行變更的動作。而在「**數值**」群組中，還列出了一些常用的數值按鈕，可以快速變更數值格式，如下表所列。

按鈕	功能	範例
$ ▾	**加上會計專用格式**，會自動加入貨幣符號、小數點及千分位符號。按下選單鈕，還可以選擇英磅、歐元及人民幣等貨幣格式。 輸入以「$」開頭的數值資料，如$3600，會將該資料自動設定為貨幣類別，並自動顯示為「$3,600」。	12345→$12,345.00
%	**加上百分比符號**，在儲存格中輸入百分比樣式的資料，如66%，必須先將儲存格設定為百分比格式，再輸入數值66，若先輸入66，再設定百分比格式，則會顯示為「6600%」。 要將數值轉換為百分比時，可以按下**Ctrl+Shift+%**快速鍵。	0.66→66%
,	**加上千分位符號**，會自動加入「.00」。	12345→12,345.00
.00→.0 增加	**增加小數位數**。	666.45→666.450
.00→.0 減少	**減少小數位數**，減少時會自動四捨五入。	888.45→888.5

特殊格式設定

在此範例中，要將電話的儲存格設定為「特殊」格式中的「一般電話號碼」格式，設定後，只要在聯絡電話儲存格中輸入「0222625666」，儲存格就會自動將資料轉換為「(02)2262-5666」。

- **01** 選取 **D2** 儲存格，按下「**常用→數值**」群組的 對話方塊啟動器按鈕，或按下 **Ctrl+1** 快速鍵，開啟「設定儲存格格式」對話方塊。

- **02** 點選數值標籤，於類別選單中選擇**特殊**，再於類型選單中選擇**一般電話號碼(8位數)**，選擇好後按下**確定**按鈕，即可完成特殊格式的設定。

- **03** 回到工作表後，於儲存格中輸入「0222625666」電話號碼，輸入完後按下 **Enter** 鍵，儲存格內的文字就會自動變更為「(02)2262-5666」。

Example 01 產品訂購單

日期格式設定

在訂購日期中，要將儲存格的格式設定爲日期格式。

◆ 01 選取 **F2** 儲存格，按下「**常用→數值**」群組的 **對話方塊啓動器**按鈕，開啓「設定儲存格格式」對話方塊。

◆ 02 於類別選單中選擇**日期**，按下**行事曆類型**選單鈕，選擇**中華民國曆**，再於類型選單中選擇 **101 年 3 月 14 日**，選擇好後按下**確定**按鈕，即可完成日期格式的設定。

貨幣格式設定

在此範例中，定價、金額、小計、營業稅額、總計等資料是屬於**貨幣格式**，所以要將相關的儲存格設定爲貨幣格式。

●01 選取 **C5:C14** 及 **E5:E17** 儲存格，按下「**常用→數值**」群組的 ▣ **對話方塊啟動器**按鈕，開啟「設定儲存格格式」對話方塊。

	A	B	C	D	E	F
4	項次	甜點名稱	定價	數量	金額	備註
5	1	草莓甜甜圈	299			
6	2	巧克力甜甜圈	299			
7	3	抹茶多拿滋	399			
8	4	原味起司蛋糕	250			
9	5	愛文芒果捲	280			
10	6	草莓塔	99			
11	7	蔓越莓杯子蛋糕	89			
12	8	藍莓蘋果杯子蛋糕	89			
13	9	瑞士栗子杯子蛋糕	89			
14	10	濃情巧克力杯子蛋糕	89			
15	說明	1.滿1000元免運費。		小計		
16		2.訂購後七日內送達。		營業稅額5%		
17				總計		

●02 於類別選單中選擇**貨幣**，進行貨幣格式的設定。

Example 01 產品訂購單

03 回到工作表後，被選取的儲存格中的數字就會套用貨幣格式。

	A	B	C	D	E	F
2	訂購人		電話	(02) 2262-5666	訂購日期	112年1月22日
3	送貨地址					
4	項次	甜點名稱	定價	數量	金額	備註
5	1	草莓甜甜圈	$299			
6	2	巧克力甜甜圈	$299			
7	3	抹茶多拿滋	$399			
8	4	原味起司蛋糕	$250			
9	5	愛文芒果捲	$280			
10	6	草莓塔	$99			
11	7	蔓越莓杯子蛋糕	$89			
12	8	藍莓蘋果杯子蛋糕	$89			
13	9	瑞士栗子杯子蛋糕	$89			
14	10	濃情巧克力杯子蛋糕	$89			
15	說明	1.滿1000元免運費。		小計		
16				營業稅額5%		

1-5 用圖片美化訂購單

Excel 提供了線上圖片與圖片功能，可以在編輯活頁簿時，將線上圖片或圖片插入至工作表中，達到圖文整合的效果。

◎ 插入空白列

加入圖片時，要先在工作表插入一列空白列，讓圖片有位置擺放。

01 選取第1列或點選第1列的任一儲存格。

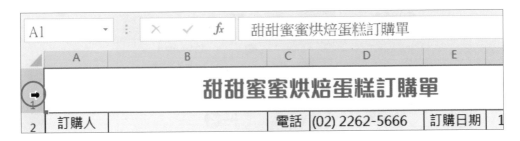

◆02 按下「**常用→儲存格→插入**」選單鈕，於選單中點選**插入工作表列**選項，即可在第1列上方插入一個空白列。

◆03 接著調整該空白列的高度。

◎ 插入圖片

在產品訂購單範例中，要在第一列加入一張招牌圖片。

◆01 點選**A1**儲存格，按下「**插入→圖例→圖片**」按鈕，於選單中點選**此裝置**，開啟「插入圖片」對話方塊。

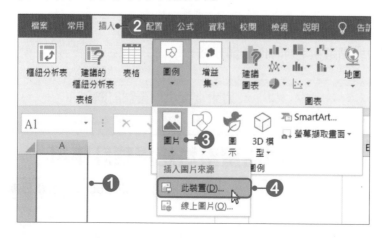

Example 01 產品訂購單

02 選擇要插入的圖片，選擇好後按下**插入**按鈕。

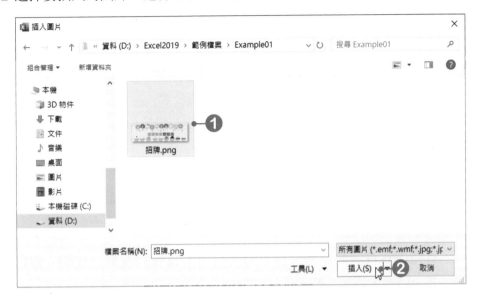

03 圖片插入後，選取圖片，將滑鼠游標移至圖片右下角的控制點上，按著**滑鼠左鍵**不放並拖曳滑鼠，調整圖片的大小。

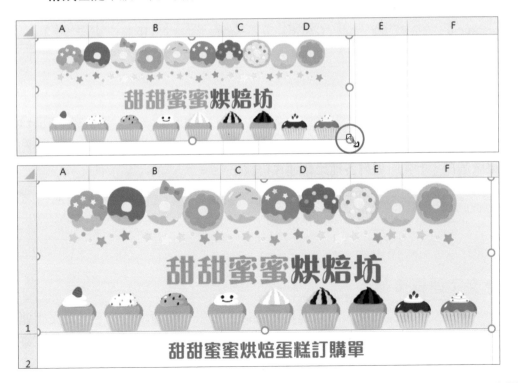

1-6 建立公式

Excel的公式是這麼解釋的：等號左邊的值，是存放計算結果的儲存格；等號右邊的算式，是實際計算的公式。建立公式時，從「=」開始輸入，只要在儲存格中輸入「=」，Excel就知道這是一個公式。

◎ 認識運算符號

Excel最重要的功能，就是利用公式進行計算。在Excel中要計算時，就跟平常的計算公式非常類似。進行運算前，先來認識各種運算符號。

● 算術運算符號

算術運算符號的使用，與平常所使用的運算符號是一樣的，像是加、減、乘、除等，例如：輸入「=(5-3)^6」，會先計算括號內的5減3，然後再計算2的6次方，常見的算術運算符號如下表所列。

+	-	*	/	%	^
加	減	乘	除	百分比	乘冪
6+3	5-2	6*8	9/3	15%	5^3
6加3	5減2	6乘以8	9除以3	百分之15	5的3次方

● 比較運算符號

比較運算符號主要是用來做邏輯判斷，例如：「10>9」是真的(True)；「8=7」是假的(False)。通常比較運算符號會與IF函數搭配使用，根據判斷結果做選擇，下表所列為各種比較運算符號。

=	>	<	>=	<=	<>
等於	大於	小於	大於等於	小於等於	不等於
A1=B2	A1>B2	A1<B2	A1>=B2	A1<=B2	A1<>B2

● 文字運算符號

使用文字運算符號，可以連結兩個值，產生一個連續的文字，而文字運算符號是以「&」為代表。例如：輸入「="臺北市"&"中山區"」，會得到「臺北市中山區」結果；輸入「=123&456」得到的結果是「123456」。

Example 01 產品訂購單

● 參照運算符號

Excel所使用的參照運算符號如下表所列。

符號	說明	範例
:(冒號)	連續範圍：兩個儲存格間的所有儲存格，例如：「B2:C4」就表示從B2到C4的儲存格，也就是包含了B2、B3、B4、C2、C3、C4等儲存格。	B2:C4
,(逗號)	聯集：多個儲存格範圍的集合，就好像不連續選取了多個儲存格範圍一樣。	B2:C4,D3:C5,A2,G:G
空格(空白鍵)	交集：擷取多個儲存格範圍交集的部分。	B1:B4 A3:C3

● 運算順序

在Excel中，上面所介紹的各種運算符號，在運算時，順序為：**參照運算符號＞算術運算符號＞文字運算符號＞比較運算符號**。而運算符號只有在公式中才會發生作用，如果直接在儲存格中輸入，則會被視為普通的文字資料。

◎ 加入公式

在產品訂購單範例中，分別要在金額、營業稅額、總計等儲存格加入公式，公式加入後，只要輸入「數量」，即可計算出「金額」；再計算「小計」，即可計算出「營業稅額」，最後就可以知道「總計」金額了。

◆01 先在數量儲存格中隨意輸入數量，選取 **E6** 儲存格，輸入「**=C6*D6**」公式(英文字母大小寫皆可)，輸入完後，按下 **Enter** 鍵，即可計算出金額。

	A	B	C	D	E	F
5	項次	甜點名稱	定價	數量	金額	備註
6	1	草莓甜甜圈	$299	5	=C6*D6 ◀①	
7	2	巧克力甜甜圈	$299			

建立公式時，運算元與儲存格的框線會使用相同色彩，主要是讓我們可以清楚辨識它們的對應關係

	A	B	C	D	E	F
5	項次	甜點名稱	定價	數量	金額	備註
6	1	草莓甜甜圈	$299	5	$1,495 ◀②	
7	2	巧克力甜甜圈	$299			

◆02 選取 **E17** 儲存格，輸入「**=E16*0.05**」公式，輸入完後按下 **Enter** 鍵，即可計算出營業稅額。

IF		▼ :	× ✓	f_x	=E16*0.05	
	A	B	C	D	E	F
14	9	瑞士栗子杯子蛋糕	$89			
15	10	濃情巧克力杯子蛋糕	$89			
16	說明	1.滿1000元免運費。 2.訂購後七日內送達。		小計		
17				營業稅額5%	=E16*0.05	
18				總計		

◆03 選取 **E18** 儲存格，輸入「**=E16+E17**」公式，輸入完後按下 **Enter** 鍵，即可計算出總計金額。

IF		▼ :	× ✓	f_x	=E16+E17	
	A	B	C	D	E	F
14	9	瑞士栗子杯子蛋糕	$89			
15	10	濃情巧克力杯子蛋糕	$89			
16	說明	1.滿1000元免運費。 2.訂購後七日內送達。		小計		
17				營業稅額5%	$0	
18				總計	=E16+E17	

建立公式時，為了避免儲存格位址的錯誤，可以在輸入「=」後，再用滑鼠去點選要運算的儲存格，在「=」後就會自動加入該儲存格位址。

◎ 複製公式

在一個儲存格中建立公式後，可以將公式直接複製到其他儲存格使用。選取 **E6** 儲存格，將滑鼠游標移至**填滿控點**，並拖曳填滿控點到 **E15** 儲存格中，即可完成公式的複製。在複製的過程中，公式會自動調整參照位置。

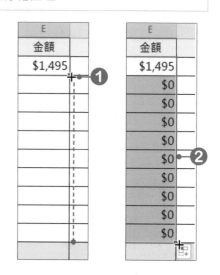

Example 01 產品訂購單

◎ 修改公式

　　若公式有錯誤，或儲存格位址變動時，就必須要進行修改公式的動作，而修改公式就跟修改儲存格的內容是一樣的，直接雙擊公式所在的儲存格，即可進行修改的動作。也可以在資料編輯列上按一下**滑鼠左鍵**，進行修改。

認識儲存格參照

使用公式時，會填入儲存格位址，而不是直接輸入儲存格的資料，這種方式稱作**參照**。公式會根據儲存格位址，找出儲存格的資料，來進行計算。為什麼要使用參照？如果在公式中輸入的是儲存格資料，則運算結果是固定的，不能靈活變動。使用參照就不同了，當參照儲存格的資料有變動時，公式會立即運算產生新的結果，這就是電子試算表的重要功能—**自動重新計算**。

相對參照

在公式中參照儲存格位址，可以進一步稱為**相對參照**，因為 Excel 用相對的觀點來詮釋公式中的儲存格位址的參照。有了相對參照，即使是同一個公式，位於不同的儲存格，也會得到不同的結果。我們只要建立一個公式後，再將公式複製到其他儲存格，則其他的儲存格都會根據相對位置調整儲存格參照，計算各自的結果，而相對參照的主要的好處就是：**重複使用公式**。

絕對參照

雖然相對參照有助於處理大量資料，可是偏偏有時候必須指定一個固定的儲存格，這時就要使用**絕對參照**。只要在儲存格位址前面加上「**$**」，公式就不會根據相對位置調整參照，這種加上「$」的儲存格位址，例如：$F$2，就稱作**絕對參照**。

絕對參照可以只固定欄或只固定列，沒有固定的部分，仍然會依據相對位置調整參照，例如：B2 儲存格的公式為「=B$1*$A2」，公式移動到 C2 儲存格時，會變成「=C$1*$A2」；如果移到儲存格 B3 時，公式會變為「=B$1*$A3」。

相對參照與絕對參照的轉換

當儲存格要設定為絕對參照時，要先在儲存格位址前輸入「$」符號，這樣的輸入動作或許有些麻煩，現在告訴你一個將位址轉換為絕對參照的小技巧，在資料編輯列上選取要轉換的儲存格位址，選取好後再按下 **F4** 鍵，即可將選取的位址轉換為絕對參照。

立體參照位址

立體參照位址是指參照到**其他活頁簿或工作表中**的儲存格位址，例如：活頁簿1要參照到活頁簿2中的工作表1的B1儲存格，則公式會顯示為：

= **[活頁簿2.xlsx]** **工作表1!** **B1**

參照的活頁簿檔名，以中括號表示　　參照的工作表名稱，以驚嘆號表示　　參照的儲存格

1-7 用加總函數計算金額

函數是Excel事先定義好的公式，專門處理龐大的資料，或複雜的計算過程。Excel提供了財務、邏輯、文字、日期及時間、查閱與參照、數學與三角函數、統計、工程等多種類型的函數。

◎ 認識函數

使用函數可以不需要輸入冗長或複雜的計算公式，例如：當要計算A1到A10的總和時，若使用公式的話，必須輸入「=A1+A2+A3+A4+A5+A6+A7+A8+A9+A10」；使用函數則只要輸入 **=SUM(A1:A10)** 即可將結果運算出來。

函數跟公式一樣，由「=」開始輸入，函數名稱後面有一組括弧，括弧中間放的是**引數**，也就是函數要處理的資料，而不同的引數，要用「**, (逗號)**」隔開，函數語法的意義如下所示：

函數名稱　　　　　引數：函數計算時要處理的資料

= **SUM** (**A1:A10,B5,C3:C16**)

括弧

函數中的引數，可以使用數值、儲存格參照、文字、名稱、邏輯值、公式、函數，如果使用文字當引數，文字的前後必須加上「**"**」符號。函數中可以使用多個引數，但最多只可以用到**255**個。函數裡又包著函數，例如：=SUM(B2:F7,SUM(B2:F7))，稱作**巢狀函數**。

Example 01 產品訂購單

加入SUM函數

在此範例中，要使用加總函數計算出「小計」金額。

01 將滑鼠游標移至**E16**儲存格中，按下「**公式→函數庫→自動加總**」或「**常用→編輯→ Σ·自動加總**」按鈕，於選單中點選**加總**。

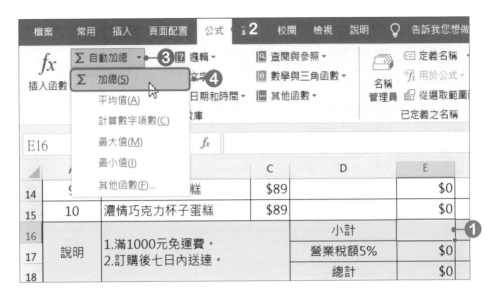

02 此時Excel會自動產生「**=SUM(E6:E15)**」函數和閃動的虛線框，表示會計算虛框內的總和。

使用自動加總函數時，Excel會根據所選取的儲存格，自動往上、往下、往左、往右搜尋加總的範圍，利用這種特性，可以快速得到各個項目的總和

若發現Excel判斷的範圍並不正確時，可以直接用滑鼠去選取範圍，選取後，在函數中的範圍就會顯示為被選取的範圍 (原範圍須在選取狀態下)

03 確定範圍沒有問題後，按下 **Enter** 鍵，完成計算。

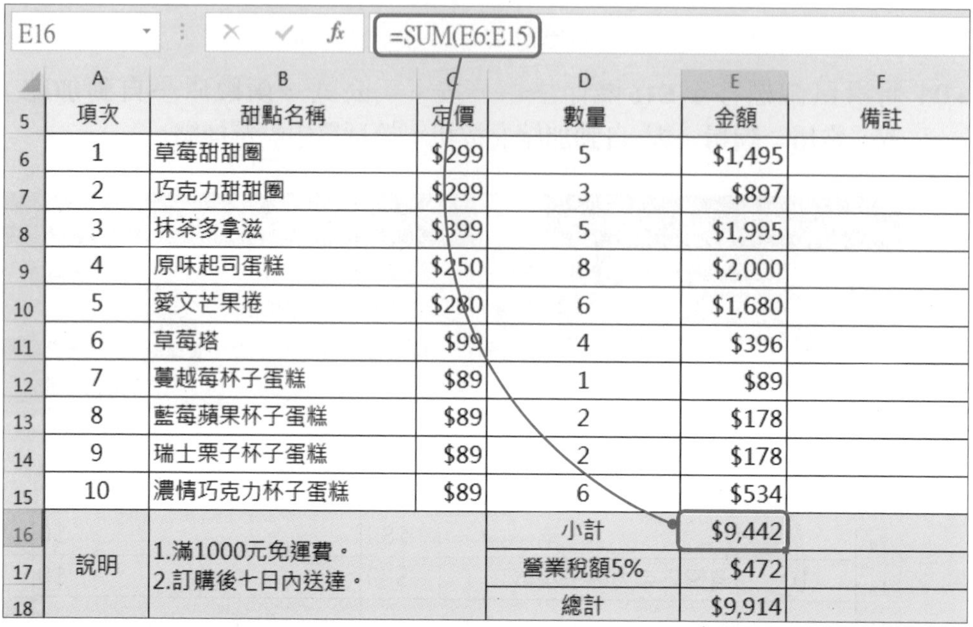

E16		f_x	=SUM(E6:E15)		

	A	B	C	D	E	F
5	項次	甜點名稱	定價	數量	金額	備註
6	1	草莓甜甜圈	$299	5	$1,495	
7	2	巧克力甜甜圈	$299	3	$897	
8	3	抹茶多拿滋	$399	5	$1,995	
9	4	原味起司蛋糕	$250	8	$2,000	
10	5	愛文芒果捲	$280	6	$1,680	
11	6	草莓塔	$99	4	$396	
12	7	蔓越莓杯子蛋糕	$89	1	$89	
13	8	藍莓蘋果杯子蛋糕	$89	2	$178	
14	9	瑞士栗子杯子蛋糕	$89	2	$178	
15	10	濃情巧克力杯子蛋糕	$89	6	$534	
16	說明	1.滿1000元免運費。 2.訂購後七日內送達。		小計	$9,442	
17				營業稅額5%	$472	
18				總計	$9,914	

◎ 公式與函數的錯誤訊息

建立函數及公式時，可能會遇到 ⊞ **追蹤錯誤**圖示按鈕，當此圖示出現時，表示建立的公式或函數可能有些問題，此時可以按下 ⊞ 按鈕，開啓選單來選擇要如何修正公式。若發現公式並沒有錯誤時，選擇**忽略錯誤**即可。

除了會出現錯誤訊息的智慧標籤外，在儲存格中也會因爲公式錯誤而出現某些錯誤訊息，如下表所列。

錯誤訊息	說明
#N/A	表示公式或函數中有些無效的值。
#NAME?	表示無法辨識公式中的文字。
#NULL!	表示使用錯誤的範圍運算子或錯誤的儲存格參照。
#REF!	表示被參照到的儲存格已被刪除。
#VALUE!	表示函數或公式中使用的參數錯誤。

Example 01 產品訂購單

1-8 活頁簿的儲存

Excel可以儲存的檔案格式有：Excel活頁簿(xlsx)、範本檔(xltx)、網頁(htm、html)、PDF、XPS文件、CSV(逗號分隔)(csv)、RTF格式、文字檔(Tab字元分隔)(txt)、OpenDocument試算表(ods)等類型。

◎ 儲存檔案

第一次儲存時，可以直接按下**快速存取工具列**上的 🔲**儲存檔案**按鈕，或是按下「**檔案→儲存檔案**」功能，進入**另存新檔**頁面中，進行儲存的設定。同樣的檔案進行第二次儲存動作時，就不會再進入**另存新檔**頁面中了；直接按下**Ctrl+S**快速鍵，也可以進行儲存的動作。

◎ 另存新檔

當不想覆蓋原有的檔案內容，或是想將檔案儲存成「.xls」格式時，按下「**檔案→另存新檔**」功能，進入**另存新檔**頁面中；或按下**F12**鍵，開啟「另存新檔」對話方塊，即可重新命名及選擇要存檔的類型。

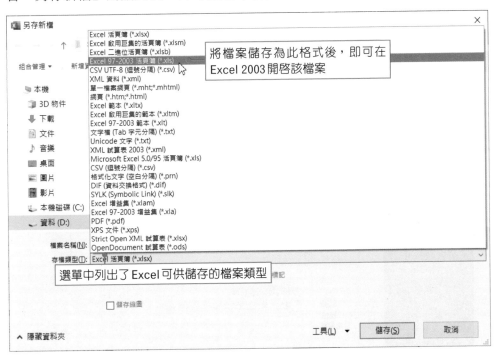

　　將檔案儲存為Excel 97-2003活頁簿(*.xls)格式時，若活頁簿中有使用到2019的各項新功能，那麼會開啟相容性檢查程式訊息，告知舊版Excel不支援哪些新功能，以及儲存後內容會有什麼改變。若按下**繼續**按鈕將檔案儲存，那麼在舊版中開啟檔案時，某些功能將無法繼續編輯。

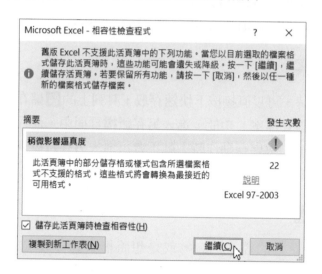

　　在Excel 2019開啟Excel 2003的檔案格式(*.xls)時，在標題列上除了會顯示檔案名稱外，還會標示「**相容模式**」的字樣，若要轉換檔案，可以進入「**檔案→資訊**」頁面中，按下**轉換**按鈕，即可進行轉換的動作。

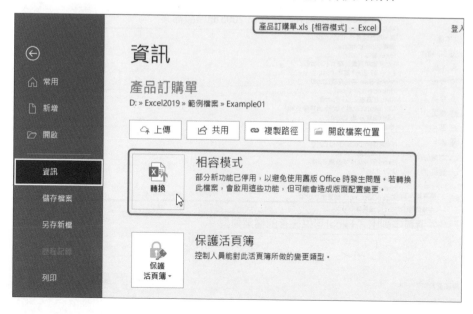

自我評量

( )1. 在Excel中，使用「填滿」功能時，可以填入哪些規則性資料？
(A)等差級數　(B)日期　(C)等比級數　(D)以上皆可。

( )2. 在Excel中，下列何者不可能出現在「填滿智慧標籤」的選項中？
(A)複製儲存格　(B)複製圖片　(C)以數列方式填滿　(D)僅以格式填滿。

( )3. 在Excel中，按下哪組快速鍵可以儲存活頁簿？(A) Ctrl+A
(B) Ctrl+N　(C) Ctrl+S　(D) Ctrl+O。

( )4. 在Excel中，下列哪個敘述是錯誤的？(A)按下工作表上的全選方塊可以選取全部的儲存格　(B)利用鍵盤上的「Ctrl」鍵可以選取所有相鄰的儲存格　(C)按下欄標題可以選取一整欄　(D)按下列標題可以選取一整列。

( )5. 在Excel中，如果想輸入分數「八又四分之三」，應該如何輸入？
(A) 8+4/3　(B) 8 3/4　(C) 8 4/3　(D) 8+3/4。

( )6. 在Excel中，輸入「27-12-8」，是代表幾年幾月幾日？(A) 1927年12月8日　(B) 1827年12月8日　(C) 2127年12月8日　(D) 2027年12月8日。

( )7. 在Excel中，輸入「9:37 a」和「21:37」，是表示什麼時間？(A)都表示晚上9點37分　(B)早上9點37分和晚上9點37分　(C)都表示早上9點37分　(D)晚上9點37分和早上9點37分。

( )8. 在Excel中，要將輸入的數字轉換為文字時，輸入時須於數字前加上哪個符號？(A)逗號　(B)雙引號　(C)單引號　(D)括號。

( )9. 在Excel中，如果儲存格的資料格式是數字時，若想要每次都遞增1，可在拖曳填滿控點時同時按下哪個鍵？(A) Ctrl　(B) Alt　(C) Shift
(D) Tab。

( )10.在Excel中，如果輸入日期與時間格式正確，則所輸入的日期與時間，在預設下儲存格內所顯示的位置為下列何者？(A)日期靠左對齊，時間靠右對齊　(B)日期與時間均置中對齊　(C)日期與時間均靠右對齊　(D)日期靠右對齊，時間置中對齊。

● **實作題**

1. 開啟「Example01→零用金支出明細表.xlsx」檔案，進行以下的設定。
   ● 將第1列的標題文字跨欄置中；將 B2:E2、A3:A4、B3:B4、C3:G3 等儲存格合併。
   ● 將編號欄位以自動填滿方式分別填入 1 到 30。
   ● 將日期欄位以自動填滿方式分別填入「10月1日～10月30日」的日期。
   ● 於 A35 儲存格加入「合計」文字，並將 A35:B35 儲存格合併。
   ● 將 C5:G35 儲存格的格式皆設定為貨幣格式。
   ● 利用加總函數計算出每項費用的金額。
   ● 將欄寬與列高做適當的調整；請自行變換儲存格與文字的格式。

轉角咖啡零用金支出明細表						
月份：		十月份			製表人：	王小桃
編號	日期	支出明細				
		餐費	交通費	工讀費	文具費	雜支
1	10月1日	$350				
2	10月2日	$600	$1,200			$350
3	10月3日	$300		$1,200		
4	10月4日	$400			$50	
5	10月5日	$658				
6	10月6日	$268	$300			$100
7	10月7日	$367				
8	10月8日	$246		$1,000		
9	10月9日	$256				$200
10	10月10日	$245	$300			
11	10月11日	$862				
12	10月12日	$360			$199	
13	10月13日	$890	$400			
14	10月14日	$410				$180
15	10月15日	$1,200		$900	$20	
16	10月16日	$690		$800		
17	10月17日	$480				
18	10月18日	$370		$800	$88	
19	10月19日	$2,100				$99
20	10月20日	$360	$800			
21	10月21日	$980				
22	10月22日	$560				$30
23	10月23日	$260		$1,000		
24	10月24日	$450		$700	$30	
25	10月25日	$820	$1,600			
26	10月26日	$760				$105
27	10月27日	$360		$600		
28	10月28日	$450			$99	
29	10月29日	$750				
30	10月30日	$690				
合計		$17,492	$4,600	$7,000	$486	$1,064

學期成績計算表

範例檔案

Example02→成績單.xlsx

結果檔案

Example02→成績單-OK.xlsx

本範例是某班學生的各科成績，每個學生的成績及總分都有了，但個人平均、總名次等資料都還是空的，現在就利用Excel的計算功能及各種函數來完成這個成績單。

條件式格式設定

COUNT 函數

學號	姓名	國文	英文	數學	歷史	地理	總分	個人平均	總名次
9802311	陳建宏	94	96	71	97	94	452	✅ 90.40	1
9802303	郭欣怡	92	82	85	91	88	438	✅ 87.60	2
9802309	吳志豪	88	85	85	91	88	437	✅ 87.40	3
9802322	高俊傑	91	84	72	74	95	416	✅ 83.20	4
9802330	郝詩婷	81	85	70	75	90	401	✅ 80.20	5
9802304	王雅雯	80	81	75	85	78	399	ⓘ 79.80	6
9802308	蔣雅惠	78	74	90	74	78	394	ⓘ 78.80	7
9802328	鄭冠宇	85	57	85	84	79	390	ⓘ 78.00	8
9802310	蘇心怡	81	69	72	85	80	387	ⓘ 77.40	9
9802320	朱怡伶	67	75	77	79	85	383	ⓘ 76.60	10
9802317	徐佩君	67	58	77	91	90	383	ⓘ 76.60	10
9802301	李怡君	72	70	68	81	90	381	ⓘ 76.20	12
9802312	張佳蓉	85	87	68	65	72	377	ⓘ 75.40	13
9802325	何鈺婷	95	72	67	64	70	368	ⓘ 73.60	14
9802316	馬雅玲	84	75	48	83	77	367	ⓘ 73.40	15
9802326	朱靜宣	72	68	70	88	68	366	ⓘ 73.20	16
9802323	曹郁婷	69	80	64	68	80	361	ⓘ 72.20	17
9802305	林家豪	61	77	78	73	70	359	ⓘ 71.80	18
9802329	鍾佳玲	73	71	64	67	81	356	ⓘ 71.20	19
9802302	陳雅婷	75	66	58	67	75	341	ⓘ 68.20	20
9802324	周怡如	88	90	52	57	52	339	ⓘ 67.80	21
9802314	魏靜怡	65	75	54	67	78	339	ⓘ 67.80	21
9802306	廖怡婷	82	80	60	58	55	335	ⓘ 67.00	23
9802319	林佳穎	86	55	65	68	60	334	ⓘ 66.80	24
9802315	楊志偉	79	68	68	58	54	327	ⓘ 65.40	25
9802321	劉婉婷	63	58	50	81	74	326	ⓘ 65.20	26
9802307	吳宗翰	56	80	58	65	60	319	ⓘ 63.80	27
9802327	莊彥廷	66	45	57	74	69	311	ⓘ 62.20	28
9802318	宋俊宏	59	67	62	45	54	287	❌	
9802313	鄭佩珊	73	50	55	51	50	279	❌	
各科平均		77	73	68	74	74			
最高分數		95	96	90	97	95			
最低分數		56	45	48	45	50			

全班總人數	30
全班及格人數	28
全班不及格人數	2

COUNTIF 函數

RANK.EQ 函數

AVERAGE 函數

ROUND 函數

註解

王小桃：
此資料經過排序

王小桃：
此成績計算公式為：
=ROUND(AVERAGE(G2:G31),0)

MAX 函數

MIN 函數

Example 02 學期成績計算表

2-1 用AVERAGE函數計算平均

利用「AVERAGE」函數可以快速地計算出指定範圍內的平均值。

說明	計算出指定範圍內的平均值
語法	AVERAGE(Number1, [Number2], ...)
引數	◆ Number1、Number2：為數值或是包含數值的名稱、陣列或參照位址，引數可以從1到255個。

◆01 點選**I2**儲存格，再按下「**常用→編輯→** Σ **自動加總**」選單鈕，於選單中點選**平均值**。

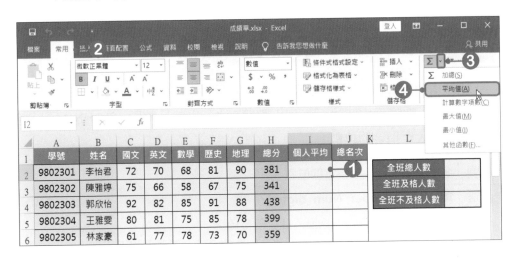

◆02 此時Excel會自動偵測，並框選出C2:H2範圍，但該範圍並不是正確的，所以要重新選取**C2:G2**範圍。

◆**03** 第1位學生的平均計算好後,將滑鼠游標移至**I2**儲存格的填滿控點,將公式複製到其他同學的個人平均欄位。

I2		×	✓	fx	=AVERAGE(C2:G2)					

	A	B	C	D	E	F	G	H	I	J	K	L	M
1	學號	姓名	國文	英文	數學	歷史	地理	總分	個人平均	總名次			
2	9802301	李怡君	72	70	68	81	90	381	76.20		全班總人數	
3	9802302	陳雅婷	75	66	58	67	75	341	68.20			
4	9802303	郭欣怡	92	82	85	91	88	438	87.60		全班及格人數	
5	9802304	王雅雯	80	81	75	85	78	399	79.80			
6	9802305	林家豪	61	77	78	73	70	359	71.80		全班不及格人數	
7	9802306	廖怡婷	82	80	60	58	55	335	67.00			
8	9802307	吳宗翰	56	80	58	65	60	319	63.80			
9	9802308	蔣雅惠	78	74	90	74	78	394	78.80			

期末考 ⊕

2-2 用ROUND函數取至整數

範例中的「各科平均」,要先使用AVERAGE平均函數計算出平均,再使用ROUND函數將平均四捨五入到小數第0位,也就是整數。ROUND可以將數字四捨五入至指定的位數。

說明	將數字四捨五入至指定的位數
語法	**ROUND(Number, Num_digits)**
引數	◆ Number:要進行四捨五入運算的數值。 ◆ Num_digits:四捨五入的位數。當為負值時,表示四捨五入到小數點前的指定位數;當為正數時,表示到小數點後的指定位數。

◆**01** 點選**C32**儲存格,按下「**常用→編輯→Σ·自動加總**」選單鈕,於選單中點選**平均值**,計算出各科平均。

C32		×	✓	fx	=AVERAGE(C2:C31)					

	A	B	C	D	E	F	G	H	I	J	K
28	9802327	莊彥廷	66	45	57	74	69	311	62.20		
29	9802328	鄭冠宇	85	57	85	84	79	390	78.00		
30	9802329	鍾佳玲	73	71	64	67	81	356	71.20		
31	9802330	郝詩婷	81	85	70	75	90	401	80.20		
32	各科平均		76.9								

最高分數

Example 02 學期成績計算表

◆02 將滑鼠游標移至編輯列上，於平均函數前輸入「**ROUND(**」，再至公式最後輸入「**,0)**」，完整公式為「**=ROUND(AVERAGE(C2:C31),0)**」，輸入好後按下 **Enter** 鍵，平均值就會四捨五入到整數。

		fx	=ROUND(AVERAGE(C2:C31),0)	①	
	A	B	C	D	E	F	G	H	I	J	K
28	9802327	莊彥廷	66	45	57	74	69	311	62.20		
29	9802328	鄭冠宇	85	57	85	84	79	390	78.00		
30	9802329	鍾佳玲	73	71	64	67	81	356	71.20		
31	98										
32											

C32　fx　=ROUND(AVERAGE(C2:C31),0)

	A	B	C	D	E	F	G	H	I	J	K
28	9802327	莊彥廷	66	45	57	74	69	311	62.20		
29	9802328	鄭冠宇	85	57	85	84	79	390	78.00		
30	9802329	鍾佳玲	73	71	64	67	81	356	71.20		
31	9802330	郝詩婷	81	85	70	75	90	401	80.20		
32	各科平均		77	②							

◆03 公式設定完成後，將滑鼠游標移至 **C32** 儲存格的填滿控點，將公式複製到 **D32:G32** 儲存格中。

ROUND、ROUNDUP、ROUNDDOWN

這3種數學函數，皆是對數值進行進位(或捨去)至指定的位數。函數的第2個引數，都是要指定運算到第幾位數。如果該引數是正值，就是小數點後第幾位；如果是負值，就是小數點前第幾位。例如：「=ROUND(358.13,-2)」表示將358.13四捨五入到小數點前第2位，也就是取至百位數，運算結果為400。

下表為3個函數的比較說明。

說明 函數	(5663.8642,2) 至小數第2位	(5663.8642,1) 取至小數第1位	(5663.8642,0) 取至個位數	(5663.8642,-1) 取至十位數
ROUND (四捨五入)	5663.86	5663.9	5664	5660
ROUNDUP (無條件進位)	5663.87	5663.9	5664	5670
ROUNDDOWN (無條件捨去)	5663.86	5663.8	5663	5660

2-3 用MAX及MIN函數找出最大值與最小值

使用「MAX」函數可以找出數列中最大的值；而「MIN」函數則可以找出數列中最小的值，在此範例中要利用這二個函數，分別找出各科的最高分與最低分。

說明	找出數列中的最大值
語法	**MAX(Number1,[Number2],...)**
引數	◆ Number1、Number2：為數值或是包含數值的名稱、陣列或參照位址，引數可以從1到255個。
說明	找出數列中的最小值
語法	**MIN(Number1,[Number2],...)**
引數	◆ Number1、Number2：為數值或是包含數值的名稱、陣列或參照位址，引數可以從1到255個。

◆01 點選 **C33** 儲存格，再按下「**常用→編輯→ Σ ▾ 自動加總**」選單鈕，於選單中點選**最大值**。

◆02 此時Excel會自動偵測，並框選出C2:C32範圍，但這範圍並不是正確的，所以要將範圍修正為 **C2:C31**。

IF	▾ :	× ✓	fx	=MAX(C2:C32)						
▲	A	B	C	D	E	F	G	H	I	J	K
28	9802327	莊彥廷	66	45	57	74	69	311	62.20		
29	9802328	鄭冠宇	85	57	85	84	79	390	78.00		
30	9802329	鍾佳玲	73	71	64	67	81	356	71.20		
31	9802330	郝詩婷	81	85	70	75	90	401	80.20		
32	各科平均		77	73	68	74	74				
33	最高分數	=MAX(C2:C32) ❶									
34	最低分數	MAX(number1, [number2], ...)									

30	9802329	鍾佳玲	73	71	64	67	81	356	71.20
31	9802330	郝詩婷	81	85	70	75	90	401	80.20
32	各科平均		77	73	68	74	74		
33	最高分數	=MAX(C2:C31) ❷							
34	最低分數	MAX(number1, [number2], ...)							

Example 02 學期成績計算表

- 03 範圍修改好後按下 **Enter** 鍵，即可找出國文的最高分數。
- 04 將滑鼠游標移至 **C33** 儲存格的填滿控點，並拖曳滑鼠，將公式複製到 **D33:G33** 儲存格中。
- 05 點選 **C34** 儲存格，按下「**常用→編輯→**Σ·**自動加總**」選單鈕，於選單中點選**最小值**。
- 06 此時 Excel 會自動偵測，並框選出 C2:C33 範圍，但這範圍並不是正確的，所以要將範圍修正為 **C2:C31**。

	C34	▾ :	× ✓	*fx*	=MIN(C2:C31)					
◢	A	B	C	D	E	F	G	H	I	J	K
28	9802327	莊彥廷	66	45	57	74	69	311	62.20		
29	9802328	鄭冠宇	85	57	85	84	79	390	78.00		
30	9802329	鍾佳玲	73	71	64	67	81	356	71.20		
31	9802330	郝詩婷	81	85	70	75	90	401	80.20		
32	各科平均		77	73	68	74	74				
33	最高分數		95	96	90	97	95				
34	最低分數	=MIN(C2:C31)								

如果是用滑鼠重新選取範圍時，原範圍必須是在選取狀態，這樣當用滑鼠再重新選取不同範圍時，原先的範圍才會被取代掉。

- 07 將滑鼠游標移至 **C34** 儲存格的填滿控點，並拖曳滑鼠，將公式複製到 **D34:G34** 儲存格中。

	G34	▾ :	× ✓	*fx*	=MIN(G2:G31)					
◢	A	B	C	D	E	F	G	H	I	J	K
28	9802327	莊彥廷	66	45	57	74	69	311	62.20		
29	9802328	鄭冠宇	85	57	85	84	79	390	78.00		
30	9802329	鍾佳玲	73	71	64	67	81	356	71.20		
31	9802330	郝詩婷	81	85	70	75	90	401	80.20		
32	各科平均		77	73	68	74	74				
33	最高分數		95	96	90	97	95				
34	最低分數		56	45	48	45	50				

自動計算功能

使用自動計算功能，可以在不建立公式或函數的情況下，快速得到運算結果。只要選取想要計算的儲存格範圍，即可在狀態列中得到計算的結果。

在預設下會顯示平均值、項目個數及加總，若在狀態列上按下**滑鼠右鍵**，還可以在選單中選擇想要出現於狀態列的資料。

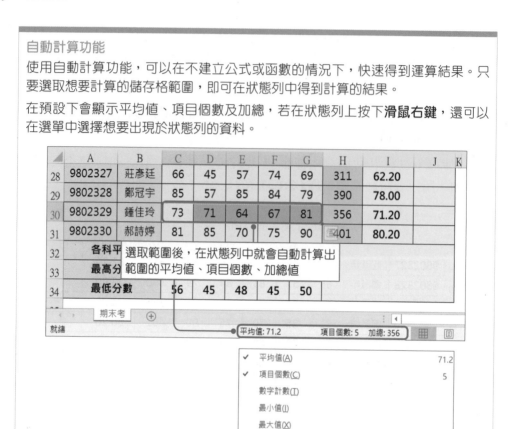

選取範圍後，在狀態列中就會自動計算出範圍的平均值、項目個數、加總值

2-4 用RANK.EQ函數計算排名

利用「RANK.EQ」函數可以計算出某數字在數字清單中的等級。

說明	計算某數字在數字清單中的等級
語法	**RANK.EQ(Number,Ref,Order)**
引數	◆ Number：要排名的數值。 ◆ Ref：用來排名的參考範圍，是一個數值陣列或數值參照位址。 ◆ Order：指定的順序，若為0或省略不寫，則會從大到小排序Number的等級；若不是0，則會從小到大排序Number的等級。

Example 02 學期成績計算表

◆01 點選**J2**儲存格,再按下「**公式→函數庫→插入函數**」按鈕,開啓「插入函數」對話方塊。

◆02 於類別中選擇**統計**函數,選擇好後,再於選取函數中點選**RANK.EQ**函數,選擇好後按下**確定**按鈕。

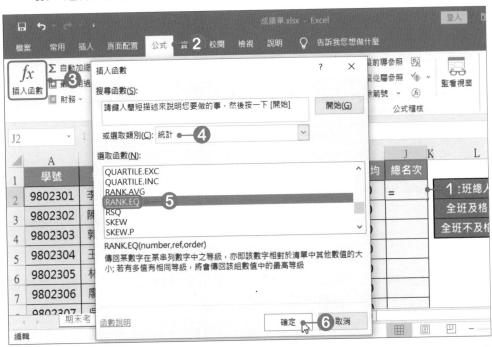

在儲存格插入函數時,也可以直接按下資料編輯列上的 *fx* 按鈕,或是直接按下 **Shift+F3**快速鍵,開啓「插入函數」對話方塊,選擇要使用的函數。若該儲存格已建立函數,則會開啓「函數引數」對話方塊。

◆03 按下**確定**按鈕後，會開啓「函數引數」對話方塊，在第1個引數 (Number)中按下 ⬆ 按鈕。

函數引數		? ✕
RANK.EQ		
Number		⬆ = 數字
Ref		⬆ = 參照位址
Order		⬆ = 邏輯值
		=

傳回某數字在某串列數字中之等級，亦即該數字相對於清單中其他數值的大小; 若有多值有相同等級，將會傳回該組數值中的最高等級

Number 為欲找出其等級的數字

計算結果 =

函數說明(H)

確定　　取消

◆04 按下 ⬆ 按鈕後，會開啓公式色板，這裡請選擇**I2**儲存格，選擇好後再按下 ▣ 按鈕，回到「函數引數」對話方塊中。

I2	▾ : ✕ ✓ fx	=RANK.EQ(I2)							
	A	B	C	D	E	F	G	H	I	J	K
2	9802301	李怡君	72	70	68	81	90	381	76.20	EQ(I2)
3	9802302	陳雅婷	75	66	58	67	75	341	68.20	
4		函數引數						? ✕		
5		I2							▣	
6	9802305	林家豪	61	77	78	73	70	359	71.80	
7	9802306	廖怡婷	82	80	60	58	55	335	67.00	
8	9802307	吳宗翰	56	80	58	65	60	319	63.80	
9	9802308	蔣雅惠	78	74	90	74	78	394	78.80	
10	9802309	吳志豪	88	85	85	91	88	437	87.40	
11	9802310	蘇心怡	81	69	72	85	80	387	77.40	
12	9802311	陳建宏	94	96	71	97	94	452	90.40	

Example 02 學期成績計算表

05 回到「函數引數」對話方塊後，在第2個引數(Ref)中按下 ⬆ 按鈕，要選取用來排名的參考範圍。

函數引數		? ✕
RANK.EQ		
Number	I2 ⬆	= 76.2
Ref	⬆	= 參照位址
Order	⬆	= 邏輯值
		=

傳回某數字在某串列數字中之等級，亦即該數字相對於清單中其他數值的大小; 若有多值有相同等級，將會傳回該組數值中的最高等級

Number 為欲找出其等級的數字

計算結果 =

函數說明(H)　　　　　　　　　　　　　　　　　　　　確定　　取消

06 開啟公式色板後，請選擇 **I2:I31** 儲存格，選擇好後再按下 ▣ 按鈕，回到「函數引數」對話方塊中。

I2	▾	✕ ✓ fx	=RANK.EQ(I2,I2:I31)						
	A	B	C	D	E	F	G	H	I	J
1	學號	姓名	國文	英文	數學	歷史	地理	總分	個人平均	總名次
2	9802301	李怡君	72	70	68	81	90	381	76.20	I2:I31)
3										
4		I2:I31								
5	9802304	王雅雯	80	81	75	85	78	399	79.80	
6	9802305	林家豪	61	77	78	73	70	359	71.80	
7	9802306	廖怡婷	82	80	60	58	55	335	67.00	
8	9802307	吳宗翰	56	80	58	65	60	319	63.80	
9	9802308	蔣雅惠	78	74	90	74	78	394	78.80	
10	9802309	吳志豪	88	85	85	91	88	437	87.40	
11	9802310	蘇心怡	81	69	72	85	80	387	77.40	

07 在此範例中，因爲要比較的範圍不會變，所以要將I2:I31設定爲絕對位址 **$I$2:$I$31**，這樣在複製公式時，才不會有問題。要修改時可以直接於欄位中進行修改，修改好後按下**確定**按鈕。

當儲存格要設定爲絕對參照時，先選取要轉換的位址，再按下鍵盤上的**F4**鍵，即可將選取的位址轉換爲絕對參照。

08 回到工作表後，該名學生的名次就計算出來了，接下來再將該公式複製到其他儲存格中即可。

	A	B	C	D	E	F	G	H	I	J
	J2				fx	=RANK.EQ(I2,$I$2:$I$31)				
1	學號	姓名	國文	英文	數學	歷史	地理	總分	個人平均	總名次
2	9802301	李怡君	72	70	68	81	90	381	76.20	12
3	9802302	陳雅婷	75	66	58	67	75	341	68.20	20
4	9802303	郭欣怡	92	82	85	91	88	438	87.60	2
5	9802304	王雅雯	80	81	75	85	78	399	79.80	6
6	9802305	林家豪	61	77	78	73	70	359	71.80	18
7	9802306	廖怡婷	82	80	60	58	55	335	67.00	23
8	9802307	吳宗翰	56	80	58	65	60	319	63.80	27
9	9802308	蔣雅惠	78	74	90	74	78	394	78.80	7

Example 02 學期成績計算表

2-5 用COUNT函數計算總人數

利用COUNT函數可以在一個範圍內，計算包含數值資料的儲存格數目。

說明	在範圍內計算包含數值資料的儲存格數
語法	COUNT(Value1,Value2,...)
引數	◆ Value1、Value2：為數值範圍，可以是1個到255個，範圍中若含有或參照到各種不同類型資料時，是不會進行計數的。

◆01 點選**M2**儲存格，再按下「**公式→函數庫→插入函數**」按鈕，開啟「插入函數」對話方塊。

◆02 於類別中選擇**統計**函數，選擇好後，再於選取函數中點選**COUNT**函數，選擇好後按下**確定**按鈕。

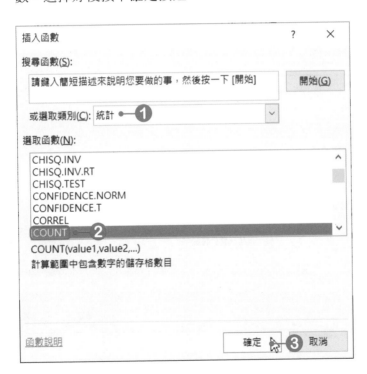

要插入「COUNT」函數時，也可以直接按下「**公式→函數庫→其他函數**」按鈕，於選單中點選「**統計→COUNT**」函數。

◆03 開啟「函數引數」對話方塊，在第1個引數(Value1)中按下 按鈕，開啟公式色板，請選擇 **A2:A31** 儲存格，選擇好後按下 按鈕。

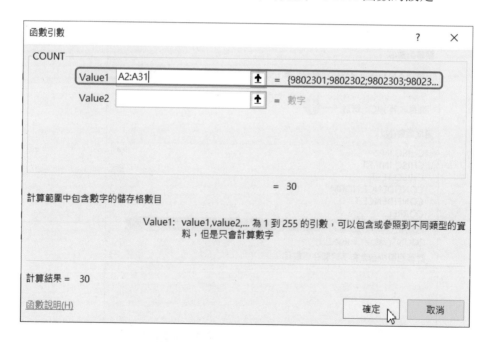

A2	函數引數							?	×
	A2:A31								
1	學號	姓名	國文	英文	數學	歷史	地理	總分	個人平均	總名次
2	9802301	李 君	72	70	68	81	90	381	76.20	12
3	9802302	陳雅婷	75	66	58	67	75	341	68.20	20
4	9802303	郭欣怡	92	82	85	91	88	438	87.60	2
5	9802304	王雅雯	80	81	75	85	78	399	79.80	6
6	9802305	林家豪	61	77	78	73	70	359	71.80	18
7	9802306	廖怡婷	82	80	60	58	55	335	67.00	23

◆04 範圍設定好後，直接按下**確定**按鈕，即可完成COUNT函數的設定。

函數引數   ? ×

COUNT

Value1	A2:A31	↑	= {9802301;9802302;9802303;98023...
Value2		↑	= 數字

= 30

計算範圍中包含數字的儲存格數目

Value1: value1,value2,... 為 1 到 255 的引數，可以包含或參照到不同類型的資料，但是只會計算數字

計算結果 = 30

函數說明(H)   確定   取消

COUNT函數只能計算數值資料的個數，不能用來計算包含文字資料的儲存格個數。在此範例中，使用「學號」欄位當作引數，因為學號欄位內的資料是數值；如果使用姓名欄位當引數的話，那麼得到的結果會是0，因為範圍內沒有數值資料。

Example 02 學期成績計算表

◆05 回到工作表後，全班總人數就計算出來了，共有30人。

M2				f_x	=COUNT(A2:A31)							
	A	B	C	D	E	F	G	H	I	J	K	L	M
1	學號	姓名	國文	英文	數學	歷史	地理	總分	個人平均	總名次			
2	9802301	李怡君	72	70	68	81	90	381	76.20	12		全班總人數	30
3	9802302	陳雅婷	75	66	58	67	75	341	68.20	20		全班及格人數	
4	9802303	郭欣怡	92	82	85	91	88	438	87.60	2		全班不及格人數	
5	9802304	王雅雯	80	81	75	85	78	399	79.80	6			

COUNTA

COUNTA 函數可以計算包含任何資料類型(文字、數值、符號)的資料個數，但無法計算空白儲存格；若儲存格內包含邏輯值、文字或錯誤值，也會一併計算進去。

語法	COUNTA(Value1,Value2,...)
引數	◆ Value1、Value2：為數值、儲存格參照位址或範圍，可以是1個到255個。

2-6 用COUNTIF函數找出及格與不及格人數

如果只想計算符合條件的儲存格個數，例如：特定的文字、或是一段比較運算式，就可以使用「COUNTIF」函數。

說明	計算符合條件的儲存格個數
語法	COUNTIF(Range,Criteria)
引數	◆ Range：比較條件的範圍，可以是數字、陣列或參照。 ◆ Criteria：是用以決定要將哪些儲存格列入計算的條件，可以是數字、表示式、儲存格參照或文字。

◆01 點選**M3**儲存格，再按下「**公式→函數庫→插入函數**」按鈕，開啟「插入函數」對話方塊。

◆02 於類別中選擇**統計**函數，再於選取函數中點選**COUNTIF**函數，選擇好後按下**確定**按鈕。

要插入「COUNTIF」函數時，也可以直接按下「**公式→函數庫→其他函數**」按鈕，於選單中點選「**統計→COUNTIF**」函數。

◆**03** 開啟「函數引數」對話方塊，在第1個引數(Range)中按下 ⬆ 按鈕。

函數引數		?	×

COUNTIF

Range   [   ] ⬆ = 參照位址

Criteria   [   ] ⬆ = 任意

=

計算一範圍內符合指定條件儲存格的數目

Range 為欲計算符合給定條件儲存格數目的範圍

計算結果 =

函數說明(H)   確定   取消

◆**04** 開啟公式色板，選擇 **I2:I31** 儲存格，選擇好後按下 按鈕。

I2	▼	:	×	✓	fx	=COUNTIF(I2:I31)				
	A	B	C	D	E	F	G	H	I	J
1	學號	姓名	國文	英文	數學	歷史	地理	總分	個人平均	總名次
2	9802301	李怡君	72	70	68	81	90	381	76.20	❶
3	9	函數引數							? ×	
4	9	I2:I31							⬇	
5	9802304	王雅雯	80	81	75	85	78	399	79.80	❷
6	9802305	林家豪	61	77	78	73	70	359	71.80	18
7	9802306	廖怡婷	82	80	60	58	55	335	67.00	23

◆**05** 範圍設定好後，在第2個引數(Criteria)欄位中輸入 **>=60** 條件，輸入好後按下**確定**按鈕，即可完成 COUNTIF 函數的設定。

Example 02 學期成績計算表

◆06 回到工作表後，在I2:I31範圍內，平均大於等於60分都會被計算到及格人數中，結果及格人數共有28人。

	=COUNTIF(I2:I31,">=60")							在COUNTIF函數中，輸入條件時，如果不是數值，Excel會自動在前後加上「"」雙引號	
C	D	E	F	G	H	I	J		M
國文	英文	數學	歷史	地理	總分	個人平均	總名次		
72	70	68	81	90	381	76.20	12	全班總人數	30
75	66	58	67	75	341	68.20	20	全班及格人數	28
92	82	85	91	88	438	87.60	2	全班不及格人數	
80	81	75	85	78	399	79.80	6		

◆07 及格人數統計好之後，將公式複製到**M4**儲存格，並修改儲存格範圍，及將條件修改爲**<60**，即可計算出不及格人數。

	=COUNTIF(I3:I31,"<60")									
C	D	E	F	G	H	I	J	K	L	M
國文	英文	數學	歷史	地理	總分	個人平均	總名次			
72	70	68	81	90	381	76.20	12		全班總人數	30
75	66	58	67	75	341	68.20	20		全班及格人數	28
92	82	85	91	88	438	87.60	2		全班不及格人數	2
80	81	75	85	78	399	79.80	6			
61	77	78	73	70	359	71.80	18			

2-7 條件式格式設定

Excel可以根據一些簡單的判斷,自動改變儲存格的格式,這功能稱作「**條件式格式設定**」,在範例中將使用該功能,將各科成績中不及格的分數突顯出來。

只格式化包含下列的儲存格

這裡要將國文、英文、數學、歷史、地理等分數不及格的儲存格用其他填滿色彩及紅色文字來表示。

◆01 選取**C2:G31**儲存格,按下「**常用→樣式→條件式格式設定**」按鈕,於選單中點選**新增規則**,開啓「新增格式化規則」對話方塊。

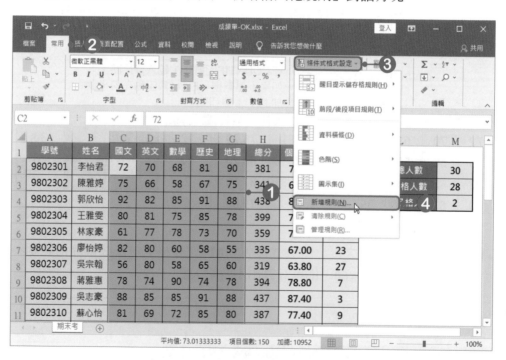

◆02 在「選取規則類型」中選擇**只格式化包含下列的儲存格**選項,選擇好,將條件設定為**儲存格內的值小於60時**。按下第1個欄位的選單鈕,選擇**儲存格值**;按下第2個欄位的選單鈕,選擇**小於**;在第3個欄位中直接輸入**60**。

Example 02 學期成績計算表

▸03 條件都設定好了以後，按下**格式**按鈕，開始進行格式的設定。先點選**字型**標籤，將字型格式設定為：粗體、紅色。

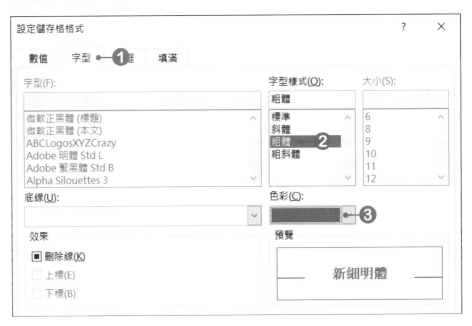

◆04 點選**填滿**標籤,選擇填滿色彩,設定好後按下**確定**按鈕,回到「新增格式化規則」對話方塊。

在自訂格式時,可以針對儲存格的數值、字型、外框、填滿等來做變化。

Example 02 學期成績計算表

05 規則都設定好後，最後按下**確定**按鈕，回到工作表後，被選取區域內的
分數若小於60分，就會以不同填滿色彩及紅色文字顯示。

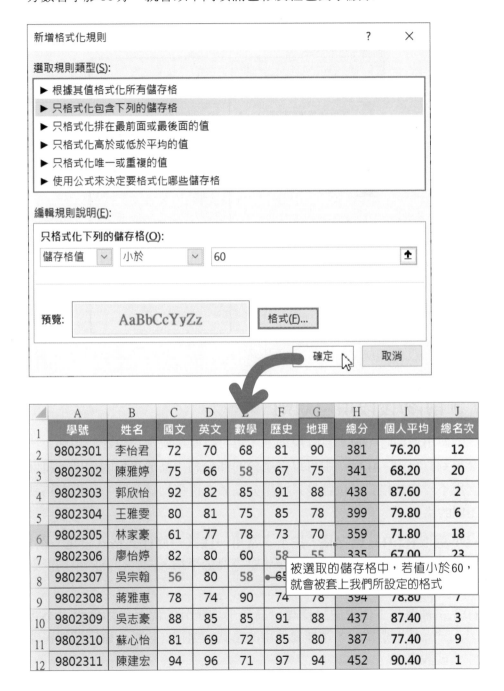

被選取的儲存格中，若值小於60，
就會被套上我們所設定的格式

醒目提示儲存格規則

點選「**常用→樣式→條件式格式設定**」按鈕，於選單中點選**醒目提示儲存格規則**，這裡提供了許多預設好的規則，可以直接點選使用。

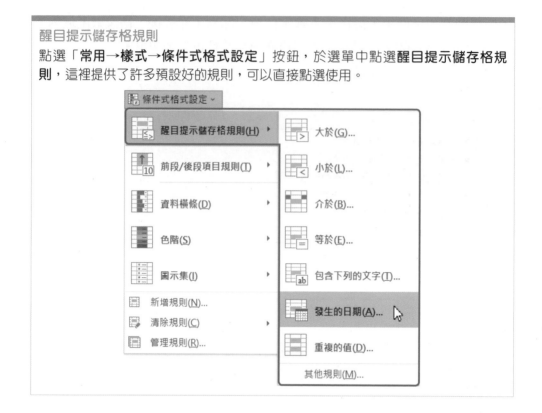

前段/後段項目規則

　　使用規則時，除了自訂規則外，也可以直接使用預設好的規則，快速地套用到資料中。在範例中可以將總分的部分利用**高於平均**的規則，將儲存格套用不一樣的格式，也就是只要總分高於全班平均總分時，該儲存格就套用不同的格式。

◆01 選取 **H2:H31** 儲存格，按下「**常用→樣式→條件式格式設定→前段/後段項目規則**」按鈕，於選單中點選**高於平均**，開啟「高於平均」對話方塊。

◆02 這裡要將工作表中只要總分高於平均總分的儲存格都會套用不同的格式。按下選單鈕，選擇要使用的格式，選擇好後按下**確定**按鈕，即可完成設定。

Example 02 學期成績計算表

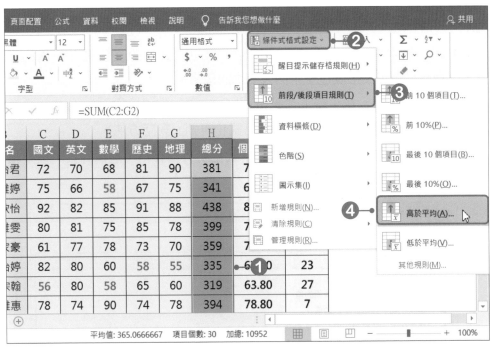

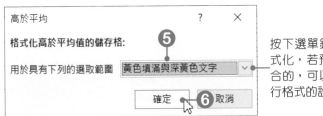

按下選單鈕，選擇要使用的格式化，若預設的格式中沒有符合的，可以選擇**自訂格式**，進行格式的設定

	A	B	C	D	E	F	G	H	I	J
1	學號	姓名	國文	英文	數學	歷史	地理	總分	個人平均	總名次
2	9802301	李怡君	72	70	68	81	90	381	76.20	12
3	9802302	陳雅婷	75	66	58	67	75	341	68.20	20
4	9802303	郭欣怡	92	82	85	91	88	438	87.60	2
5	9802304	王雅雯	80	81	75	85	78	399	79.80	6
6	9802305	林家豪	61	77	78	73	70	359	71.80	18
7	9802306	廖怡婷	82	80	60	58	55	335	67.00	23
8	9802307	吳宗翰	56	80	58	65	60	319	63.80	27
9	9802308	蔣雅惠	78	74	90	74	78	394	78.80	7
10	9802309	吳志豪	88	85	85	91	88	437	87.40	3
11	9802310	蘇心怡	81	69	72	85	80	387	77.40	9
12	9802311	陳建宏	94	96	71	97	94	452	90.40	1

◎ 用圖示集規則標示個人平均

在圖示集中提供了許多不同的圖示，可以更清楚的表達儲存格內的資料，這裡要用圖示集來表達學生個人平均的優劣。

◆01 選取 I2:I31 儲存格，按下「**常用→樣式→條件式格式設定**」按鈕，於選單中點選**新增規則**，開啟「新增格式化規則」對話方塊。

◆02 於選取規則類型中選擇**根據其值格式化所有儲存格**，選擇好後，按下**格式樣式**選單鈕，選擇**圖示集**。

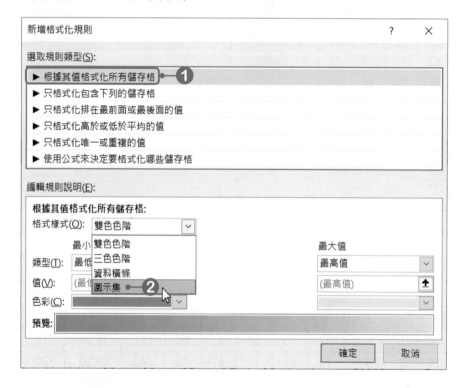

設定多種條件式格式

Excel中的條件式格式設定，是可以同時使用的，可以在同一儲存格範圍中設定資料橫條、色階、圖示集等規則，設定時先設定完一種後，再設定另一種，即可讓二種格式化都呈現在儲存格中。

◆03 按下**圖示樣式**選單鈕，選擇**三符號(圓框)**，選擇好後即可根據條件設定每個圖示的規則，設定好後，按下**確定**按鈕。

Example 02 學期成績計算表

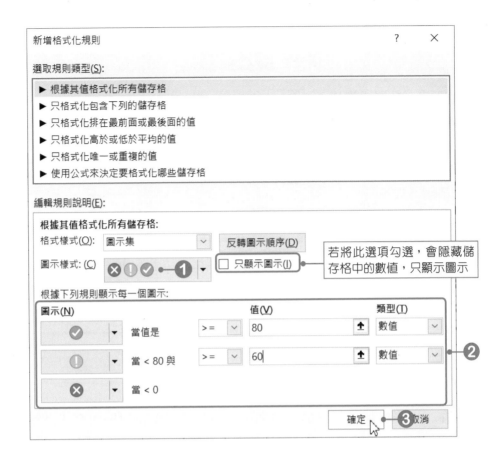

04 回到工作表後，個人平均就會根據條件套上不同的圖示，利用該圖示即可馬上判斷出每位學生的成績好壞。

	A	B	C	D	E	F	G	H	I	J
1	學號	姓名	國文	英文	數學	歷史	地理	總分	個人平均	總名次
2	9802301	李怡君	72	70	68	81	90	381	ⓘ 76.20	12
3	9802302	陳雅婷	75	66	58	67	75	341	ⓘ 68.20	20
4	9802303	郭欣怡	92	82	85	91	88	438	✓ 87.60	2
5	9802304	王雅雯	80	81	75	85	78	399	ⓘ 79.80	6
6	9802305	林家豪	61	77	78	73	70	359	ⓘ 71.80	18
7	9802306	廖怡婷	82	80	60	58	55	335	ⓘ 67.00	23
8	9802307	吳宗翰	56	80	58	65	60	319	ⓘ 63.80	27
9	9802308	蔣雅惠	78	74	90	74	78	394	ⓘ 78.80	7
10	9802309	吳志豪	88	85	85	91	88	437	✓ 87.40	3

◎ 清除規則

要清除所有設定好的規則時，點選「**常用→樣式→條件式格式設定**」按鈕，於選單中點選**清除規則**選項，即可選擇清除方式。

◎ 管理規則

在工作表中加入了一堆的規則後，不管是要編輯規則內容或是刪除規則，都可以按下「**常用→樣式→條件式格式設定**」按鈕，於選單中點選**管理規則**選項，開啟「設定格式化的條件規則管理員」對話方塊，即可在此進行各種規則的管理工作。

這裡可以清楚的看到工作表中設定了哪些規則，而該規則又是套用於哪些範圍

Example 02 學期成績計算表

2-8 資料排序

當資料量很多時，為了搜尋方便，通常會將資料按照順序重新排列，這個動作稱為「排序」。同一「列」的資料為一筆「記錄」，排序時會以「欄」為依據，調整每一筆記錄的順序。

在範例中要使用排序功能將個人平均「**遞減排序**」，遇到個人平均相同時，就再根據國文、數學、英文成績做遞減排序。

◆01 選取 **A1:J31** 儲存格，按下「**資料→排序與篩選→排序**」按鈕，開啟「排序」對話方塊。

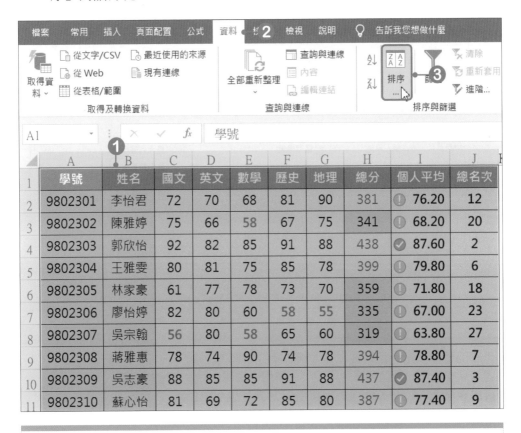

在此範例中因為在 L、M 欄與第 32、33 列中還有不能被移動的資料，所以要進行排序前，必須先選取要排序的資料，再進行排序的設定。若資料中只有單純的資料，就可以不用先進行選取的動作，只要將滑鼠游標移至任一儲存格內，即可進行排序設定。

◆02 設定第一個排序方式，於「排序方式」中選擇**個人平均**欄位；再於「順序」中選擇**最大到最小**。

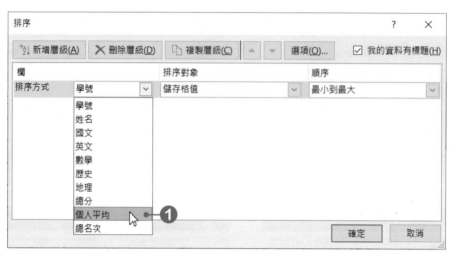

排序的時候，先決定好要以哪一欄作為排序依據，點選該欄中任何一個儲存格，再按下「**常用→編輯→**  **排序與篩選**」按鈕，即可選擇排序的方式。也可以按下「**資料→排序與篩選**」群組中的「 」、「 」按鈕，進行排序。資料在進行排序時，會以「欄」為依據，調整每一筆記錄的順序。

Example 02 學期成績計算表

◆03 設定好後，按下**新增層級**，進行次要排序方式設定。將國文、數學、英文的排序順序設定為**最大到最小**，都設定好後按下**確定**按鈕。

排序			? ×
⁺₂↓ 新增層級(A)	╳ 刪除層級(D)	⧉ 複製層級(C) ▲ ▼ 選項(O)...	☑ 我的資料有標題(H)
欄		排序對象	順序
排序方式	個人平均 ∨	儲存格值 ∨	最大到最小 ∨
次要排序方式	國文 ∨	儲存格值 ∨	最大到最小 ∨
次要排序方式	數學 ∨	儲存格值 ∨	最大到最小 ∨
次要排序方式	英文 ∨	儲存格值 ∨	最大到最小 ∨
			確定 取消

若資料中有標題列時，請務必勾選**我的資料有標題**選項，這樣進行排序時，就不會將標題列也一併排序。

◆04 完成設定後，資料會根據個人平均的高低排列順序。個人平均相同時，會以國文分數高低排列；若國文分數又相同時，會依數學分數的高低排列；若數學分數又相同時，會依英文分數的高低排列。

	A	B	C	D	E	F	G	H	I	J
1	學號	姓名	國文	英文	數學	歷史	地理	總分	個人平均	總名次
2	9802311	陳建宏	94	96	71	97	94	452	✓ 90.40	1
3	9802303	郭欣怡	92	82	85	91	88	438	✓ 87.60	2
4	9802309	吳志豪	88	85	85	91	88	437	✓ 87.40	3
5	9802322	高俊傑	91	84	72	74	95	416	✓ 83.20	4
6	9802330	郝詩婷	81	85	70	75	90	401	✓ 80.20	5
7	9802304	王雅雯	80	81	75	85	78	399	❗ 79.80	6
8	9802308	蔣雅惠	78	74	90	74	78	394	❗ 78.80	7
9	9802328	鄭冠宇	85	57	85	84	79	390	❗ 78.00	8
10	9802310	蘇心怡	81	69	72	85	80	387	❗ 77.40	9
11	9802320	朱怡伶	67	75	77	79	85	383	❗ 76.60	10
12	9802317	徐佩君	67	58	77	91	90	383	❗ 76.60	10

2-9 註解的使用

「註解」不是儲存格的內容，它只是儲存格的輔助說明，只有當游標移到儲存格上時，註解才會出現。

◎ 新增註解

註解可以幫助了解儲存格的實質內容，尤其是用公式產生的資料，由於公式只是一堆運算符號和參照的組合，並不能看出實質的意義，透過註解可以明白儲存格真正的意涵。

▶01 點選 **G32** 儲存格，按下「**校閱→註解→新增註解**」按鈕。

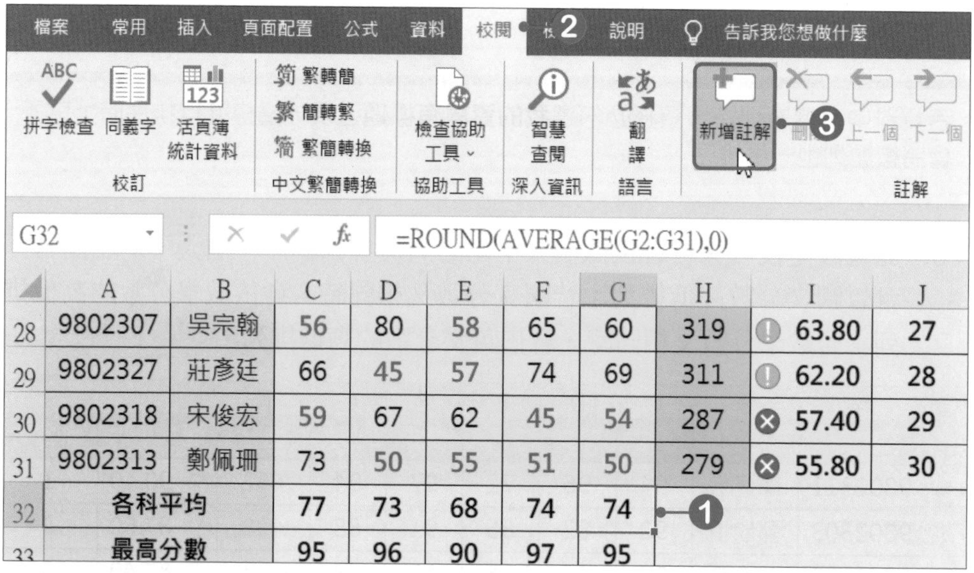

| 檔案 | 常用 | 插入 | 頁面配置 | 公式 | 資料 | 校閱 | 檢2 | 說明 | ♀ 告訴我您想做什麼 |

| ABC 拼字檢查 | 同義字 | 123 活頁簿統計資料 | 筆 繁轉簡 繁 簡轉繁 簡 繁簡轉換 | 檢查協助工具 ˅ | ⓘ 智慧查閱 | あ 翻譯 | 新增註解 ③ | 刪除 | 上一個 | 下一個 |
| 校訂 | | | 中文繁簡轉換 | 協助工具 | 深入資訊 | 語言 | | | 註解 |

| G32 | ⋮ | × ✓ fx | =ROUND(AVERAGE(G2:G31),0) |

▲	A	B	C	D	E	F	G	H	I	J
28	9802307	吳宗翰	56	80	58	65	60	319	�ⓘ 63.80	27
29	9802327	莊彥廷	66	45	57	74	69	311	ⓘ 62.20	28
30	9802318	宋俊宏	59	67	62	45	54	287	⊗ 57.40	29
31	9802313	鄭佩珊	73	50	55	51	50	279	⊗ 55.80	30
32	各科平均		77	73	68	74	74	─①		
33	最高分數		95	96	90	97	95			

▶02 新增後，即可在黃色區域中輸入註解的內容。

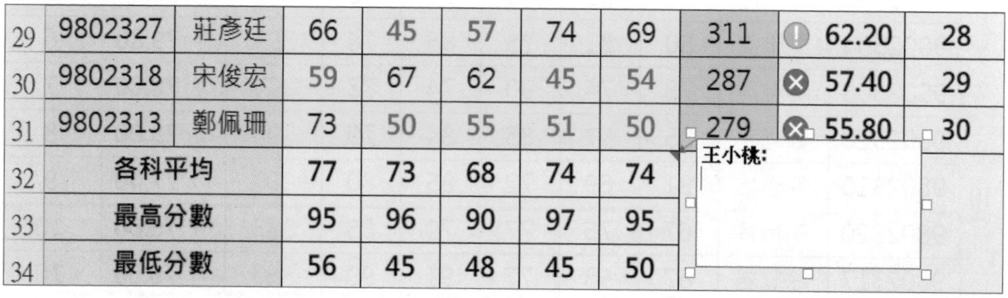

29	9802327	莊彥廷	66	45	57	74	69	311	ⓘ 62.20	28
30	9802318	宋俊宏	59	67	62	45	54	287	⊗ 57.40	29
31	9802313	鄭佩珊	73	50	55	51	50	279	⊗ 55.80	30
32	各科平均		77	73	68	74	74	王小桃：		
33	最高分數		95	96	90	97	95			
34	最低分數		56	45	48	45	50			

Example 02 學期成績計算表

◆03 輸入完後，在工作表上任一位置按下**滑鼠左鍵**，即可完成註解的建立。

	A	B	C	D	E	F	G	H	I	J
28	9802307	吳宗翰	56	80	58	65	60	319	⏺ 63.80	27
29	9802327	莊彥廷	66	45	57	74	69	311	⏺ 62.20	28
30	9802318	宋俊宏	59	67	62	45	54	287	⊗ 57.40	29
31	9802313	鄭佩珊	73	50	55	51	50	279	⊗ 55.80	30
32	各科平均		77	73	68	74	74			
33	最高分數		95	96	90	97	95			
34	最低分數		56	45	48	45	50			

> 王小桃：
> 此成績計算公式為：
> =ROUND(AVERAGE(G2:G31),0)

◆04 含有註解的儲存格，右上角會有個紅色的小三角形，將滑鼠游標移至該
　　儲存格上，就會自動顯示剛剛所建立的註解。

◆05 若要修改註解內容時，按下「**校閱→註解→編輯註解**」按鈕，即可修改
　　註解內容；若按下**刪除**按鈕，則可以清除該儲存格的註解，而此時儲存
　　格上的紅色小三角形也會消失。

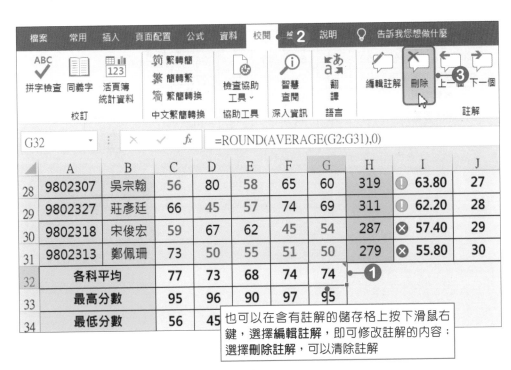

也可以在含有註解的儲存格上按下滑鼠右鍵，選擇編輯註解，即可修改註解的內容；選擇刪除註解，可以清除註解

顯示所有註解

　　要看儲存格上的註解內容時，只要將滑鼠游標移至儲存格，便會顯示該儲存格的註解內容，而若要直接將註解顯示於工作表中的話，可以按下「**校閱→註解→顯示所有註解**」按鈕，即可將工作表中的所有註解顯示出來；要隱藏所有註解時，再按下「**校閱→註解→顯示所有註解**」按鈕即可。

	A	B	C	D	E	F	G	H		I	J	K	L
23	9802314	魏靜怡	65	75	54	67	78	339	⊘	67.80	21		
24	9802306	廖怡婷	82	80	60	58	55	335	⊘	67.00	23		
25	9802319	林佳穎	86	55	65	68	60	334	⊘	66.80	24		
26	9802315	楊志偉	79	68	68	58	54	327	⊘	65.40	25		
27	9802321	劉婉婷	63	58	50	81	74	326	⊘	65.20	26		
28	9802307	吳宗翰	56	80	58	65	60	319	⊘	63.80	27		
29	9802327	莊彥廷	66	45	57	74	69	311		62.20	28		
30	9802318	宋俊宏	59	67	62	45	54	287					
31	9802313	鄭佩珊	73	50	55	51	50	279					
32	各科平均		77	73	68	74	74						
33	最高分數		95	96	90	97	95						
34	最低分數		56	45	48	45	50						

王小桃：
此資料經過排序

王小桃：
此成績計算公式為：
=ROUND(AVERAGE(G2:G31),0)

● 選擇題

( )1. 下列哪個函數是計算某範圍內符合條件的儲存格數量？(A) SUM
(B) MAX (C) AVERAGE (D) COUNTIF。

( )2. 要取出某個範圍的最大值時，下列哪個函數最適合？(A) MODE
(B) MAX (C) MIN (D) AVERAGE。

( )3. 若要幫某個範圍的數值排名次時，可以使用下列哪個函數？
(A) RANK.EQ (B) QUARTILE (C) FREQUENCY (D) RAND。

( )4. 要計算含數值資料的儲存格個數時，可以使用下列哪個函數？
(A) ISTEXT (B) OR (C) MID (D) COUNT。

( )5. 要計算出某個範圍的平均時，下列哪個函數最適合？(A) MODE
(B) MAX (C) MIN (D) AVERAGE。

( )6. 儲存格A1、A2、A3、A4、A5中的數值分別為5、6、7、8、9，若
在A6儲存格中輸入公式「=SUM(A$2:A$4,MAX($A$1:$A$5))」，
則下列何者為A6儲存格呈現的結果？(A) 23 (B) 28 (C) 30
(D) #VALUE!。

( )7. 在A1儲存格內輸入公式「=SUM(B4:C5,D2,E1:E3)」，請問A1共加總
幾個儲存格的資料值？(A) 5 (B) 6 (C) 7 (D) 8。

( )8. 下列何項函數會將數字四捨五入至指定的位數？(A) SUM
(B) AVERAGE (C) MIN (D) ROUND。

( )9. 下列哪個功能，可以讓Excel根據條件去判斷，自動改變儲存格的格
式？(A)自動格式 (B)條件式格式設定 (C)樣式 (D)格式。

( )10.若想編輯儲存格中已插入的註解內容，應如何操作？(A)點選「檢視
→註解」 (B)按右鍵，點選「編輯註解」 (C)點選「編輯→清除→註
解」選項 (D)直接在該儲存格中輸入要修改的內容。

● 實作題

1. 開啓「Example02→血壓紀錄表.xlsx」檔案，進行以下設定。
● 將收縮壓欄位進行條件式格式設定：當數值>139時，儲存格填滿紅色、
文字為深紅色。指定圖示集中的三箭號(彩色)格式，當>=140時，為上
升箭號、>=120且<140時，為平行箭號、其他為下降箭號。
● 將舒張壓欄位套用「資料橫條→藍色資料橫條」的格式化條件。

● 將心跳欄位套用「色階→黃-紅色階」的格式化條件。

	A	B	C	D	E
1	日期	時間	收縮壓	舒張壓	心跳
2	12月1日	上午	⇨ 129	79	72
3	12月1日	下午	⇨ 133	80	75
4	12月2日	上午	⇧ 142	90	70
5	12月2日	下午	⇧ 141	84	68
6	12月3日	上午	137	84	70
7	12月3日	下午	⇨ 139	83	72
8	12月4日	上午	⇧ 140	85	78
9	12月4日	下午	⇨ 138	85	69
10	12月5日	上午	⇨ 135	79	75
11	12月5日	下午	⇨ 136	81	72

2. 開啟「Example02→體操選手成績評分.xlsx」檔案，進行以下設定。

   ● 算出每位選手的總得分(必須排除最高分與最低分)，然後訂定他們的名次，再以名次進行排序。

   ● 計算出分數高於9分與低於8分的數量。

	A	B	C	D	E	F	G	H	I	J
1		裁判								
2	選手	日本籍	俄羅斯籍	美國籍	韓國籍	德國籍	法國籍	波蘭籍	總得分	名次
3	立陶宛選手	9.1	9.1	9.2	9	8.9	9.1	9.3	45.5	1
4	斯洛伐克選手	9	9.1	8.9	9.2	9	9.1	9.3	45.4	2
5	南斯拉夫選手	8.9	9.2	8.9	8.8	9.1	8.9	9.1	44.9	3
6	俄羅斯選手	8.8	8.9	8.7	8.9	9	8.9	8.8	44.3	4
7	日本選手	8.8	8.8	8.6	8.5	8.9	9	8.9	44	5
8	韓國選手	8.6	8.9	8.8	9	8.6	8.7	8.9	43.9	6
9	奧地利選手	8.6	8.9	8.8	8.7	8.5	8.8	8.6	43.5	7
10	芬蘭選手	8.8	8.9	8.6	8.7	8.6	8.7	8.6	43.4	8
11	波蘭選手	8.7	8.6	8.6	8.5	8.5	8.7	8.8	43.1	9
12	美國選手	8.6	8.6	8.9	8.7	8.5	8.5	8.6	43	10
13	加拿大選手	8.3	8.4	8.7	8.5	8.3	8.2	8.4	41.9	11
14	西班牙選手	8.3	8.1	8.3	8.5	8.4	8.5	7.9	41.6	12
15	分數高於9分的數量為：	18								
16	分數低於8分的數量為：	1								

Example 03

產品銷售統計報表

範例檔案

Example03→產品銷售統計報表 .txt

結果檔案

Example03→產品銷售統計報表 .xlsx

Example03→產品銷售統計報表 .pdf

在Excel中，除了直接在活頁簿的工作表中輸入文字外，還可以利用「取得外部資料」功能，匯入各種不同格式的資料，然後在Excel中繼續進行編輯的工作，在此範例中，要先匯入文字檔，再將報表製作成表格，最後經過版面及列印的設定，變成一份正式的報表。

取得及轉換資料

紙張方向　　　　　頁首　　表格樣式　　　格式化為表格

佈景主題

版面

列印標題

DATE函數
MID函數

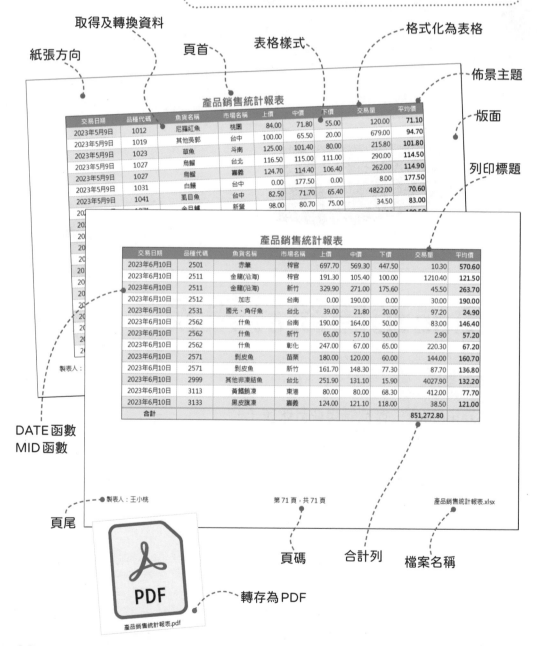

產品銷售統計報表

交易日期	品種代碼	魚貨名稱	市場名稱	上價	中價	下價	交易量	平均價
2023年5月9日	1012	尼羅紅魚	桃園	84.00	71.80	55.00	120.00	71.10
2023年5月9日	1019	其他吳郭	台中	100.00	65.50	20.00	679.00	94.70
2023年5月9日	1023	草魚	斗南	125.00	101.40	80.00	215.80	101.80
2023年5月9日	1027	烏鰡	台北	116.50	115.00	111.00	290.00	114.50
2023年5月9日	1027	烏鰡	嘉義	124.70	114.40	106.40	262.00	114.90
2023年5月9日	1031	白鰻	台中	0.00	177.50	0.00	8.00	177.50
2023年5月9日	1041	虱目魚	台中	82.50	71.70	65.40	4822.00	70.60
2023年5月9日		金目鱸	新營	98.00	80.70	75.00	34.50	83.00

製表人：

產品銷售統計報表

交易日期	品種代碼	魚貨名稱	市場名稱	上價	中價	下價	交易量	平均價
2023年6月10日	2501	赤鯮	梓官	697.70	569.30	447.50	10.30	570.60
2023年6月10日	2511	金龍(沿海)	梓官	191.30	105.40	100.00	1210.40	121.50
2023年6月10日	2511	金龍(沿海)	新竹	329.90	271.00	175.60	45.50	263.70
2023年6月10日	2512	加志	台南	0.00	190.00	0.00	30.00	190.00
2023年6月10日	2531	園光、角仔魚	台北	39.00	21.80	20.00	97.20	24.90
2023年6月10日	2562	什魚	台南	190.00	164.00	50.00	83.00	146.40
2023年6月10日	2562	什魚	新竹	65.00	57.10	50.00	2.90	57.20
2023年6月10日	2562	什魚	彰化	247.00	67.00	65.00	220.30	67.20
2023年6月10日	2571	剝皮魚	苗栗	180.00	120.00	60.00	144.00	160.70
2023年6月10日	2571	剝皮魚	新竹	161.70	148.30	77.30	87.70	136.80
2023年6月10日	2999	其他菲凍結魚	台北	251.90	131.10	15.90	4027.90	132.20
2023年6月10日	3113	黃鰭鮪凍	東港	80.00	80.00	68.30	412.00	77.70
2023年6月10日	3133	黑皮旗凍	嘉義	124.00	121.10	118.00	38.50	121.00
合計							851,272.80	

製表人：王小桃　　　　　　第71頁，共71頁　　　　　　產品銷售統計報表.xlsx

頁尾

頁碼　　　合計列　　檔案名稱

PDF

產品銷售統計報表.pdf

轉存為 PDF

Example 03 產品銷售統計報表

3-1 取得及轉換資料

在Excel中除了直接在工作表輸入文字外，也可以利用「**取得及轉換資料**」功能，匯入**文字檔、CSV檔、資料庫檔、網頁格式**等檔案。

◎ 匯入文字檔

Excel可以將純文字檔的內容，直接匯入Excel，製作成工作表。所謂的純文字檔，指的是副檔名為「***.txt**」的檔案。要將純文字檔匯入Excel時，文字檔中不同欄位的資料之間必須要有分隔符號，可以是**逗點、定位點、空白**等，這樣Excel才能夠準確的區分出各欄位的位置。

在此範例中，要匯入「**產品銷售統計報表.txt**」檔案，該文字檔中不同欄位已使用**定位點(Tab)**作為分隔。

📄 產品銷售統計報表.txt - 記事本									— ☐ ✕
檔案(F) 編輯(E) 格式(O) 檢視(V) 說明									
交易日期	品種代碼		魚貨名稱		市場名稱		上價	中價	下價 交易量 平均價
1120509	1012	尼羅紅魚	桃園	84	71.8	55	120	71.1	
1120509	1019	其他吳郭	台中	100	65.5	20	679	94.7	
1120509	1023	草魚 斗南	125	101.4	80	215.8	101.8		
1120509	1027	烏鰡 台北	116.5	115	111	290	114.5		
1120509	1027	烏鰡 嘉義	124.7	114.4	106.4	262	114.9		
1120509	1031	白鰻 台中	0	177.5	0	8	177.5		
1120509	1041	虱目魚 台中	82.5	71.7	65.4	4822	70.6		
1120509	1071	金目鱸 新營	98	80.7	75	34.5	83		
1120509	1072	加州鱸 嘉義	123	111.3	90.3	178.5	109.5		
1120509	1074	銀花鱸 佳里	75	68	65	60	68.6		
1120509	1074	銀花鱸 埔心	118	99.6	93.4	687	101.7		
1120509	1086	三角仔【養】	嘉義	304.4	294.2	272.8	42.9	292	
1120510	1121	鱒魚 三重	200	200	200	30	200		
1120510	1163	黑鯛(養殖)	埔心	177	169.4	151.5	180	167.4	
1120510	1171	青斑 三重	0	230	0	32	230		
1120510	2012	赤宗 梓官	330	91	69.1	16.9	134.4		
1120510	2013	盤仔 新竹	167.4	131.7	24.6	63.9	117.5		
1120510	2013	盤仔 彰化	0	41	0	7	41		
1120510	2061	黃花(沿海)	岡山	201	188.9	154.4	218.5	184.4	
1120510	2061	黃花(沿海)	梓官	210	186.1	180	9.6	189.7	
1120510	2062	三牙 埔心	501	476.8	266.5	14.7	465.2		

➡ **01** 開啟Excel操作視窗，建立一個空白活頁簿，按下「**資料→取得及轉換資料→從文字/CSV**」按鈕，開啟「**匯入資料**」對話方塊。

02 選擇要匯入資料的檔案，選擇好後按下**匯入**按鈕。

03 此時Excel會自動判斷文字檔是以什麼分隔符號做分隔的，並顯示匯入後的結果，沒問題後，按下**載入**按鈕。

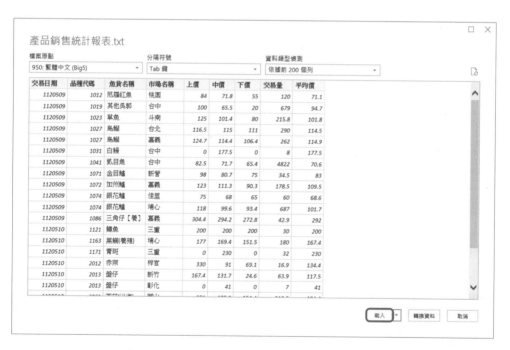

Example 03 產品銷售統計報表

◆04 資料匯入後，會將資料格式化為表格，並套用表格樣式，加上自動篩選功能，還會顯示「**表格工具**」及「**查詢工具**」索引標籤，讓我們進行相關的設定。

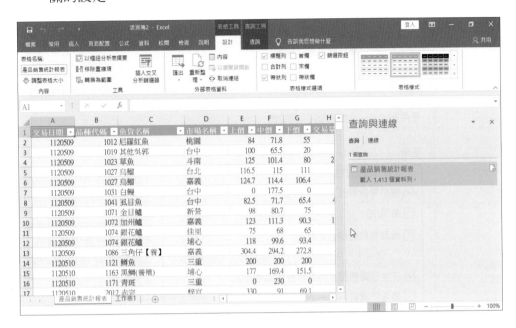

資料更新

使用「取得及轉換資料」功能時，資料會與原來的資料有連結關係。也就是說，當原有的文字檔案內容變更時，只要按下「**表格工具→設計→外部表格資料→重新整理→重新整理**」按鈕，即可更新資料。

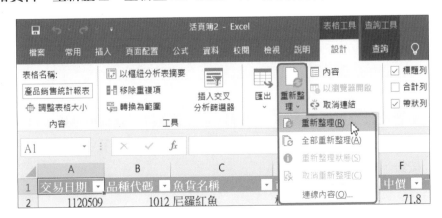

按下「**表格工具→設計→外部表格資料→重新整理→連線內容**」按鈕，開啟「查詢屬性」對話方塊，可以設定更新時間。

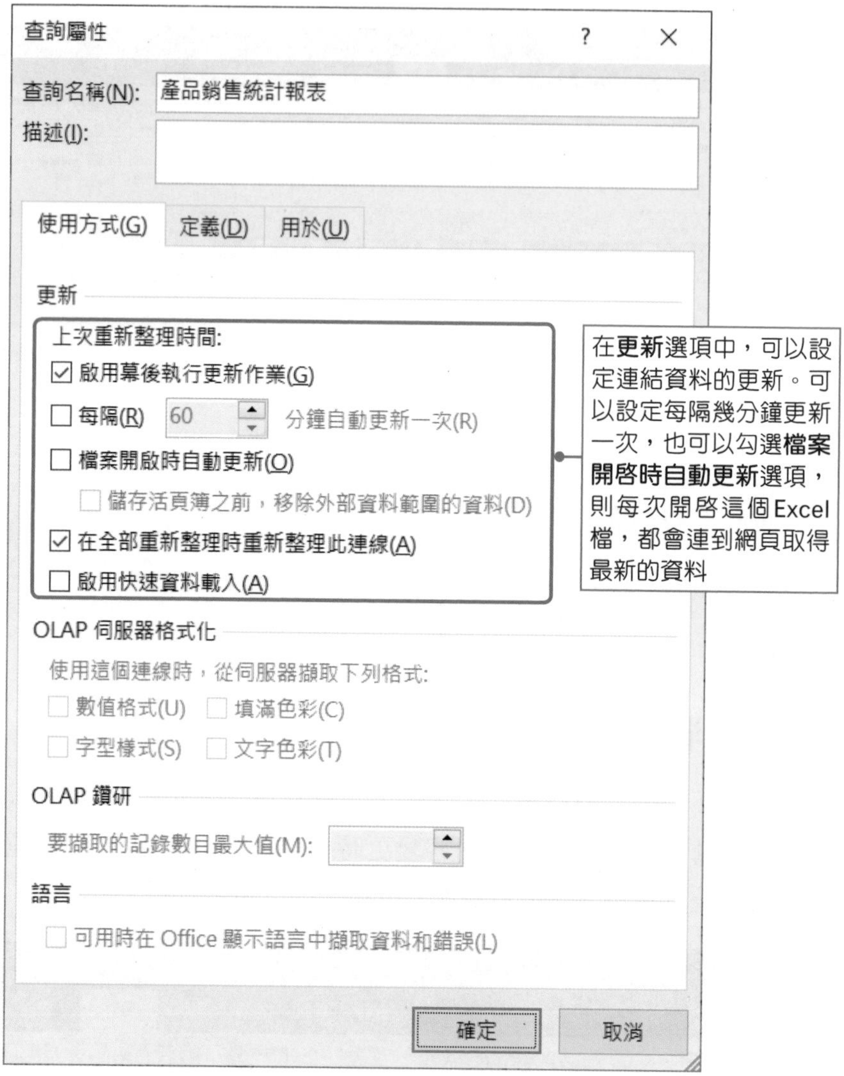

查詢屬性　　　　　　　　　　　　　　　？　×

查詢名稱(N):　產品銷售統計報表
描述(I):

使用方式(G)　　定義(D)　　用於(U)

更新

上次重新整理時間:
☑ 啟用幕後執行更新作業(G)
☐ 每隔(R)　60　　分鐘自動更新一次(R)
☐ 檔案開啟時自動更新(O)
　　☐ 儲存活頁簿之前，移除外部資料範圍的資料(D)
☑ 在全部重新整理時重新整理此連線(A)
☐ 啟用快速資料載入(A)

在**更新**選項中，可以設定連結資料的更新。可以設定每隔幾分鐘更新一次，也可以勾選**檔案開啟時自動更新**選項，則每次開啟這個 Excel 檔，都會連到網頁取得最新的資料

OLAP 伺服器格式化

使用這個連線時，從伺服器擷取下列格式:

☐ 數值格式(U)　　☐ 填滿色彩(C)
☐ 字型樣式(S)　　☐ 文字色彩(T)

OLAP 鑽研

要擷取的記錄數目最大值(M):

語言

☐ 可用時在 Office 顯示語言中擷取資料和錯誤(L)

確定　　　取消

要更新或設定更新內容時，也可以進入「**資料→查詢與連線**」群組中，按下「**全部重新整理→重新整理**」按鈕，更新資料；按下「**重新整理→連線內容**」按鈕，設定更新時間。

Example 03 產品銷售統計報表

3-2 格式化為表格的設定

　　將資料從外部匯入到Excel後，會自動將資料轉換為表格，並立即套用表格樣式，此時，只要再進行一些相關的設定，即可將資料以另一種方式呈現。

◎ 表格及範圍的轉換

　　在Excel中建立各項資料後，也可以利用「**格式化為表格**」功能，快速地格式化儲存格範圍，並將它轉換為表格。只要點選工作表中的任一儲存格，按下「**常用→樣式→格式化為表格**」按鈕，於選單中選擇一個要套用的表格樣式，即可將範圍轉換為表格。

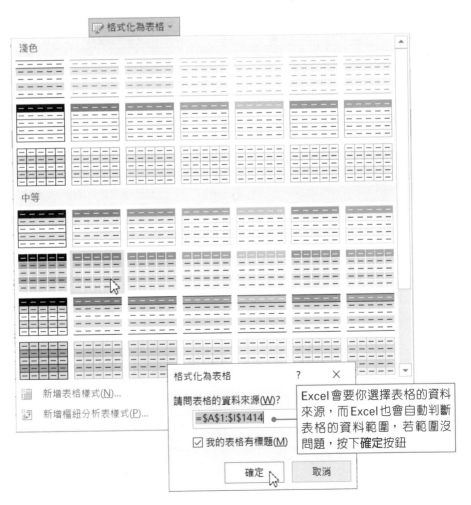

　　資料轉換為表格後，可以幫助我們快速地套用表格樣式，減少表格的設計時間。但表格的使用，有時又會覺得不太方便，關於這點，別太擔心，因為你可以隨時將表格再轉換為一般的資料。

　　選取表格範圍中的任一儲存格，再按下「**表格工具→設計→工具→轉換為範圍**」按鈕，即可進行轉換的動作。當表格轉換為一般資料時，「自動篩選」功能會跟著被取消，但工作表的格式，則會保留先前所套用的表格樣式。

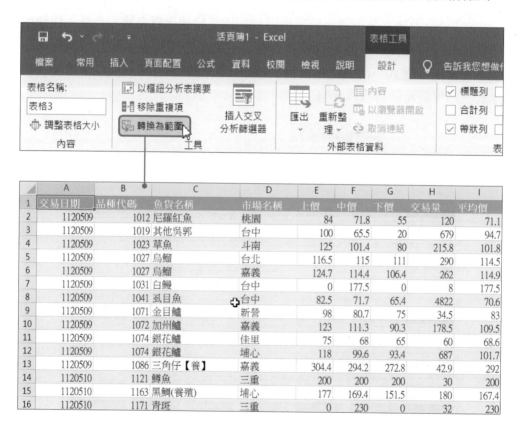

Example 03 產品銷售統計報表

◎ 表格樣式設定

當資料範圍被設定為表格後，可以在「**表格工具→設計→表格樣式**」群組中更換表格的樣式；在「**表格工具→設計→表格樣式選項**」群組中，則可以設定表格要呈現的選項。

◆01 將「**表格工具→設計→表格樣式選項**」群組中的**合計列、末欄**選項勾選。

◆02 在表格中就會改變首欄的儲存格樣式，在最後加入合計列，並將標題列的篩選按鈕取消。

	A	B	C	D	E	F	G	H	I
1	交易日期	品種代碼	魚貨名稱	市場名稱	上價	中價	下價	交易量	平均價
2	1120509	1012	尼羅紅魚	桃園	84	71.8	55	20	71.1
3	1120509	1019	其他吳郭	台中	100	65.5	20	679	94.7
4	1120509	1023	草魚	斗南	125	101.4	80	215.8	101.8
5	1120509	1027	烏鰡	台北	116.5	115	111	290	114.5
6	1120509	1027	烏鰡	嘉義	124.7	114.4	106.4	262	114.9
7	1120509	1031	白鰻	台中	0	177.5	0	8	177.5
8	1120509	1041	虱目魚	台中	82.5	71.7	65.4	4822	70.6
9	1120509	1071	金目鱸	新營	98	80.7	75	34.5	83
10	1120509	1072	加州鱸						109.5

末欄

當資料列捲動到無法看到標題列時，欄名稱就會自動變更為標題列中的名稱

	交易日期	品種代碼	魚貨名稱	市場名稱	上價	中價	下價	交易量	平均價
1409	1120610	2562	什魚	彰化	247	67	65	220.3	67.2
1410	1120610	2571	剝皮魚	苗栗	180	120	60	144	160.7
1411	1120610	2571	剝皮魚	新竹	161.7	148.3	77.3	87.7	136.8
1412	1120610	2999	其他非凍結魚	台北	251.9	131.1	15.9	4027.9	132.2
1413	1120610	3113	黃鰭鮪凍	東港	80	80	68.3	412	77.7
1414	1120610	3133	黑皮旗凍	嘉義	124	121.1	118	38.5	121
1415	合計								220582.7

合計列

當工作表中的資料量龐大時，若要直接跳至最後一筆資料，可以按下**Ctrl+End**快速鍵；若要跳回第一筆資料，則可以按下**Ctrl+Home**快速鍵。

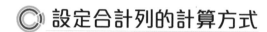

◎ 設定合計列的計算方式

在「合計列」的每個儲存格都會有一個下拉式清單，在清單中是預設的函數，像是平均值、項目個數、最大值、最小值、加總、標準差等函數，利用這些函數即可快速計算出你要的合計數。

◆01 點選**H1415**儲存格，再按下合計列選單鈕，於選單中點選**加總**。

◆02 選擇好後便會將交易量加總起來。

下價	交易量	平均價
65	220.3	67.2
60	144	160.7
77.3	87.7	136.8
15.9	4027.9	132.2
68.3	412	77.7
118	38.5	121
		220 2.7 ①

無
平均值
計數
計算數字項數
最大
最小
加總 ②
標準差
變異數
其他函數...

---

f_x　=SUBTOTAL(109,[交易量])

種代碼	魚貨名稱	市場名稱	上價	中價	下價	交易量	平
2562	什魚	彰化	247	67	65	220.3	
2571	剝皮魚	苗栗	180	120	60	144	
2571	剝皮魚	新竹	161.7	148.3	77.3	87.7	
2999	其他非凍結魚	台北	251.9	131.1	15.9	4027.9	
3113	黃鰭鮪凍	東港	80	80	68.3	412	
3133	黑皮旗凍	嘉義	124	121.1	118	38.5	
					③	851272.8	

Example 03 產品銷售統計報表

◆03 點選 **I1415** 儲存格，再按下合計列選單鈕，於選單中點選 **無**，表示該儲存格不進行任何計算。

下價 ▾	交易量 ▾	平均價 ▾
65	220.3	67.2
60	144	**160.7**
77.3	87.7	136.8
15.9	4027.9	132.2
68.3	412	77.7
118	38.5	121
	851272.8 ▾	220582.7 ▾

無
平均值
計數
計算數字項數
最大
最小
加總
標準差
變異數
其他函數...

SUBTOTAL函數

在表格中「合計列」是使用「SUBTOTAL」函數來製作的，該函數可以求得11種的小計數值。

語法	SUBTOTAL(Function_num,Ref1,[Ref2],…)
說明	◆ **Function_num(小計方法)**：為數字1到11(包含隱藏的值)或101到111(忽略隱藏的值)，用以指定要用來計算清單中的小計，對應各數值小計方法，如下表所示。 ◆ **Ref1(範圍1)**：為取得小計值的第1個範圍或參照。 ◆ **Ref2(範圍2)**：為取得小計值的第2個範圍或參照。

數值1 (包含隱藏的值)	數值2 (包含隱藏的值)	函數	函數說明
1	101	AVERAGE	平均值
2	102	COUNT	數值之個數
3	103	COUNTA	空白以外的資料個數
4	104	MAX	最大值

數值1 (包含隱藏的值)	數值2 (包含隱藏的值)	函數	函數說明
5	105	MIN	最小值
6	106	PRODUCT	乘積
7	107	STDEVA	根據樣本，傳回標準差估計值
8	108	STDEVPA	根據整個母體，傳回該母體的標準差
9	109	SUM	加總
10	110	VARA	根據抽樣樣本，傳回變異數估計值
11	111	VARPA	根據整個母體，傳回變異數

例 如：A1、A2、A3儲 存 格 資 料 分 別 為100、120、80， 使 用「=SUBTOTAL
(1,A1:A3)」函數，即可計算出A1到A3的平均值(100)。

3-3 用DATE及MID函數將數值轉換為日期

在匯入的資料中，交易日期中的資料因為是一連串的數字，所以Excel自動將該資料轉換為數值格式，所以這裡要使用DATE及MID函數，將數值轉換為日期格式。

認識DATE及MID函數

DATE函數可以將數值資料轉變成日期資料。

語法	DATE(Year,Month,Day)
說明	◆ Year：代表年份的數字，可以包含1到4位數。 ◆ Month：代表全年1月至12月的數字，如果該引數大於12，則會將該月數加到指定年份的第1個月份上；若引數小於1，則會從指定年份的第1個月減去該月數加1。 ◆ Day：代表整個月1到31日的數字，如果該引數大於指定月份的天數，則會將天數加到該月份的第1天；若引數小於1，則會從指定月份第1天減去該天數加1。

Example 03 產品銷售統計報表

MID函數可以擷取從指定位置數過來的幾個字。

語法	MID(Text, Start_num, Num_chars)
說明	◆ Text：所要擷取的文字串。 ◆ Start_num：指定從第幾個字元開始抽選。 ◆ Num_chars：指定要抽選的字元數目，也就是要抽出幾個字。

將數值資料轉換為日期格式

認識了DATE函數及MID函數後，即可利用這二個函數將交易日期內的資料轉換為日期格式。

◆01 點選B欄中的任一儲存格，按下「**常用→儲存格→插入**」按鈕，於選單中點選**插入工作表欄**，在B欄的左方就會插入1欄。

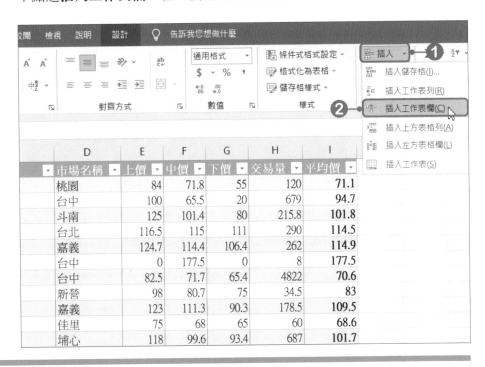

要插入欄位時，也可以直接在欄號上按下**滑鼠右鍵**，於選單中點選**插入**，即可在左方插入1欄。

◆02 欄位插入後，於B2儲存格輸入「**=DATE(MID(A2,1,3)+1911,MID (A2,4,2),MID(A2,6,2))**」公式，輸入好後按下 **Enter** 鍵。

MID(A2,1,3)：從A2儲存格中取出1~3碼做為日期的年，但日期要以西元年表示，所以要再加上「1911」。

MID(A2,4,2)：從A2儲存格中取出4~5碼做為日期的月。

MID(A2,6,2)：從A2儲存格中取出6~7碼做為日期的日。

再將以上三個值，使用DATE函數轉換為一個日期。

		fx	=DATE(MID(A2,1,3)+1911,MID(A2,4,2),MID(A2,6,2))		
	A	B	C	D	E	F
1	交易日期	欄1	品種代碼	魚貨名稱	市場名稱	上價
2	1120509	=DATE(MID(A2,1,3)+1911,MID(A2,4,2),MID(A2,6,2))				84
3	1120509		1019	其他吳郭	台中	100
4	1120509		1023	草魚	斗南	125
5	1120509		1027	烏鰡	台北	116.5
6	1120509		1027	烏鰡	嘉義	124.7
7	1120509		1031	白鰻	台中	0

◆03 在B2儲存格就會將A2儲存格內的數值轉換為日期格式。

◆04 接著將滑鼠游標移至B2儲存格的**填滿控點**，並**雙擊滑鼠左鍵**，將公式複製其他儲存格中。

B2			fx	=DATE(MID(A2,1,3)+1911,MID(A2,4,2),MID(A2,6,2))		
	A	B	C	D	E	F
1	交易日期	欄1	品種代碼	魚貨名稱	市場名稱	上價
2	1120509	2023/5/9	1012	尼羅紅魚	桃園	84
3	1120509		1019	其他吳郭	台中	100
4	1120509		1023	草魚	斗南	125
5	1120509		1027	烏鰡	台北	116.5
6	1120509		1027	烏鰡	嘉義	124.7
7	1120509		1031	白鰻	台中	0
8	1120509		1041	虱目魚	台中	82.5
9	1120509		1071	金目鱸	新營	98
10	1120509		1072	加州鱸	嘉義	123
11	1120509		1074	銀花鱸	佳里	75
12	1120509		1074	銀花鱸	埔心	118

Example 03 產品銷售統計報表

◆ **05** 到這裡就完成了日期格式的轉換。

B2				fx	=DATE(MID(A2,1,3)+1911,MID(A2,4,2),MID(A2,6,2))		
	A	B	C	D	E	F	G
1	交易日期 ▼	欄1 ▼	品種代碼 ▼	魚貨名稱 ▼	市場名稱 ▼	上價 ▼	中價 ▼
2	1120509	2023/5/9	1012 尼羅紅魚		桃園	84	71.8
3	1120509	2023/5/9	1019 其他吳郭		台中	100	65.5
4	1120509	2023/5/9	1023 草魚		斗南	125	101.4
5	1120509	2023/5/9	1027 烏鰡		台北	116.5	115
6	1120509	2023/5/9	1027 烏鰡		嘉義	124.7	114.4
7	1120509	2023/5/9	1031 白鰻		台中	0	177.5
8	1120509	2023/5/9	1041 虱目魚		台中	82.5	71.7
9	1120509	2023/5/9	1071 金目鱸		新營	98	80.7
10	1120509	2023/5/9	1072 加州鱸		嘉義	123	111.3
11	1120509	2023/5/9	1074 銀花鱸		佳里	75	68
12	1120509	2023/5/9	1074 銀花鱸		埔心	118	99.6
13	1120509	2023/5/9	1086 三角仔【養】		嘉義	304.4	294.2
14	1120510	2023/5/10	1121 鱒魚		三重	200	200

◆ **06** 接著要將設定好的日期格式複製回原交易日期欄位中。選取B2儲存格，並按下 **Ctrl+Shift+ ↓** 快速鍵，即可選取B2:B1414儲存格。

◆ **07** 選取好後按下 **Ctrl+C** 快速鍵，複製被選取的儲存格。

◆ **08** 點選A2儲存格，按下「**常用→剪貼簿→貼上**」按鈕，於選單中按下 按鈕，將B2:B1414儲存格內的值複製到A2:A1414儲存格中。

◆ **09** 此時會發現複製過來的內容並不是正確的，不用擔心，只要更改儲存格格式即可。

◆ **10** 按下「**常用→數值→數值格式**」選單鈕(A2:A1414儲存格爲選取狀態)，於選單中點選**簡短日期**或**詳細日期**，儲存格內的資料就會正常顯示了。

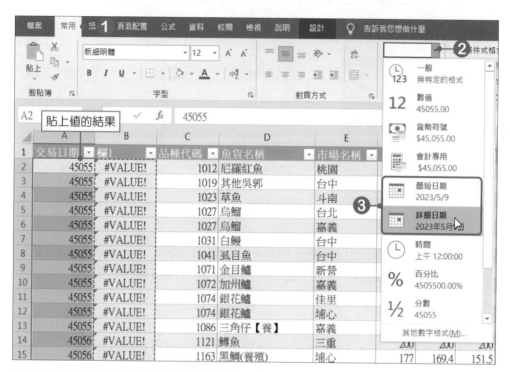

Example 03 產品銷售統計報表

◆11 接著在B欄上按下**滑鼠右鍵**，於選單中點選**刪除**，將B欄刪除。

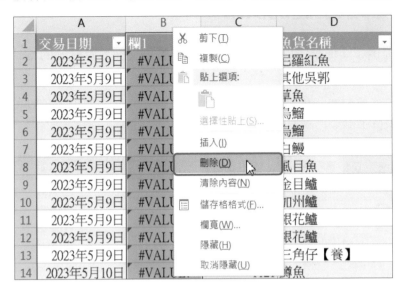

◆12 最後，再檢查看看有沒有漏掉的地方，並調整各欄位的寬度、對齊方式及數值格式，讓報表內容更完整。

	交易日期	品種代碼	魚貨名稱	市場名稱	上價	中價	下價	交易量	平均價
1400	2023年6月10日	2481	英哥	新竹	270.00	221.20	200.00	10.60	226.70
1401	2023年6月10日	2491	海鱺(沿海)	台中	280.00	256.50	201.00	88.00	263.90
1402	2023年6月10日	2501	赤筆	梓官	697.70	569.30	447.50	10.30	570.60
1403	2023年6月10日	2511	金龍(沿海)	梓官	191.30	105.40	100.00	1210.40	121.50
1404	2023年6月10日	2511	金龍(沿海)	新竹	329.90	271.00	175.60	45.50	263.70
1405	2023年6月10日	2512	加志	台南	0.00	190.00	0.00	30.00	190.00
1406	2023年6月10日	2531	國光、角仔魚	台北	39.00	21.80	20.00	97.20	24.90
1407	2023年6月10日	2562	什魚	台南	190.00	164.00	50.00	83.00	146.40
1408	2023年6月10日	2562	什魚	新竹	65.00	57.10	50.00	2.90	57.20
1409	2023年6月10日	2562	什魚	彰化	247.00	67.00	65.00	220.30	67.20
1410	2023年6月10日	2571	剝皮魚	苗栗	180.00	120.00	60.00	144.00	160.70
1411	2023年6月10日	2571	剝皮魚	新竹	161.70	148.30	77.30	87.70	136.80
1412	2023年6月10日	2999	其他非凍結魚	台北	251.90	131.10	15.90	4027.90	132.20
1413	2023年6月10日	3113	黃鰭鮪凍	東港	80.00	80.00	68.30	412.00	77.70
1414	2023年6月10日	3133	黑皮旗凍	嘉義	124.00	121.10	118.00	38.50	121.00
1415	合計							851,272.80	
1416									

產品銷售統計報表　工作表1　⊕

修改表格資料的範圍

將資料轉為表格後，若要修改表格資料範圍時，只要將滑鼠游標移至表格右下角的縮放控點，即可將表格拖曳，重新拉出你要的資料範圍。

3-4 佈景主題的使用

Excel提供了「佈景主題」，可以快速地將整份文件設定統一的格式，包括了色彩、字型、效果等。

◆01 按下「頁面配置→佈景主題→佈景主題」按鈕，在選單中直接點選要使用的佈景主題。

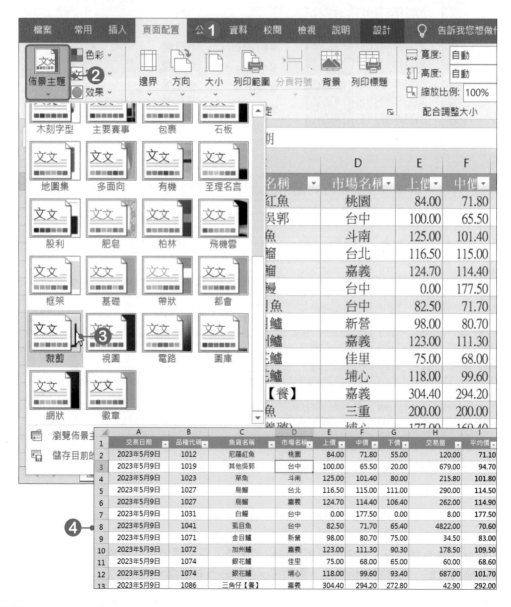

Example 03 產品銷售統計報表

02 選擇好佈景主題後，若想要更換色彩，可以按下「**頁面配置→佈景主題→色彩**」選單鈕，選單中有許多預設好的色彩，直接點選要套用的配色，工作表中的配色就會立即更換。

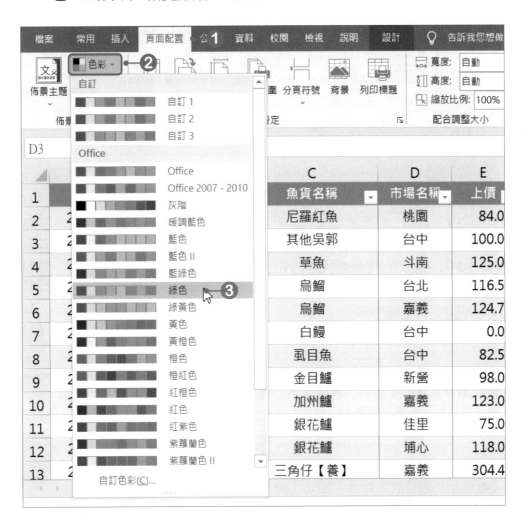

選擇佈景主題的色彩時，若選單中沒有適合的，可以按下**自訂色彩**選項，開啓「建立新的佈景主題色彩」對話方塊，在此便可自行設定文字、背景、輔色等色彩。

◆03 若要更換字型組合時，可以按下「**頁面配置→佈景主題→字型**」選單鈕，選單中有許多預設好的字型組合，點選要使用的組合，工作表中的字型就會立即更換。

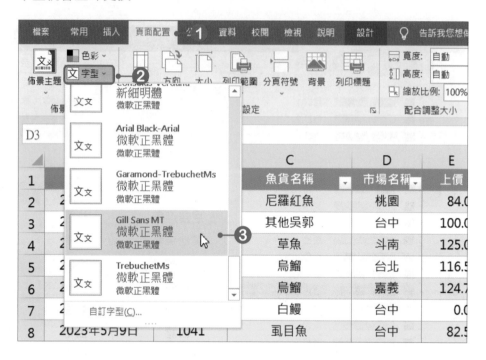

選擇佈景主題的字型時，若選單中沒有適合的，可以按下**自訂字型**選項，開啟「建立新的佈景主題字型」對話方塊，在此便可自行設定標題字型、本文字型等要使用的字型。

◆04 佈景主題都設定好後，別忘了按下 🔲 按鈕，將活頁簿儲存起來。

Example 03 產品銷售統計報表

3-5 工作表的版面設定

產品銷售統計報表製作好，接著即可進行列印的工作，不過，在列印前可以先到「**頁面配置→版面設定**」群組中，進行各種版面的設定。

◎ 紙張方向的設定

在預設下，紙張方向為直向，不過，因為報表的欄位資料較多，故要將紙張方向轉換為橫向，才能容納較多的欄位。要轉換時，按下「**頁面配置→版面設定→方向**」按鈕，於選單中點選**橫向**即可。

◎ 邊界設定

在邊界設定中可以進行上、下、左、右及頁首頁尾的邊界。

◆01 按下「**頁面配置→版面設定→邊界**」按鈕，於選單中點選**自訂邊界**，開啟「版面設定」對話方塊。

◆02 在**置中方式**選項中，將**水平置中**勾選，並設定上、下、左、右及頁首頁尾的邊界，設定好後按下**確定**按鈕即可。

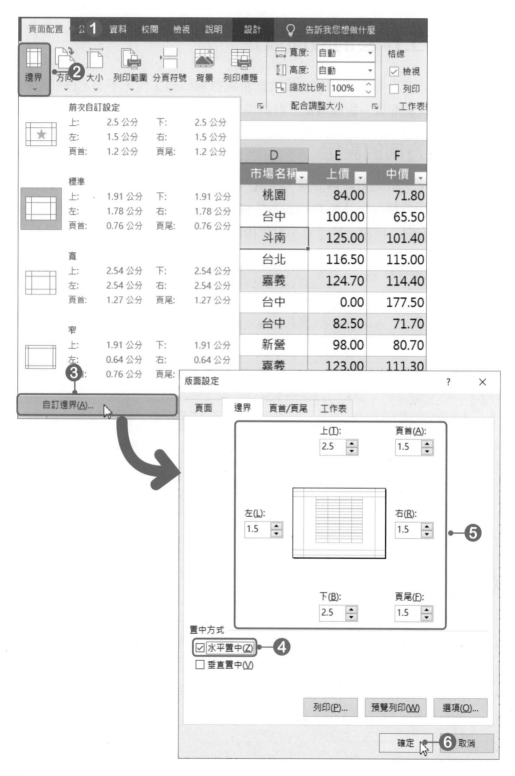

Example 03 產品銷售統計報表

縮放比例及紙張大小

當工作表超出單一頁面，又不想拆開兩頁列印時，可以將工作表縮小列印。在**縮放比例**欄位，輸入一個縮放的百分比，工作表就會依照一定比例縮放。通常會直接指定要印成幾頁寬或幾頁高，決定要將寬度或高度濃縮成幾頁，Excel就會自動縮放工作表以符合頁面大小。

設定縮放比例時，可以至「**頁面配置→配合調整大小**」群組中，設定寬度及高度，或直接設定縮放比例。

在預設下，紙張大小為 A4，若要選擇其他紙張大小時，可以至「**頁面配置→版面設定**」群組中，按下**大小**按鈕，選擇紙張大小。

要設定紙張大小及縮放比例時，也可以直接按下「**頁面配置→配合調整大小**」群組中的 ▣**對話方塊啓動器**，開啓「版面設定」對話方塊，在**頁面**標籤頁中進行設定。

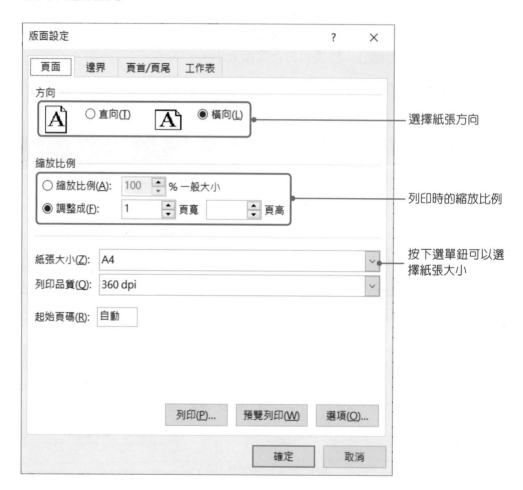

選擇紙張方向

列印時的縮放比例

按下選單鈕可以選擇紙張大小

◎ 設定列印範圍

只想列印工作表中的某些範圍時，先選取範圍再按下「**頁面配置→版面設定→列印範圍→設定列印範圍**」按鈕，即可將被選取的範圍單獨列印成 1 頁，選取要列印的範圍時，可以是許多個不相鄰的範圍。

Example 03 產品銷售統計報表

	A	B	C	D	E
1	交易日期	品種代碼	魚貨名稱	市場名稱	上價
2	2023年5月9日	1012	尼羅紅魚	桃園	84.00
3	2023年5月9日	1019	其他吳郭	台中	100.00
4	2023年5月9日	1023	草魚	斗南	125.00
5	2023年5月9日	1027	烏鰡	台北	116.50
6	2023年5月9日	1027	烏鰡	嘉義	124.70
7	2023年5月9日	1031	白鰻	台中	0.00
8	2023年5月9日	1041	虱目魚	台中	82.50
9	2023年5月9日	1071	金目鱸	新營	98.00
10	2023年5月9日	1072	加州鱸	嘉義	123.00
11	2023年5月9日	1074	銀花鱸	佳里	75.00
12	2023年5月9日	1074	銀花鱸	埔心	118.00

設定列印標題

　　一般而言，會將資料的標題列放在第一欄或第一列，在瀏覽或查找資料時，比較好對應到該欄位的標題。所以，當列印資料超過二頁時，就必須特別設定標題列，才能使表格標題出現在每一頁的第一欄或第一列。

→01 按下「**頁面配置→版面設定→列印標題**」按鈕。

02 開啟「版面設定」對話方塊，按下**標題列**的 ⬆ 按鈕，回到工作表中，選取要重複使用的標題列。

▲	A	B	C	D	E
1	交易日期	品種代碼	魚貨名稱	市場名稱	上價
2	2023年5月9日	1012	尼羅紅魚	桃園	84.00
3	2023年5	版面設定 - 標題列:		? ×	100.00
4	2023年5	$1:$1			12.00
5	2023年5月9日	1027	烏鰡	台北	116.50

03 回到「版面設定」對話方塊，在標題列中就會顯示被選取的儲存範圍，沒問題後按下**確定**按鈕，這樣每一頁都會自動加上所設定的標題列。

版面設定 ? ✕

頁面　邊界　頁首/頁尾　**工作表**

列印範圍(A): ⬆

列印標題

　標題列(R): $1:$1 ⬆

　標題欄(C): ⬆

列印

☐ 列印格線(G)　　註解(M): (無) ▽

☐ 儲存格單色列印(B)　儲存格錯誤為(E): 顯示的 ▽

☐ 草稿品質(Q)

☐ 列與欄標題(L)

列印方式

◉ 循欄列印(D)

○ 循列列印(V)

列印(P)...　預覽列印(W)　選項(O)...

確定　　取消

Example 03 產品銷售統計報表

在「版面設定」對話方塊的**工作表**標籤頁中，有一些項目可以選擇以何種方式列印，表列如下。

選項	說明
列印格線	在工作表中所看到的灰色格線，在列印時是不會印出的，若要印出格線時，可以將**列印格線**選項勾選，勾選後列印工作表時，就會以虛線印出。在「**頁面配置→工作表選項**」群組中，將**格線**的**列印**選項勾選，也可以列印出格線。 格線　標題 ☑ 檢視　☑ 檢視 ☐ 列印　☐ 列印 工作表選項
註解	如果儲存格有插入註解，一般列印時不會印出。但可以在**工作表**標籤的**註解**欄位，選擇**顯示在工作表底端**選項，則註解會列印在所有頁面的最下面；另外一種方法是將註解列印在工作表上。
儲存格單色列印	原本有底色的儲存格，勾選**儲存格單色列印**選項後，列印時不會印出顏色，框線也都印成黑色。
草稿品質	儲存格底色、框線都不會被印出來。
列與欄位標題	會將工作表的欄標題A、B、C……和列標題1、2、3……，一併列印出來。在「**頁面配置→工作表選項**」群組中，將**標題**的**列印**選項勾選，也可以列印出列與欄位標題。 |	A	B	C
1	交易日期	品種代碼	魚貨名稱
2	2023年5月9日	1012	尼羅紅魚
3	2023年5月9日	1019	其他吳郭
4	2023年5月9日	1023	草魚
5	2023年5月9日	1027	烏鰡	
循欄或循列列印	當資料過多，被迫分頁列印時，點選**循欄列印**選項，會先列印同一欄的資料；點選**循列列印**選項，會先列印同一列的資料。例如：有個工作表要分成A、B、C、D四塊列印。 若選擇「**循欄列印**」，則會照著A→C→B→D的順序列印。 若選擇「**循列列印**」，則會照著A→B→C→D的順序列印。

3-6 頁首及頁尾的設定

工作表在列印前可以先加入頁首及頁尾等相關資訊，再進行列印的動作，而我們可以在頁首與頁尾中加入標題文字、頁碼、頁數、日期、時間、檔案名稱、工作表名稱等資訊。

01 進入工作表中，按下「**插入→文字→頁首及頁尾**」按鈕，或點選檢視工具列上的 **整頁模式** 按鈕，進入整頁模式中。

02 在頁首區域中會分為三個部分，在中間區域中按一下**滑鼠左鍵**，即可輸入頁首文字。

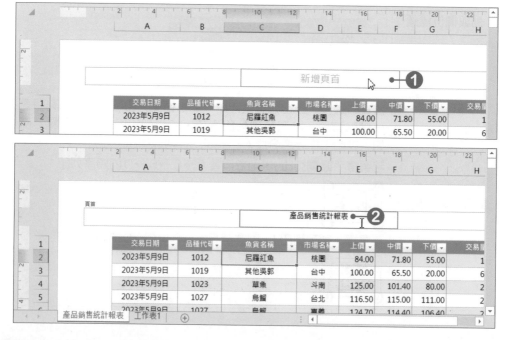

Example 03 產品銷售統計報表

03 文字輸入好後，選取文字，進入「**常用→字型**」群組中，進行文字格式設定。

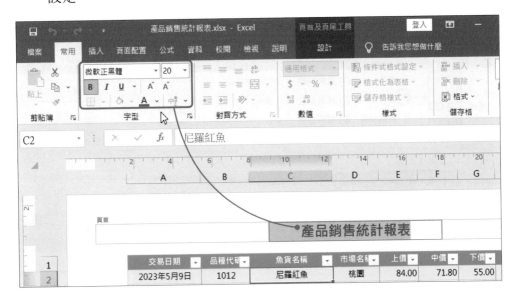

04 按下「**頁首及頁尾工具→設計→導覽→移至頁尾**」按鈕，切換至頁尾區域中。

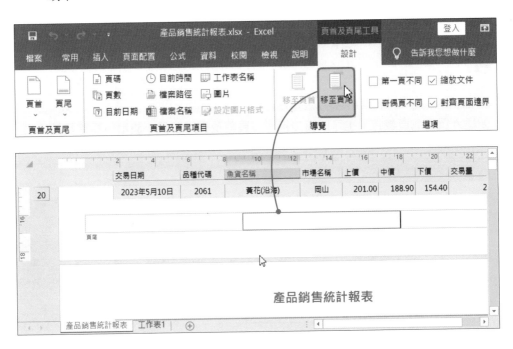

05 在中間區域按一下**滑鼠左鍵**，按下「**頁首及頁尾工具→設計→頁首及頁尾→頁尾**」按鈕，於選單中選擇要使用的頁尾格式。

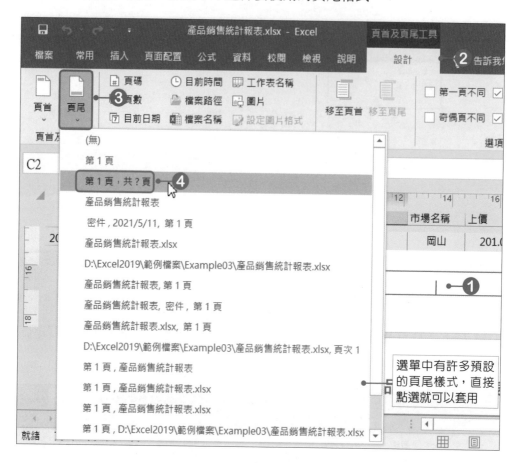

要插入頁碼或頁數時，也可以直接按下「**頁首及頁尾工具→設計→頁首及頁尾項目**」群組中的**頁碼**按鈕，即可插入頁碼；按下**頁數**按鈕，則可以插入總頁數。

06 在左邊區域中，按一下**滑鼠左鍵**，再輸入「**製表人：王小桃**」文字。

Example 03 產品銷售統計報表

07 在右邊區域中，按一下**滑鼠左鍵**，按下「**頁首及頁尾工具→設計→頁首 及頁尾項目→檔案名稱**」按鈕，插入活頁簿的檔案名稱。

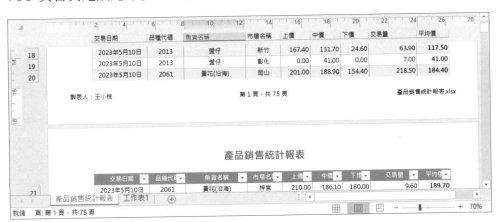

08 頁首頁尾設定好後，再檢查看看還有哪裡需要調整及修改。

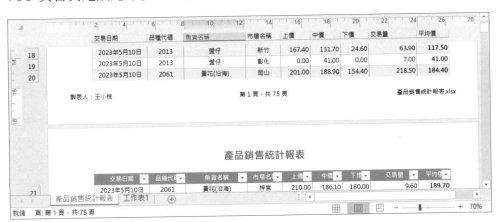

09 頁首頁尾都設定好後，按下檢視工具中的 **標準模式**，即可離開頁首及 頁尾的編輯模式。

除了使用整頁模式進行頁首及頁尾的設定外,還可以在「版面設定」對話方塊,
點選**頁首/頁尾**標籤,即可進行頁首與頁尾的設定。

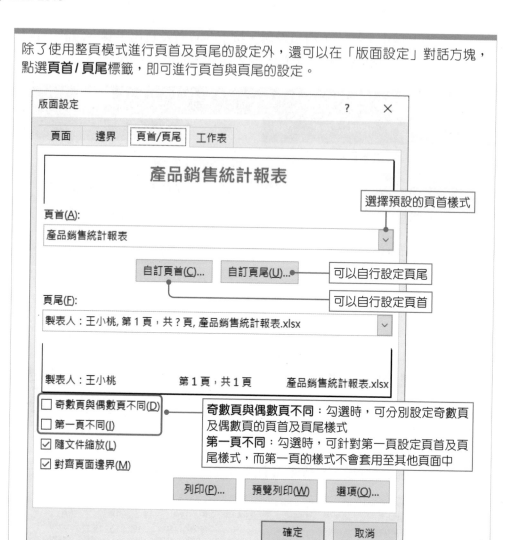

Example 03 產品銷售統計報表

3-7 列印工作表

　　工作表版面及頁首頁尾都設定好後，即可將工作表從印表機中列印出，而列印前還可以進行一些相關設定，像是列印份數、選擇印表機、列印頁面等，這裡就來看看該如何設定。

預覽列印

　　版面設定好後，按下「**檔案→列印**」功能，或 **Ctrl+P** 及 **Ctrl+F2** 快速鍵，即可預覽列印結果，並設定要列印的頁面。按下 □**顯示邊界**按鈕，可顯示邊界；按下 ▣**縮放至頁面**可以放大或縮小頁面。

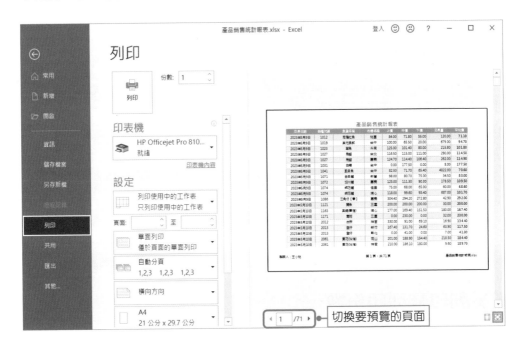

選擇要使用的印表機

　　若電腦中安裝多台印表機時，則可以按下印表機選項，選擇要使用的印表機，因為不同的印表機，紙張大小和列印品質都有差異，可以按下**印表機內容**按鈕，進行印表機的設定。

指定列印頁數

在列印使用中的工作表選項中，可選擇列印使用中的工作表、整本活頁簿及選取範圍，或是指定列印頁數。

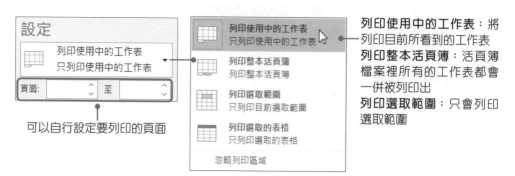

列印使用中的工作表：將列印目前所看到的工作表
列印整本活頁簿：活頁簿檔案裡所有的工作表都會一併被列印出
列印選取範圍：只會列印選取範圍

可以自行設定要列印的頁面

縮放比例

列印時還可以選擇縮放比例，選單中提供了四種選項，若想要自訂時，則可以按下**自訂縮放比例選項**，開啓「版面設定」對話方塊，進行縮放比例的設定。

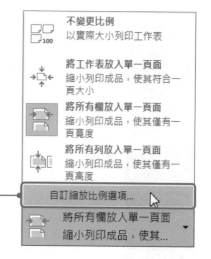

按下**自訂縮放比例選項**，開啓「版面設定」對話方塊，進行縮放比例的設定

列印及列印份數

列印資訊都設定好後，即可在份數欄位中輸入要列印份數，最後再按下**列印**按鈕，即可將內容從印表機中印出。

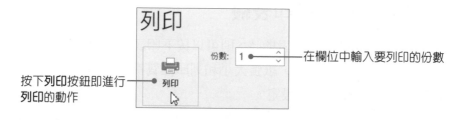

在欄位中輸入要列印的份數

按下**列印**按鈕即進行列印的動作

Example 03 產品銷售統計報表

3-8 將活頁簿轉存為PDF文件

製作好的產品目錄除了直接從印表機中列印出來外，還可以將它轉存為「PDF」格式，以方便傳送或上傳至網站中，且使用PDF格式可以完整保留字型及格式等。

●01 按下「**檔案→匯出**」功能，進入匯出頁面中，點選**建立PDF/XPS文件**選項，再按下**建立PDF/XPS**按鈕。

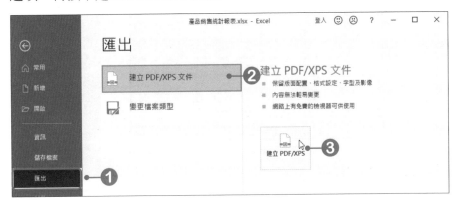

●02 開啟「發佈成PDF或XPS」對話方塊後，請選擇檔案要儲存的位置及輸入檔案名稱，輸入完後按下**發佈**按鈕，即可開始進行轉換的動作。

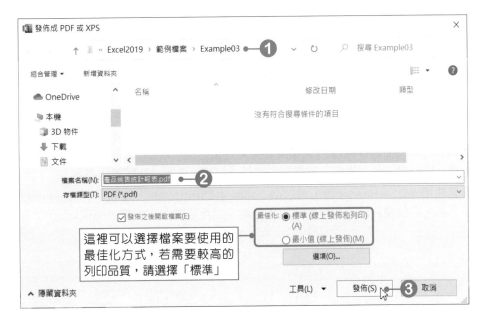

03 轉換完畢後便會開啓該檔案,該檔案會以「Adobe Acrobat」或「Adobe Reader」軟體開啓。

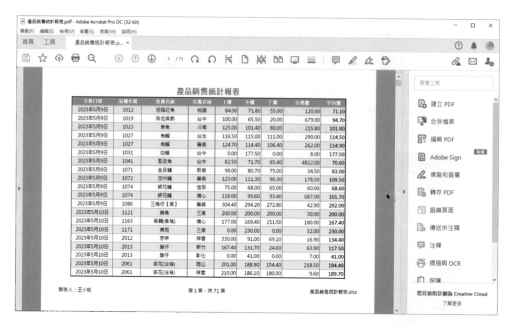

關於PDF格式

Portable Document Format(簡稱PDF)是一種可攜式電子文件格式,它是由「Adobe System Inc.」公司所制定的可攜式文件通用格式。PDF格式的檔案,解決了文件在跨平台傳遞的問題。

當一份原始文件,轉換成PDF格式的檔案後,此PDF檔案就能不受作業平台的限制,而完整呈現原始文件,所以PDF常被當作電子書的格式。PDF格式的檔案需要使用Adobe Reader軟體來瀏覽閱讀。

Adobe Reader是專門用來閱讀PDF檔案的軟體,這套閱讀軟體是由Adobe公司所提供的免費軟體。Adobe Reader有兩種版本,一種是Plugin版本,它主要是提供網友在網頁上直接閱讀PDF檔案;另外一種則是一般的Adobe Reader軟體,此軟體可以直接在使用者自己的電腦中開啓「PDF」檔案,並閱讀該檔案。

要使用Adobe Reader時,可以至Adobe網站(http://get.adobe.com/tw/reader/)中下載。該軟體只能讀取與列印PDF檔案,而無法製作PDF檔。

● 選擇題

( )1. 在Excel中，下列關於頁首及頁尾設定的敘述，何者不正確？ (A)設定頁尾的格式為「&索引標籤」時，頁尾可列印出該工作表名稱 (B)設定頁首的格式為「&檔案名稱」時，頁首可列印出該工作表的檔案名稱 (C)設定頁尾的格式為「&頁數」時，頁尾可列印出該工作表的頁碼 (D)設定頁首的格式為「&日期」時，頁首可列印出當天的日期。

( )2. 在Excel中，如果工作表大於一頁列印時，Excel會自動分頁，若想先由左至右，再由上至下自動分頁，則下列何項正確？ (A)須設定循欄列印 (B)須設定循列列印 (C)無須設定 (D)無此功能。

( )3. 在Excel中，於頁首及頁尾中，可以插入下列哪些項目？ (A)日期及時間 (B)圖片 (C)工作表名稱 (D)以上皆可。

( )4. 在Excel中，要進入列印頁面中，可以按下下列哪組快速鍵？ (A) Ctrl＋P (B) Alt＋P (C) Shift＋D (D) Ctrl＋Alt＋P。

( )5. 在Excel中，要列印出格線時，可以進入「版面設定」對話方塊的哪個頁面中設定？ (A)頁面 (B)邊界 (C)頁首頁尾 (D)工作表。

( )6. 在Excel中，若要在活頁簿每一頁的上緣都加入檔案名稱和日期，應進行下列哪一項設定？ (A)列印方向 (B)頁首/頁尾 (C)標題 (D)工作表。

( )7. 在Excel中，表格的「合計列」是使用什麼函數來製作的，而該函數可以求得11種小計數值？ (A) PRODUCT (B) SUM (C) SUBTOTAL (D) COUNTA。

( )8. 在Excel中，下列哪個檔案格式無法匯入至工作表？ (A) txt (B)accdb (C) csv (D) docx。

( )9. 在Excel中，若要調整列印版面上、下、左、右的留白空間，應該修改工作表的哪一項版面設定？ (A)方向 (B)頁首/頁尾 (C)邊界 (D)列印範圍。

( )10.在Excel中，當工作表的資料筆數過多，需要多頁才能列印完畢時，可以設定下列哪一項列印屬性，讓每一頁都會顯示標題文字？ (A)列印方向 (B)列印標題 (C)列印範圍 (D)頁首/頁尾。

自我評量

● **實作題**

1. 開啟「Example03→產品價目表.cvs」檔案，進行以下設定。

   ● 將該檔案匯入至 Excel 中，並自行選擇表格樣式。

   ● 將工作表套用「徽章」佈景主題，儲存格文字對齊方式及欄寬自行設定。

   ● 將邊界設定為：上下各2cm、左右各1cm、頁首及頁尾各0.8cm、水平置中。

   ● 將第1列設定為標題列。

   ● 將寬度設為1頁。

   ● 在頁首加入「產品建議售價一覽表」文字；在頁尾加入「第1頁，共2頁」格式的頁碼。

   ● 將最後結果轉存為PDF格式。

產品建議售價一覽表

產品類別	產品代號	品名
酒	21JR00	玉泉純釀酒
酒	21JQ00	玉泉陳年紹興酒
酒	211900	玉泉精醇陳年紹興酒
酒	210208	玉泉罈裝特級陳年紹興酒
酒	214800	玉泉十年窖藏精釀陳紹
酒	214801	玉泉十年窖藏精釀陳紹
酒	217610	玉泉窖藏16年精釀陳紹-女兒紅
酒	21A210	玉泉窖藏18年精釀陳紹-狀元紅
酒	21JM00	玉泉特級紅露酒
酒	217580	玉泉金罈陳年紅露酒
酒	21J000	玉泉黃酒
酒	211000	玉泉花雕酒
酒	211009	玉泉花雕酒(瓷)
酒	21JS00	玉泉清酒
酒	217001	玉泉純米清酒
酒	217000	玉泉純米清酒
酒	21k105	蜀醞士生吟釀清酒
酒	6700364	蜀醞士純米大吟釀清酒
酒	6621861	日本盛-甘口清酒
酒	6621961	日本盛-生貯藏清酒
酒	262206	台酒特級玫瑰紅酒
酒	220902	玉泉特級玫瑰紅酒
酒	222412	玉泉洋甌紅酒(新標)
酒	223762	玉泉紅麴葡萄酒(金標)
酒	222202	玉泉極品紅麴葡萄酒
酒	224132	玉泉台灣之美紅葡萄酒(新標)
酒	224302	玉泉極品台灣之美紅葡萄酒
酒	224702	玉泉台灣之美白葡萄酒
酒	6700164	玉泉法國紅葡萄酒
酒	22170A	玉泉荔枝酒
酒	26080A	玉泉烏梅酒
酒	26240A	玉泉青梅酒
酒	260302	玉泉梅酒(含梅粒)
酒	221502	玉泉金香白葡萄酒
酒	221600	玉泉特級紅葡萄酒
酒	222002	玉泉紅麴葡萄酒
酒	263203	礦啵氣泡清酒(原味)
酒	263303	礦啵氣泡清酒(荔枝口味)
酒	23C2A1	玉山台灣高粱酒
酒	23C2A0	玉山台灣高粱酒
酒	23C232	玉山台灣高粱酒
酒	23Q010	玉山高粱酒八年窖藏(帝雉)(蓄銷版)

產品建議售價一覽表

產品類別	產品代號	品名	包裝	單位	建議售價
食品飲料	350489	台酒葡萄蔓越莓硬果束酥禮盒	200gx3盒	箱	420
食品飲料	3510AR	台酒紅麴養生餅	120gx12盒	箱	400
食品飲料	3510HD	台酒養生薄餅(綜合口味)	120gx12盒	箱	400
食品飲料	3510BH	台酒紅麴鑿越莓沙琪瑪禮盒	132gx6盒	箱	330
食品飲料	3510C4	台酒海酒酵母青蔥蘇打	120gx12盒	箱	400
食品飲料	3510BP	台酒紅麴擂心酥禮盒(巧克力+牛奶)	400gx2罐	箱	320
食品飲料	3510HT	台酒清酒珀玄米?禮盒 - 辣味	150gx6包	箱	450
食品飲料	352149	台酒春天果凍凍禮盒	15粒x4盒	箱	320
食品飲料	352153	台酒果凍口復晶凍	456gx3袋	盒	330
食品飲料	350261	台酒海酒酵母南瓜籽酥禮盒	200gx3盒	箱	390
食品飲料	3510F8	台酒元氣葡萄籽黃金麥芽酥禮盒	1000g	箱	360
食品飲料	3510HL	台酒啤酒酵母黎麥蘇打禮盒	736g	桶	330
食品飲料	351375	台酒紅麴黑木耳禮盒	300gx6瓶	箱	270
食品飲料	340409	台酒紅露黑胡禮盒	600gx2罐	盒	400
食品飲料	3510J6	海酒酵母手工蛋捲-禮盒(花生/芝麻/巧克力三口味)	50gx12包	盒	420
食品飲料	350780	台酒海香港菇肉週	200g	盒	530
食品飲料	3510J5	台酒酒粕梨子酥禮盒	185gx3包	盒	420
食品飲料	3510HX	台酒清酒珀杏仁餅禮盒	22gx18入	盒	400
食品飲料	35042L	台酒海酒酵母花生禮盒	70gx6包	盒	400
食品飲料	3510HP	台酒花雕蜆蜊禮盒	90gx4包	盒	380
食品飲料	3510HR	台酒花雕魚薯條禮盒	90gx6包	盒	380
食品飲料	351388	台酒紅金銀耳禮盒(6瓶/盒)(全素)	235gx6瓶	盒	420
食品飲料	341361	金牌FREE啤酒風味飲料(0.33公升*24罐/箱)	330mlx24罐	箱	672

大數據資料整理

範例檔案

Example04→臺灣好客民宿清單.xlsx

資料來源：旅宿網 (https://taiwanstay.net.tw)

結果檔案

Example04→臺灣好客民宿清單-OK.xlsx

大數據時代的來臨，如何使用 Excel 整理資料，善用各種函數處理大數據資料已成為必備技能。在這個範例中，要學習如何透過函數及資料驗證快速有效驗證數據正確性，找出錯誤資料。

TODAY 函數　　圈選錯誤資料　　資料驗證　　使用快速鍵產生公式填滿相同內容

LEFT 函數

	A	B	C	D	E	F	G
1	核准營業日期	縣市旅宿登記證號	旅宿名稱	縣市	鄉鎮	郵遞區號	地址
761	2018/01/29	連江縣民宿131號	雲津客棧(特色民宿)	連江縣	東引鄉	209	209 連江縣南竿鄉馬祖村103-2號
762	2015/09/14	連江縣民宿089號	馬祖享宿民宿三館	連江縣	東引鄉	209	209 連江縣南竿鄉仁愛村96號
763	2013/01/22	連江縣民宿027號	馬祖1青年民宿	連江縣	南竿鄉	209	209 連江縣南竿鄉津沙村71號
764	2012/04/16	連江縣民宿024號	故鄉民宿(特色民宿)	連江縣	莒光鄉	211	211 連江縣莒光鄉大坪村3鄰40之1號
765	2012/05/07	雲林縣民宿058號	好住民宿		北港鎮	651	651 雲林縣北港鎮仁和里公民路37號
766	2009/08/26	新北市民宿094號	虹橋民宿		三芝區	252	252 新北市三芝區八賢里1鄰八連溪1之5號
767	2010/04/19	新北市民宿104號	三峽阿桂的家民宿		三峽區	237	237 新北市三峽區金圳里9鄰金敏路52之1號
768	2015/12/16	新北市民宿235號	幸福山行民宿		平溪區	226	226 新北市平溪區靜安路2段274巷10號
769	2007/01/16	新北市民宿028號	阿里磅生態農場民宿	新北市	石門區	253	253 新北市石門區乾華里阿里磅82之1號
770	2007/11/12	新北市民宿056號	三才靈芝農場民宿	新北市	石碇區	223	223 新北市石碇區中民里18鄰重溪52之1號
771	2019/08/02	新北市民宿308號	酒內民宿	新北市	汐止區	221	221 新北市汐止區福山里國興街21巷13號
772	2013/01/22	連江縣民宿027號	馬祖1青年民宿	連江縣	南竿鄉	209	209 連江縣南竿鄉津沙村71號
773	2010/04/06	新北市民宿103號	堤畔溫泉民宿	新北市	烏來區	233	233 新北市烏來區新烏路5段66號
774	2014/09/16	新北市民宿191號	逸閒居民宿	新北市	貢寮區	228	228 新北市貢寮區福連街38號
775	2014/09/10	新北市民宿189號	海霞您的家	新北市	貢寮區	228	228 新北市貢寮區仁愛路38號
776	2016/02/03	新北市民宿239號	淡水襪民宿	新北市	淡水區	251	251 新北市淡水區長興街31號
777	2015/12/07	新北市民宿232號	九份山城逸境民宿	新北市	瑞芳區	224	224 新北市瑞芳區基山街195號
778	2007/12/10	新北市民宿060號	涵館民宿	新北市	瑞芳區	224	224 新北市瑞芳區輕便路282號
779	2006/10/03	新北市民宿021號	利未莊園民宿	新北市	瑞芳區	224	224 新北市瑞芳區山尖路97號

（D欄下拉清單：高雄市、屏東縣、宜蘭縣、花蓮縣、臺東縣、連江縣、金門縣、澎湖縣）

	H	I	J	K
	電話	房間數	網址	
	089-229776	5	http://100.ttbnb.tw	點我進入網站
	089-353939	5	http://358.ttbnb.com/about.htm	點我進入網站
	0932-336410	5	http://billingmanor.com	點我進入網站
	0955-763461	4	http://happyfatintaitung.weebly.com/	點我進入網站
	0988-133203		https://www.facebook.com/freehome2007	點我進入網站
	0988-133203		https://www.facebook.com/freehome2007	點我進入網站
	0978-003121	5	http://https://www.facebook.com/maryspecialtone	點我進入網站
	0978-383382	4	http://istar.yoyotaitung.com.tw/	點我進入網站
	089-233259	5	http://ittbnb.com/sunlight/index.php	點我進入網站
	0911-190021	4	http://kaifeng.yoyotaitung.com.tw/	點我進入網站
	0926-371802	無	http://kola.yoyotaitung.com.tw/	點我進入網站

（I欄訊息提示：請注意！！ 只能輸入整數，且必須大於0。）

ASC 函數

資料驗證
訊息提示

ISTEXT 函數

LOWER、UPPER、PROPER 函數　　　HYPERLINK 函數

Example 04 大數據資料整理

4-1 認識政府開放資料

　　政府資料開放(Open Government Data)為各機關於職權範圍內取得或做成，且依法得公開之各類電子資料，包含文字、數據、圖片、影像、聲音、詮釋資料等，以開放格式於網路公開，提供個人、學校、團體、企業或政府機關等使用者，依其需求連結下載及利用，並自由運用於各層面，透過資料的運用或整合，創造或提升其價值。

　　政府開放資料絕大多數不涉及國家機密或個人隱私資訊，且與一般人的工作及生活均息息相關，例如：律師業務必然需要用到公司登記資料、專利和商標資訊、司法院判決資訊等政府資料庫。

　　臺灣政府積極推動開放資料，建置了「政府資料開放平臺」，提供了多筆政府開放資料，讓民眾與企業下載運用。除此之外，各部會及縣市政府，也都有建置開放資料平臺，像是：內政部、文化部、金管會、國家發展委員會、臺北市、高雄市、新北市、臺中市、臺南市等。

政府資料開放平臺(https://data.gov.tw)

4-2 將缺失的資料自動填滿

　　建立資料時，當遇到與上一項目相同的重複性內容時，往往會以空白呈現，而這些空白在分析數據時，可能會產生錯誤，而導致資料不正確，此時可能會利用複製貼上方式一個一個補齊，但如果資料量龐大時，這樣的作法就太浪費時間了。此時，我們可以利用快速鍵產生公式的方式，來自動填滿內容。

　　在**臺灣好客民宿清單.xlsx**中，可以看到**縣市**與**鄉鎮**二個欄位有許多空格，在此就要運用快速鍵產生公式的方式，來自動填滿相同內容。

01 選取工作表中的**D欄**與**E欄**，按下「**常用→尋找與選取→特殊目標**」按鈕。

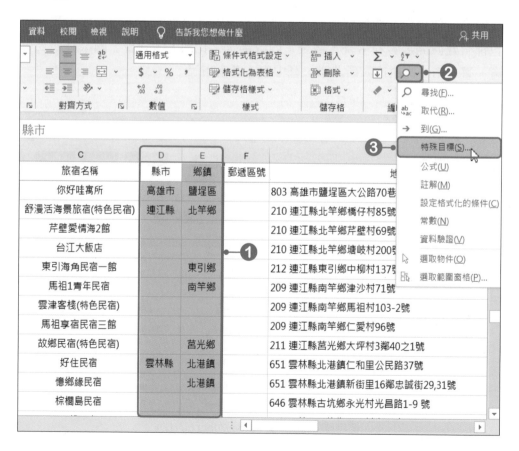

Example 04 大數據資料整理

◆02 開啟「特殊目標」對話方塊後，點選**空格**，點選好後按下**確定**按鈕。

◆03 此時D欄與E欄內的空格就會被選取。

◆04 在空格被選取的狀態下，直接按下鍵盤上的 ⇧ 按鍵，再按下 ↑ 按鍵，此時會產生一個公式，取得上一格儲存格的資料內容。

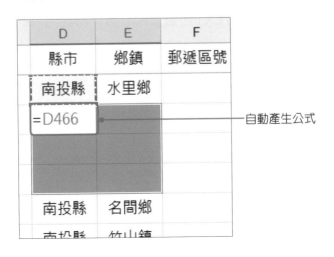

自動產生公式

◆05 按下 **Ctrl+Enter** 快速鍵，就會看到所有空格都被空格上方資料的內容填滿了。

	D	E	F
	縣市	鄉鎮	郵遞區號
宿	南投縣	仁愛鄉	
	南投縣	仁愛鄉	
	南投縣	水里鄉	
	南投縣	水里鄉	
	南投縣	水里鄉	
	南投縣	水里鄉	

D	E
縣市	鄉鎮
高雄市	鳳山區
高雄市	鹽埕區
連江縣	北竿鄉
連江縣	北竿鄉
連江縣	北竿鄉
連江縣	東引鄉
連江縣	南竿鄉
連江縣	南竿鄉
連江縣	南竿鄉
連江縣	莒光鄉
雲林縣	北港鎮
雲林縣	北港鎮

空白儲存格會依據上方儲存格的內容來填滿

4-3 用ISTEXT函數在數值欄位挑出文字資料

　　在數據資料中有些欄位的資料必須要是數值才正確，但在輸入時可能會不小心摻雜了文字，此時可以使用ISTEXT函數來檢查儲存格範圍內的資料是否為字串。

　　在此範例中，將要使用**條件式格式設定**功能與**ISTEXT**函數找出**房間數**為文字資料的儲存格。

說明	檢查儲存格範圍內的資料是否為字串
語法	**ISTEXT(Value)**
引數	◆ Value：儲存格或儲存格範圍。

Example 04 大數據資料整理

◆01 選取要檢查的範圍 **I2:I1194**，按下「**常用→樣式→條件式格式設定**」按鈕，於選單中點選**新增規則**。

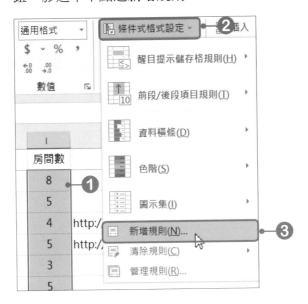

◆02 於**選取規則類型**中點選**使用公式來決定要格式化哪些儲存格**，點選後於**格式化在此公式為 True 的值**欄位中輸入「**=ISTEXT(I2)**」，輸入好後按下**格式**按鈕。

03 開啟「設定儲存格格式」對話方塊後，點選**填滿**標籤，選擇要填滿的色彩，選擇好後按下**確定**按鈕。

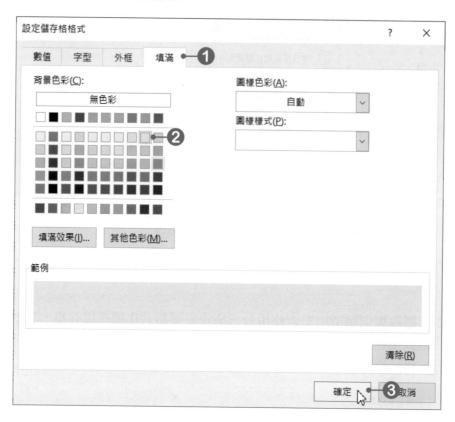

04 回到「新增格式化規則」對話方塊後，按下**確定**按鈕，完成設定。

Example 04 大數據資料整理

05 回到工作表後，若為文字的儲存格就會被填滿色彩，此時便可檢查該內容是否有誤，並修訂錯誤。

	H	I
1	電話	房間數
20	03-9891340-0928543646	5
21	03-9801942	5
22	03-9802188	5
23	0978855537-0978855537	3
24	0908-866718	無
25	03-9600612	5
26	03-9506727	5
27	03-9604567	4
28	0909389488-0917606857	5
29	03-9502994-0908803586	5
30	0937-076752	4
31	0917-710317	4
32	0932-069545	4

	H	I
1	電話	房間數
1183	06-9211890	8
1184	0905-318066	5
1185	06-9211965	4
1186	06-9221503	5
1187	06-9228891	3
1188	06-9221928	5
1189	06-9922101	5
1190	06-9921212	4
1191	06-9921138	4
1192	06-9213330	4
1193	06-9213328	5
1194	0836-23353	無
1195		

ISNUMBER

ISTEXT函數可以檢查儲存格範圍內的資料是否為字串；若要檢查資料是否為數值時，則可以使用ISNUMBER函數。

說明	檢查儲存格範圍內的資料是否為數值
語法	**ISNUMBER(Value)**
引數	◆ Value：儲存格或儲存格範圍。

4-4 用LEFT函數擷取左邊文字

在範例中郵遞區號欄位內的資料要從地址欄位中擷取，這裡可以使用**文字函數**中的**LEFT函數**來達成。

說明	擷取從左邊數過來的幾個字
語法	**LEFT(Text, Num_chars)**
引數	◆ Text：所要抽選的文字串。 ◆ Num_chars：要指定抽選的字元數，也就是指定從左邊數來幾個字。

◆**01** 點選**F2**儲存格，按下「**公式→函數庫→文字**」按鈕，於選單中點選**LEFT**函數。

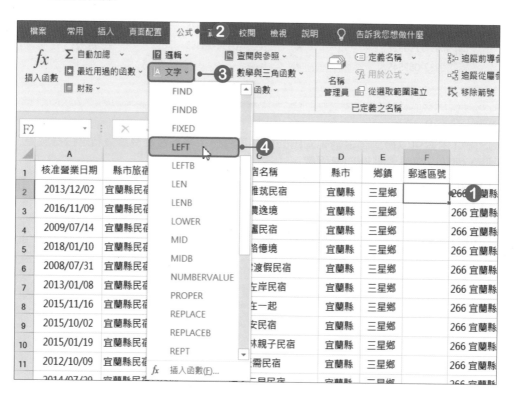

Example 04 大數據資料整理

◆02 於 **Text** 引數中輸入 **G2**，**Num_chars** 引數中輸入 **3**，設定好後按下**確定**按鈕。

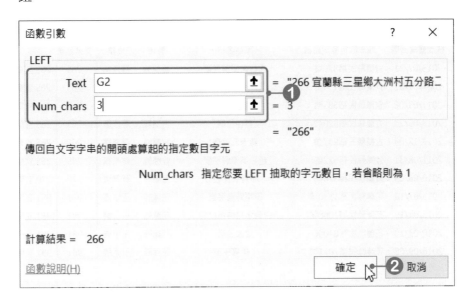

◆03 回到工作表後，F2 儲存格就會顯示 G2 儲存格字串中的前三個字。

	B	C	D	E	F	
	縣市旅宿登記證號	旅宿名稱	縣市	鄉鎮	郵遞區號	
	宜蘭縣民宿935號	蜻蜓雅筑民宿	宜蘭縣	三星鄉	266	266 宜蘭縣
	宜蘭縣民宿1510號	安農逸境	宜蘭縣	三星鄉		266 宜蘭縣
	宜蘭縣民宿461號	福廬民宿	宜蘭縣	三星鄉		266 宜蘭縣
	宜蘭縣民宿1657號	迷路憶境	宜蘭縣	三星鄉		266 宜蘭縣
	宜蘭縣民宿376號	明水露渡假民宿	宜蘭縣	三星鄉		266 宜蘭縣

fx =LEFT(G2,3)

假設要將郵遞區號欄位中的區號合併到地址欄位中，可以怎麼做呢？很簡單，只要將公式設定為「**=A1&" "&B1**」即可(「" "」表示要在二個合併的字串中加入空白)。

郵遞區號	地址	合併後結果
236	新北市土城區忠義路21	236 新北市土城區忠義路21

◆04 最後將公式複製到其他儲存格中。

	F36			×	✓	f_x	=LEFT(G36,3)	

	A	B	C	D	E	F	
1	核准營業日期	縣市旅宿登記證號	旅宿名稱	縣市	鄉鎮	郵遞區號	
149	2013/07/31	宜蘭縣民宿876號	內行家田園民宿	宜蘭縣	羅東鎮	265	265 宜蘭縣羅東
150	2005/01/31	宜蘭縣民宿134號	靜園休閒民宿	宜蘭縣	羅東鎮	265	265 宜蘭縣羅東
151	2011/03/08	宜蘭縣民宿583號	夏爾民宿	宜蘭縣	羅東鎮	265	265 宜蘭縣羅東
152	2013/05/23	宜蘭縣民宿820號	春在民宿	宜蘭縣	羅東鎮	265	265 宜蘭縣羅東
153	2013/12/05	宜蘭縣民宿937號	蘭卡威民宿	宜蘭縣	羅東鎮	265	265 宜蘭縣羅東
154	2011/08/31	宜蘭縣民宿622號	超平價渡假別墅	宜蘭縣	羅東鎮	265	265 宜蘭縣羅東
155	2010/06/09	宜蘭縣民宿526號	樂森活民宿	宜蘭縣	蘇澳鎮	270	270 宜蘭縣蘇澳
156	2013/07/10	花蓮縣民宿1130號	御禮虹喬民宿	花蓮縣	玉里鎮	981	981 花蓮縣玉里
157	2013/04/19	花蓮縣民宿1068號	山灣水月特色民宿	花蓮縣	玉里鎮	981	981 花蓮縣玉里
158	2010/03/10	花蓮縣民宿840號	加家民宿	花蓮縣	玉里鎮	981	981 花蓮縣玉里
159	2016/09/05	花蓮縣民宿2011號	七里霧民宿	花蓮縣	玉里鎮	981	981 花蓮縣玉里

「文字函數」可以在公式中處理文字，像是取出左邊、中間、右邊的字串，或是找出某個字的位置、計算字數，以下介紹幾個常用的文字函數。

RIGHT 函數

說明	擷取從右邊數過來的幾個字
語法	**RIGHT(Text, Num_chars)**
引數	◆ Text：所要抽選的文字串。 ◆ Num_chars：要指定抽選的字元數，也就是指定從右邊數來幾個字。

MID 函數

說明	擷取從指定位置數過來的幾個字
語法	**MID(Text, Start_num, Num_chars)**
引數	◆ Text：所要抽選的文字串。 ◆ Start_num：指定從第幾個字元開始抽選。 ◆ Num_chars：要指定抽選的字元數目，也就是指定要抽出幾個字。

LEN 函數

說明	取得文字的字數
語法	**LEN(Text)**
引數	◆ Text：要計算的文字串。（字串中的空白亦視為字元）

Example 04 大數據資料整理

4-5 轉換英文字母的大小寫

在輸入資料時，常常會有英文字母大小寫摻雜在一起，這樣的資料看起來很凌亂，而在Excel中又沒有可以變更英文字母大小寫的按鈕，所以要轉換英文字母大小寫時，那就得使用 **UPPER**、**LOWER** 或 **PROPER** 函數。

◑ UPPER

說明	將文字字串中的所有小寫字母轉換成大寫字母
語法	**UPPER(Text)**
引數	◆ Text：所要轉換的文字串。

◑ LOWER

說明	將文字字串中的所有大寫字母轉換成小寫字母
語法	**LOWER(Text)**
引數	◆ Text：所要轉換的文字串。

◑ PROPER

說明	將文字字串中的第一個字母轉換為大寫
語法	**PROPER(Text)**
引數	◆ Text：所要轉換的文字串。

◑ 範例

A1儲存格資料	公式	結果
i love you	=UPPER(A1)	I LOVE YOU
I Love You	=LOWER(A1)	i love you
i love you	=PROPER(A1)	I Love You
0678ILoveYou	=PROPER(A1)	0678Iloveyou
this is a BOOK	=PROPER(A1)	This Is A Book

　　了解了各種大小寫轉換函數後,接著就來利用LOWER函數,將範例中網址裡的大寫英文字母全部轉換為小寫。

◆01 點選**K2**儲存格,按下「**公式→函數庫→文字**」按鈕,於選單中點選**LOWER**函數。

◆02 於**Text**引數中輸入**J2**,設定好後按下**確定**按鈕。

Example 04 大數據資料整理

◆**03** K2儲存格的公式建立完成後，將滑鼠游標移至**儲存格控點，雙擊滑鼠左鍵**。

fx	=LOWER(J2)	
I	J	K
房間數	網址	
4	http://www.dragonflybnb.com.tw	http://www.dragonflybnb.com.tw
5	http://https://www.facebook.com/20170423Comfort Stay/	
5		
3	http://https://www.facebook.com/miluhomestay/?modal=admin_todo_tour	
5	https://mingshui-lu.com.tw	
5	http://wx.miot.cn/w-612	
5	https://site.traiwan.com/Together/	
5	http://www.twstay.com/Site/index.aspx?BNB=goodday	

◆**04** 公式就會自動填入對應的值，此時所有儲存格處於選取狀態。接著按下**Ctrl+C**複製快速鍵。

I	J	K
房間數	網址	
5		
4	http://www.facebook.com/Masterismyhome?ref=hl	http://www.facebook.com/masterismyhome?ref=hl
5	http://https://www.d3classic.com.tw/	http://https://www.d3classic.com.tw/
5	http://happy-together-bnb.com	http://happy-together-bnb.com
4	http://xiefu186.yibnb.net/	http://xiefu186.yibnb.net/
4	HTTP://www.redbeans.tw	http://www.redbeans.tw
4	http://www.happysnail-bnb.com	http://www.happysnail-bnb.com
4		
4		
4	http://tiyuan.yilanhomestay.tw	http://tiyuan.yilanhomestay.tw
3		
3	http://handays888.com	http://handays888.com

⏷05 點選**J2**儲存格,按下**Ctrl+V**貼上快速鍵,此時資料會亂掉,不用擔心,請按下 🔳(Ctrl)▾ **貼上選項**智慧標籤,於選單中點選**貼上值**中的🔳**值**按鈕,儲存格內的資料就會變成文字而非公式。

I	J	K
房間數	網址	
4	4	4
5	5	5
5	5	5
3	3	3
5	5	
5	5	
5	5	
5	5	
5	5	
2	2	
5	5	

⏷06 最後,點選**K欄**,按下**滑鼠右鍵**,於選單中點選**刪除**,將K欄刪除。

Example 04 大數據資料整理

選擇性貼上

若單純使用「**常用→剪貼簿**」群組中的**複製/貼上**功能，是指將來源資料直接完整貼在新的儲存格上。而選擇性貼上功能，就可以選擇想要複製的項目，例如：只複製格式、公式、值、欄位寬度等。

舉例來說，若將一計算公式「6*5」的儲存格複製至其他儲存格時，會將公式複製過去，而非複製其值「30」。這時可以按下「**常用→剪貼簿→貼上→選擇性貼上**」選項，或是按下**Ctrl+Alt+V**快速鍵，開啟「選擇性貼上」對話方塊，選擇只複製「**值**」即可。

4-6 用資料驗證功能檢查資料

將資料驗證功能配上各種函數，可以快速地檢查資料是否有重複或設定輸入格式，如此就能更有效率的檢查工作表的資料。

重複的資料項目

在龐大的數據資料中，該如何檢查是否有重複的資料呢？可以使用**資料驗證**功能與 **COUNTIF** 函數建立資料驗證條件，再以**圈選錯誤資料**功能將不符合資料驗證條件的資料圈選出來。

▶01 選取工作表中要設定資料驗證的範圍 **C 欄**，按下「**資料→資料工具→資料驗證**」按鈕，於選單中點選**資料驗證**；也可直接點選**資料驗證**按鈕。

▶02 開啟「資料驗證」對話方塊後，點選**設定**標籤，按下**儲存格內允許**選單鈕，選擇**自訂**；在**公式**欄位中輸入 **=COUNTIF(C:C,C1)=1**，輸入好後按下**確定**按鈕。

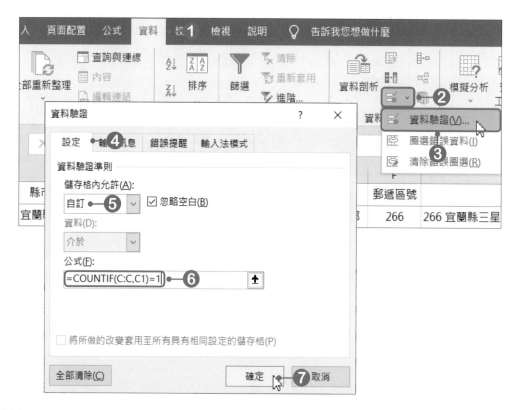

Example 04 大數據資料整理

03 回到工作表後，按下「**資料→資料工具→資料驗證**」選單鈕，於選單中
點選**圈選錯誤資料**。

04 此時工作表中不符合資料驗證條件的資料就會被圈選出來。

	A	B	C	D	E
1	核准營業日期	縣市旅宿登記證號	旅宿名稱	縣市	鄉鎮
752	2020/03/17	高雄市民宿131號	你好哇寓所	高雄市	鹽埕區
753	2017/06/23	連江縣民宿119號	舒漫活海景旅宿(特色民宿)	連江縣	北竿鄉
754	2016/07/25	連江縣民宿105號	芹壁愛情海2館	連江縣	北竿鄉
755	2009/01/19	連江縣民宿015號	台江大飯店	連江縣	北竿鄉
756	2013/09/06	連江縣民宿042號	東引海角民宿一館	連江縣	東引鄉
757	2013/01/22	連江縣民宿027號	馬祖1青年民宿	連江縣	南竿鄉
758	2018/01/29	連江縣民宿131號	雲津客棧(特色民宿)	連江縣	南竿鄉

	A	B	C	D	E
1	核准營業日期	縣市旅宿登記證號	旅宿名稱	縣市	鄉鎮
1145	2009/05/04	澎湖縣民宿153號	海灣灣民宿	澎湖縣	馬公市
1146	2016/03/10	澎湖縣民宿455號	花妹民宿	澎湖縣	馬公市
1147	2014/05/30	澎湖縣民宿309號	月之海民宿	澎湖縣	馬公市
1148	2013/01/22	連江縣民宿027號	馬祖1青年民宿	連江縣	南竿鄉
1149	2014/09/15	澎湖縣民宿332號	澎湖風鳶民宿	澎湖縣	馬公市

	A	B	C	D	E
1	核准營業日期	縣市旅宿登記證號	旅宿名稱	縣市	鄉鎮
1191	2017/05/12	澎湖縣民宿564號	好澎友民宿	澎湖縣	湖西鄉
1192	2013/05/09	澎湖縣民宿241號	六色海民宿	澎湖縣	湖西鄉
1193	2006/05/05	澎湖縣民宿069號	夢砌民宿	澎湖縣	湖西鄉
1194	2013/01/22	連江縣民宿027號	馬祖1青年民宿	連江縣	南竿鄉

05 找出重複資料後(注意：有些民宿名稱相同，但地點不同)，即可將重複
資料進行刪除的動作，若要移除圈選，按下「**資料→資料工具→資料驗
證**」選單鈕，於選單中點選**清除錯誤圈選**。

用資料驗證功能限定不能輸入重複資料

使用**資料驗證**功能與**COUNTIF**函數可以建立資料驗證條件,找出不符合資料驗證條件的資料。而這樣的功能組合也可以限定使用者在建立資料時不能輸入重複的資料。

說明	計算符合條件的儲存格個數
語法	**COUNTIF(Range,Criteria)**
引數	◆ Range:比較條件的範圍,可以是數字、陣列或參照。 ◆ Criteria:是用以決定要將哪些儲存格列入計算的條件,可以是數字、表示式、儲存格參照或文字。

◆**01** 選取 **B 欄**,按下「**資料→資料工具→資料驗證**」按鈕。

◆**02** 點選**設定**標籤,按下**儲存格內允許**選單鈕,選擇**自訂**;在**公式**欄位中輸入 **=COUNTIF(B:B,B1)=1**。

Example 04 大數據資料整理

◆03 點選**錯誤提醒**標籤，於**標題**及**訊息內容**欄位中輸入相關文字，輸入好後按下**確定**按鈕。

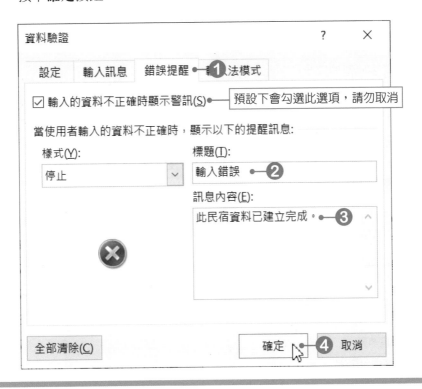

錯誤提醒樣式

資料驗證中提供了三種錯誤提醒樣式，分別說明如下：

停止：禁止輸入錯誤資料。

警告：提供警告不禁止輸入。

資訊：提供相關輸入訊息，不禁止輸入。

◆04 設定好後，輸入資料若重複時，會顯示錯誤訊息，此時可以按下**重試**按鈕，再重新輸入。

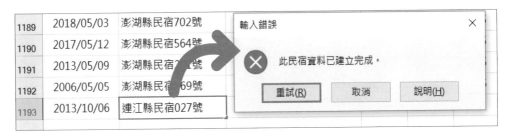

用ASC函數限定只能輸入半形字元

使用 **ASC** 函數可以將全形文字、數字轉換成半形，若再搭配**資料驗證**功能，就能在輸入資料時自動檢查輸入的資料是否為半形字元。

說明	將全形字元轉換成半形字元
語法	**ASC(Text)**
引數	◆ Text：所要轉換的文字串。

◆01 選取工作表中要設定資料驗證的範圍 **H2:H1192**，按下「**資料→資料工具→資料驗證**」按鈕。

◆02 點選**設定**標籤，按下**儲存格內允許**選單鈕，選擇**自訂**；在**公式**欄位中輸入 **=H2=ASC(H2)**。

Example 04 大數據資料整理

03 點選**錯誤提醒**標籤，於**標題**及**訊息內容**欄位中輸入相關文字，輸入好後按下**確定**按鈕。

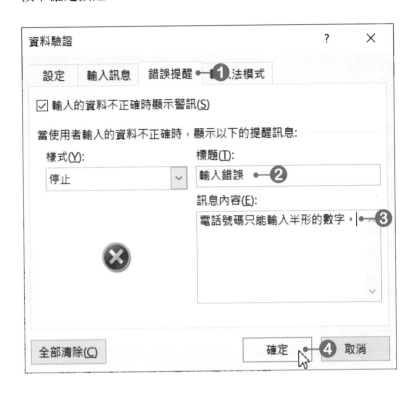

04 設定好後，輸入全形數字時，會顯示錯誤訊息，此時可以按下**重試**按鈕，再重新輸入。

	F	G	H
1	郵遞區號	地址	電話
1181	885	885 澎湖縣湖西鄉南寮村177之6號	06-9920326
1182	885	885	06-9211890
1183	885	885	0905-318066
1184	885	885	0 6
1185	885	885	06-9221503
1186	885	885	06-9228891
1187	885	885 澎湖縣湖西鄉成功村8-7號	06-9221928

輸入錯誤

電話號碼只能輸入半形的數字。

重試(R)　　取消　　說明(H)

用TODAY函數限定輸入的日期

使用 **TODAY** 函數可以顯示當天日期，若再搭配資料驗證功能，就能在輸入資料時自動檢查是否輸入未來日期。

說明	顯示當天日期
語法	**TODAY()**

- **01** 選取工作表中要設定資料驗證的範圍 **A2:A1192**，按下「**資料→資料工具→資料驗證**」按鈕。
- **02** 點選**設定**標籤，按下**儲存格內允許**選單鈕，選擇**日期**；按下**資料**選單鈕，選擇**小於或等於**；在**結束日期**欄位中輸入 **=TODAY()**。

清除資料驗證
要清除資料驗證時，只要進入「資料驗證」對話方塊，按下**全部清除**按鈕即可。

Example 04 大數據資料整理

●03 點選**錯誤提醒**標籤，於**標題**及**訊息內容**欄位中輸入相關文字，輸入好後按下**確定**按鈕。

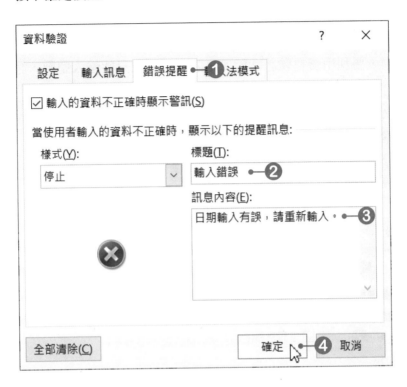

●04 設定好後，在儲存格中若輸入未來日期時，會顯示錯誤訊息，此時可以按下**重試**按鈕，再重新輸入。

	A	B	C	D	E
1	核准營業日期	縣市旅宿登記證號	旅宿名稱	縣市	鄉鎮
752	2020/03/17	高雄市民宿131號	你好哇寓所	高雄市	鹽埕區
753	2017/06/23	連江縣民宿119號	舒漫活海景旅宿(特色民宿)	連江縣	北竿鄉
754	2016/07/25	連江縣民宿105號	芹壁愛情海2館	連江縣	北竿鄉
755	2009/01/19	連江		縣	北竿鄉
756	2013/09/06			縣	東引鄉
757	2023/1/22	連江		縣	南竿鄉
758	2018/01/29	連江		縣	南竿鄉
759	2015/09/14	連江縣民宿089號	馬祖享佰民宿三郎	連江縣	南竿鄉

用資料驗證功能限定輸入的數值為整數

要在工作表中輸入數值資料時,可以先設定數值的資料驗證,來限定數值資料的有效範圍,以減少輸入錯誤的問題產生。

在範例中,要利用資料驗證功能,來限定房間數只**能輸入整數**,且必須**大於0**。

◆01 選取工作表中要設定資料驗證的範圍**I2:I1192**,按下「**資料→資料工具→資料驗證**」按鈕。

◆02 點選**設定**標籤,按下**儲存格內允許**選單鈕,選擇**整數**;按下**資料**選單鈕,選擇**大於**;在**最小值**欄位中輸入**0**。

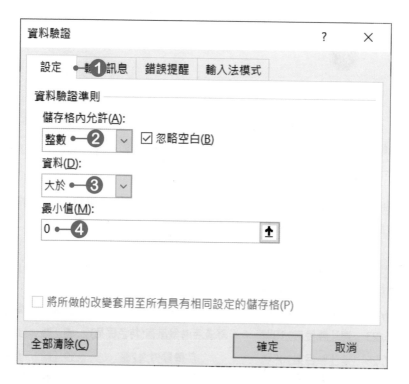

◆03 點選**輸入訊息**標籤,於**標題**及**提示訊息**欄位中輸入相關文字。

◆04 點選**錯誤提醒**標籤,於**標題**及**訊息內容**欄位中輸入相關文字,輸入好後按下**確定**按鈕。

Example 04 大數據資料整理

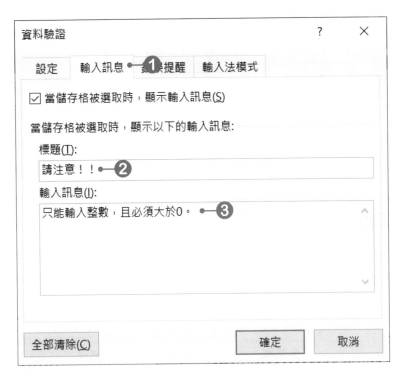

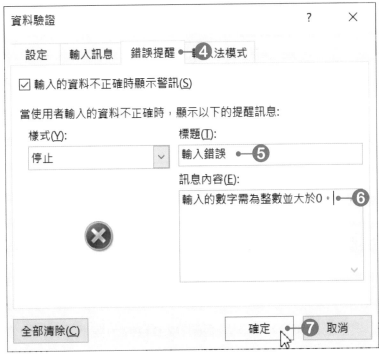

05 設定好後，將滑鼠游標移至儲存格後，就會出現提示訊息。

	H	I	
1	電話	房間數	
1181	06-9920326	4	
1182	06-9211890	8	
1183	0905-318066		請注意！！
1184	06-9211965		只能輸入整數，且必須大於0。
1185	06-9221503		

06 輸入的資料若非整數或小於等於0時，會顯示錯誤訊息，此時可以按下**重試**按鈕，再重新輸入。

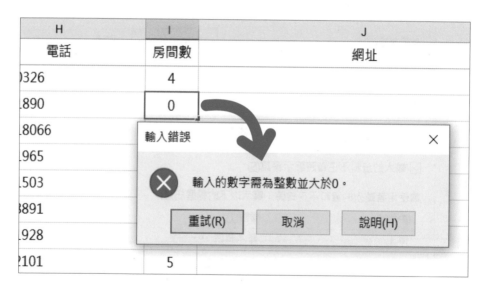

H	I	J
電話	房間數	網址
)326	4	
.890	0	
.8066		輸入錯誤
.965		
.503		輸入的數字需為整數並大於0。
3891		重試(R) 取消 說明(H)
.928		
?101	5	

用資料驗證功能填入重複性的資料

在儲存格中輸入重複性資料時，可以使用資料驗證功能，將項目建立成下拉式選單，在建立資料時，便可直接透過選單來選擇要輸入的項目。

01 選取工作表中要設定資料驗證的範圍 **D2:D1192**，按下「**資料→資料工具→資料驗證**」按鈕。

Example 04 大數據資料整理

◆02 點選**設定**標籤，按下**儲存格內允許**選單鈕，選擇**清單**；按下**來源**欄位中的 ⬆ 按鈕。

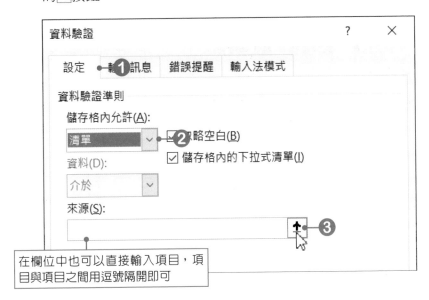

在欄位中也可以直接輸入項目，項目與項目之間用逗號隔開即可

◆03 點選**縣市清單**工作表標籤，選取**A1:A19**儲存格，按下 ▣ 按鈕，回到「資料驗證」對話方塊中。

◦04 回到「資料驗證」對話方塊後，按下**確定**按鈕，完成設定。

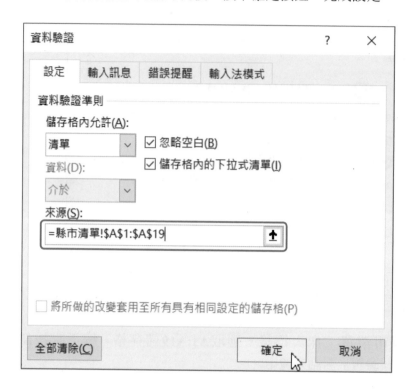

◦05 回到工作表後，在儲存格旁就會顯示**下拉式清單鈕**，點選該按鈕，即可選取清單中的資料。

A	B	C	D	E
准營業日期	縣市旅宿登記證號	旅宿名稱	縣市	鄉鎮
009/01/19	連江縣民宿015號		當儲存格為作用儲存格時，便會出現下拉式清單鈕，按下後即可開啟清單選項	
013/09/06	連江縣民宿042號	東引海角民宿一館	連江縣	東引鄉
013/01/22	連江縣民宿027號	馬祖1青年民宿	連江縣	南竿鄉
018/01/29	連江縣民宿131號	雲津客棧(特色民宿)	高雄市 屏東縣	南竿鄉
015/09/14	連江縣民宿089號	馬祖享宿民宿三館	宜蘭縣 花蓮縣	南竿鄉
012/04/16	連江縣民宿024號	故鄉民宿(特色民宿)	臺東縣 連江縣	光鄉
012/05/07	雲林縣民宿058號	好住民宿	金門縣 澎湖縣	北港鎮
013/03/06	雲林縣民宿066號	憶鄉緣民宿	雲林縣	北港鎮

Example 04 大數據資料整理

4-7 用HYPERLINK函數建立超連結

使用**HYPERLINK**函數可以建立超連結，並顯示指定的連結位址或名稱。在此範例中，要建立一個「點我進入網站」的連結，使用者點選後便可以進入民宿的網站中。

說明	建立超連結，並顯示指定的連結位址或名稱
語法	**HYPERLINK(Link_location，[Friendly_name])**
引數	◆ Link_location：指定超連結的目標。 ◆ Friendly_name：在儲存格中要顯示的文字或數值，若省略不寫會直接顯示Link_location的資料。

◆**01** 點選**K2**儲存格，按下「**公式→函數庫→查閱與參照**」按鈕，於選單中點選**HYPERLINK**函數。

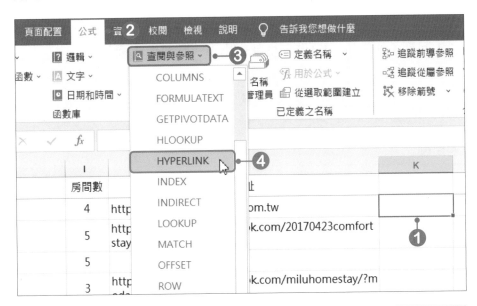

在進行超連結設定時，網址內的資料必須以「**http://**」為開頭，才能順利連結至該網站，若無「http://」，則會出現錯誤訊息。

若要連結的是電子郵件時，在建立公式時要加入「**mailto:**」字串，例如：A1儲存格的內容為「123456@chwa.com.tw」，那麼公式就要設定為「**=HYPERLINK("mailto:"&A1),電子郵件**」。

▸02 在 **Link_location** 引數中輸入 **J2**；在 **Friendly_name** 引數中輸入**點我進入網站**文字，公式設定好後按下**確定**按鈕。

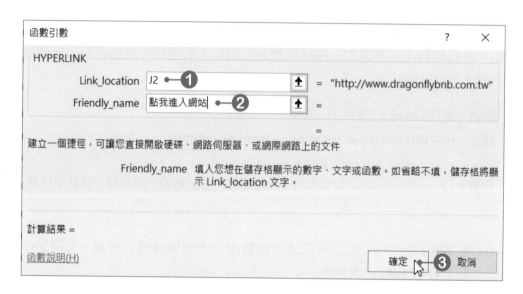

▸03 回到工作表後，K2 儲存格就會出現「**點我進入網站**」文字，並呈綠字底線的超連結狀態(超連結文字色彩會依佈景主題的色彩不同而有所不同)。最後將公式複製到其他有提供網址的儲存格中。

I 房間數	J 網址	K
4	https://www.facebook.com/matsutaijiangbb	點我進入網站
5		
5	http://www.matsuhostel.com	點我進入網站
9		

Excel 提供了**超連結**功能，可以將圖片、儲存格等連結至文件檔案、圖片及電子郵件等外部資料。要加入超連結時，按下「**插入→連結→超連結**」按鈕，或是 **Ctrl+K** 快速鍵，開啟「插入超連結」對話方塊，即可進行設定。

Example 04 大數據資料整理

◆**04** 若要進入該網站時，只要點選該連結，即可跳轉至網站中。

自動校正選項

在儲存格中輸入網址資料時，輸入完後按下 **Enter** 鍵，該網址就會自動加上超連結功能。

若不想加入超連結可以按下 **Ctrl+Z** 快速鍵，或按下 ▼ **自動校正選項**按鈕，於選單中點選**復原超連結**選項；若之後也都不想自動建立超連結的話，可以按下**停止自動建立超連結**選項。

● 選擇題

( )1. 若要找出工作表中未填入資料的儲存格時，可以使用「尋找選取」中的何項功能來達成？ (A)公式 (B)取代 (C)尋找 (D)特殊目標。

( )2. 下列哪個函數可以檢查儲存格範圍內的資料是否為字串？ (A) ISTEXT (B) ASC (C) TODAY (D) COUNFIF。

( )3. 下列哪個函數可以將全形文字、數字轉換成半形？ (A) ISTEXT (B) ASC (C) TODAY (D) COUNFIF。

( )4. 假設A1儲存格內的值為：excel，在B1儲存格中輸入「=UPPER(A1)」公式，會顯示為？ (A) Excel (B) excel (C) EXCEL (D) exceL。

( )5. 假設A1儲存格內的值為：excel，在B1儲存格中輸入「=PROPER(A1)」公式，會顯示為？ (A) Excel (B) excel (C) EXCEL (D) exceL。

( )6. 假設A1儲存格內的值為：王小桃，在B1儲存格中輸入「=LEFT(A1,1)」公式，會顯示為？ (A)王小桃 (B)王 (C)小 (D)桃。

( )7. 假設A1儲存格內的值為：王小桃，在B1儲存格中輸入「=RIGHT(A1,1)」公式，會顯示為？ (A)王小桃 (B)王 (C)小 (D)桃。

( )8. 在Excel中，有關資料驗證的描述下列哪個不正確？ (A)資料驗證主要功能在於規範資料輸入的限制，以確保資料輸入的正確性 (B)資料驗證可以在儲存格內設定「整數、實數、文字長度、日期」等驗證準則 (C)資料驗證功能無法在儲存格內自行設定函數與公式的驗證準則 (D)資料驗證功能可以設定錯誤提醒訊息。

( )9. 在Excel「資料驗證」功能中，「提示訊息」的作用為下列何者？ (A)指定該儲存格的輸入法模式 (B)輸入的資料不正確時顯示警訊 (C)設定資料驗證準則 (D)當儲存格被選定時，顯示訊息。

( )10.若要在儲存格加入超連結的設定，可以使用哪一組快速鍵來達成？ (A) Ctrl+U (B) Ctrl+K (C) Ctrl+E (D) Ctrl+O。

● **實作題**

1. 開啟「Example04→座談會報名表.xlsx」檔案，進行以下設定。

- 使用資料驗證功能在「座談會名稱」欄位中加入「座談會名稱」清單(清單內容請直接選取儲存格範圍)，並加入提示訊息「請選擇要參加的座談會名稱」。

- 使用資料驗證功能在「參加日期」欄位中加入「演講日期」清單(清單內容請直接選取儲存格範圍)，並加入提示訊息「請選擇要參加的日期」。

- 使用資料驗證功能在「參加場次」欄位中加入「早場,午場,晚場」清單，並加入提示訊息「請選擇要參加的場次」。

姓名	電子郵件	座談會名稱	參加日期	參加場次
王小桃	momo@ms1.chwa.com.tw	峇里島的樂舞戲與生活	1月23日	午場
余小樂	abc@ms1.chwa.com.tw	烏茲別克手鼓與即藝術	1月22日	早場
		請選擇要參加的座談會名稱		

音樂學堂亞洲樂舞 座談會			
座談會名稱		演講日期	
烏茲別克手鼓與即藝術	1月22日	1月23日	1月24日
韓國傳統樂舞與文化政策	1月22日	1月23日	1月24日
峇里島的樂舞戲與生活	1月22日	1月23日	1月24日
日本音樂流派觀念與實踐	1月22日	1月23日	1月24日
※預約報名，欲參加者請填寫報名表。			

2. 開啓「Example04→人事資料.xlsx」檔案，進行以下設定。

- 將「員工編號」中的小寫英文字母改為大寫。
- 在「姓」欄位中擷取「員工姓名」中的姓氏；在「名」欄位中擷取「員工姓名」的名字。
- 將部門欄位中的空白儲存格填入與上一儲存格相同的資料。
- 限定「工作表現分數」中只能輸入整數，且數值不能超過 100。

	A	B	C	D	E	F	G
1	員工編號	員工姓名	姓	名	部門	到職日	工作表現分數
2	A0716	蔡依零	蔡	依零	行銷部	90年2月17日	82
3	A0721	賴皮鬼	賴	皮鬼	行銷部	91年3月19日	75
4	A0712	陳阿芳	陳	阿芳	版權部	87年5月14日	84
5	A0717	艾貝熊	艾	貝熊	版權部	90年8月7日	88
6	A0702	周大翊	周	大翊	商管部	77年7月5日	78
7	A0704	陳小潔	陳	小潔	商管部	79年12月7日	81
8	A0706	陳阿芸	陳	阿芸	商管部	82年2月7日	74
9	A0707	陳小伸	陳	小伸	商管部	83年5月10日	70
10	A0703	徐阿巧	徐	阿巧	產銷部	78年7月7日	68
11	A0730	李明揚	李	明揚	產銷部	94年10月2日	80
12	A0710	蔡奇輪	蔡	奇輪	軟體部	86年1月17日	85
13	A0718	林煎餅	林	煎餅	軟體部	90年10月2日	71
14	A0724	王明明	王	明明	軟體部	92年10月12日	82
15	A0711	李阿玲	李	阿玲	業務部	87年4月10日	77
16	A0719	王公仔	王	公仔	業務部	90年12月12日	80
17	A0720	洪系統	洪	系統	業務部	91年1月14日	76

Example 05

用圖表呈現數據

範例檔案

Example05→營收統計 .xlsx

Example05→年齡與血壓的關係 .xlsx

Example05→臺灣人口數 .xlsx

結果檔案

Example05→營收統計 -OK.xlsx

Example05→年齡與血壓的關係 -OK.xlsx

Example05→臺灣人口數 -OK.xlsx

圖表是Excel中很重要的功能，因為一大堆的數值資料，都比不上圖表的一目了然，透過圖表能夠很容易解讀出資料的意義。所以，這裡要學習如何輕鬆又快速地製作出美觀的圖表。

	第一季	第二季	第三季	第四季	
焦糖瑪奇朵	$1,362,345	$979,415	$910,720	$939,720	
那堤	$1,087,630	$1,214,000	$1,443,650	$1,096,200	
蔓越莓白摩卡	$904,110	$795,300	$1,083,420	$1,255,530	
太妃核果那堤	$751,470	$1,374,405	$852,170	$1,483,470	

走勢圖

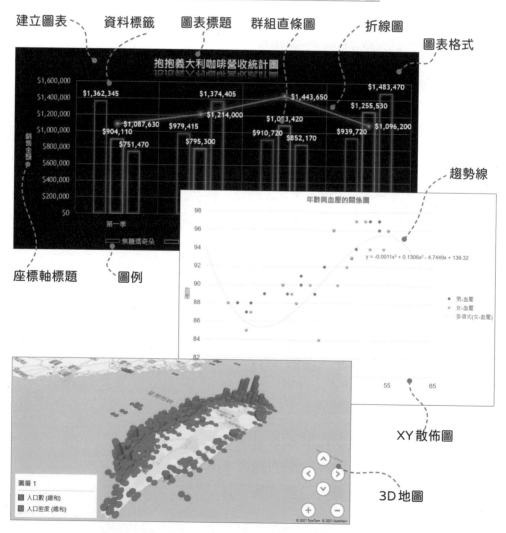

建立圖表　資料標籤　圖表標題　群組直條圖　折線圖　圖表格式

趨勢線

座標軸標題　圖例

XY 散佈圖

3D 地圖

Example 05 用圖表呈現數據

5-1 使用走勢圖分析營收的趨勢

走勢圖可以快速地於單一儲存格中加入圖表,了解該儲存格的變化。

◎ 建立走勢圖

Excel 提供了**折線**、**直條**、**輸贏分析**等三種類型的走勢圖,建立時,可以依資料的特性選擇適當的類型。這裡請使用「營收統計.xlsx」範例,建立各季的走勢圖。

→01 選取要建立走勢圖的 **B2:E5** 資料範圍,按下「**插入→走勢圖→直線**」按鈕,開啟「建立走勢圖」對話方塊。

→02 在資料範圍欄位中就會直接顯示被選取的範圍,若要修改範圍,按下 ↥ 按鈕,即可於工作表中重新選取資料範圍。

→03 接著選取走勢圖要擺放的位置範圍,請按下 ▣ 按鈕。

◆04 於工作表中選取 **F2:F5** 範圍，選取好後按下回按鈕，回到「建立走勢圖」對話方塊，按下**確定**按鈕。

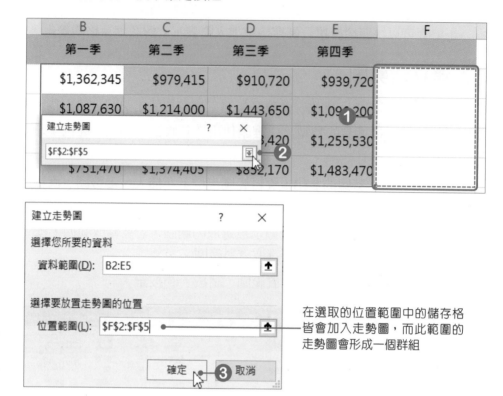

在選取的位置範圍中的儲存格皆會加入走勢圖，而此範圍的走勢圖會形成一個群組

◆05 回到工作表後，位置範圍中就會顯示走勢圖。

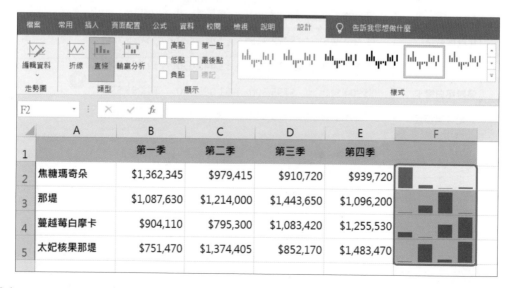

Example 05 用圖表呈現數據

走勢圖格式設定

建立好走勢圖後，還可以幫走勢圖加上標記、變更走勢圖的色彩及標記色彩等。將作用儲存格移至走勢圖中，便會顯示**走勢圖工具**，於**設計**索引標籤頁中即可進行各種格式的設定。

顯示最高點及低點

在走勢圖中加入標記，可以立即看出走勢圖的最高點及最低點落在哪裡，只要將「**走勢圖工具→設計→顯示**」群組中的**高點**及**低點**勾選即可。

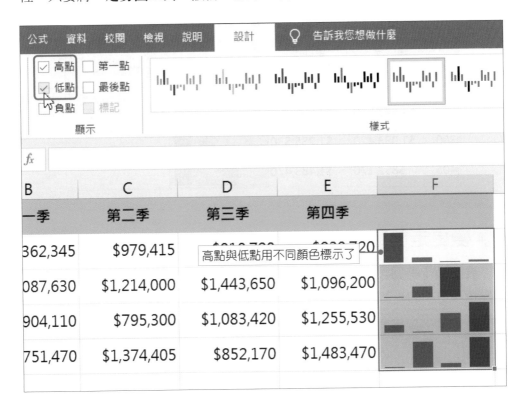

高點與低點用不同顏色標示了

F2:F5 儲存格中的走勢圖是一個群組，所以當設定走勢圖時，群組內的走勢圖都會跟著變動，若要單獨設定某個儲存格的走勢圖時，可以先按下「**走勢圖工具→設計→群組→取消群組**」按鈕，將群組取消後，再進行設定。

列印含有走勢圖的工作表，也會一併列印出走勢圖。

走勢圖樣式

在「**走勢圖工具→設計→樣式**」群組中，可以選擇走勢圖樣式、色彩及標記色彩。

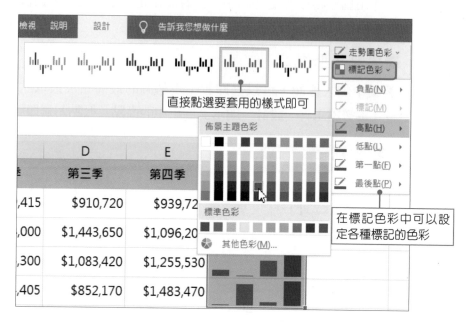

變更走勢圖類型

要更換走勢圖類型時，可以在「**走勢圖工具→設計→類型**」群組中，直接點選要更換的走勢圖類型。

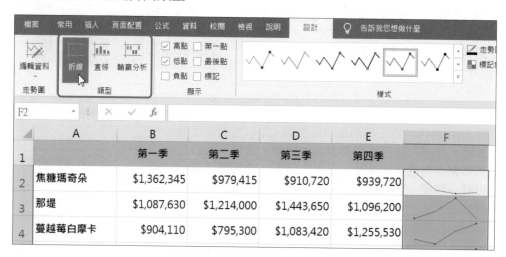

Example 05 用圖表呈現數據

◎ 清除走勢圖

要清除走勢圖時，按下「**走勢圖工具→設計→群組→清除**」按鈕，於選單中點選**清除選取的走勢圖**，即可將走勢圖從儲存格中清除。

點選清除選取的走勢圖，會將目前作用儲存格中的走勢圖清除

點選清除選取的走勢圖群組，會將屬於同一群組的走勢圖皆清除

5-2 用直條圖呈現營收統計數據

圖表是Excel很重要的功能，因為一大堆的數值資料，都比不上圖表的一目了然，透過圖表能夠很容易解讀出資料的意義。

◎ 認識圖表

Excel 提供了許多圖表類型，每一個類型下還有副圖表類型，下表所列為各圖表類型的說明。

類型	說明
直條圖	比較同一類別中數列的差異。
折線圖	表現數列的變化趨勢，最常用來觀察數列在時間上的變化。
圓形圖	顯示一個數列中，不同類別所佔的比重。
橫條圖	比較同一類別中，各數列比重的差異。
區域圖	表現數列比重的變化趨勢。
XY散佈圖	XY散佈圖沒有類別項目，它的水平和垂直座標軸都是數值，因為它是專門用來比較數值之間的關係。
股票圖	呈現股票資訊。
曲面圖	呈現兩個因素對另一個項目的影響。
雷達圖	表現數列偏離中心點的情形，以及數列分布的範圍。
矩形式樹狀結構圖	適合用來比較階層中的比例。

類型	說明
放射環狀圖	適合用來顯示階層式資料。每一個層級都是以圓圈表示，最內層的圓圈代表最上面的階層。
長條圖	適合呈現不同區塊資料集的分布情形，通常用來表示不連續資料，每一條長條之間沒有什麼順序性。
盒鬚圖	會將資料分散情形顯示為四分位數，並醒目提示平均值及異常值，是統計分析中最常使用的圖表。
瀑布圖	可快速地顯示收益和損失。
漏斗圖	適合用來顯示程序中多個階段的值。
地圖	以地圖方式呈現圖表資訊，例如：使用地圖呈現新冠肺炎(COVID-19)疫情的分布情況。

在工作表中建立圖表

在「營收統計」範例中，要將每一季的總營業額建立為群組直條圖。

◆01 選取要建立圖表的資料範圍，若工作表中並未包含標題文字時，則可以不用選取資料範圍，只要將作用儲存格移至任一有資料的儲存格即可。

◆02 按下「**插入→圖表→ ▮▮▾**」按鈕，於選單中點選**群組直條圖**。

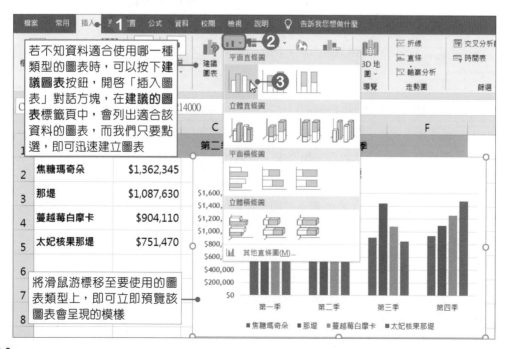

若不知資料適合使用哪一種類型的圖表時，可以按下**建議圖表**按鈕，開啟「插入圖表」對話方塊，在**建議的圖表**標籤頁中，會列出適合該資料的圖表，而我們只要點選，即可迅速建立圖表

將滑鼠游標移至要使用的圖表類型上，即可立即預覽該圖表會呈現的模樣

Example 05 用圖表呈現數據

03 點選後，圖表就會插入於工作表中。

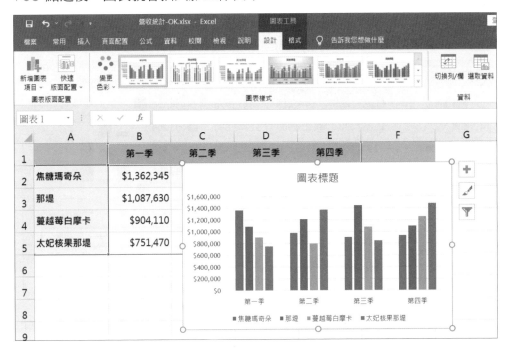

　　圖表建立好後，在圖表的右上方會看到 ➕ **圖表項目**、🖌 **圖表樣式**及 🔽 **圖表篩選**等三個按鈕，利用這三個按鈕可以快速地進行圖表的基本設定。

● ➕ **圖表項目：**用來新增、移除或變更圖表的座標軸、標題、圖例、資料標籤、格線、圖例等項目。

● 🖌 **圖表樣式：**用來設定圖表的樣式及色彩配置。

● 🔽 **圖表篩選：**可篩選圖表上要顯示哪些數列及類別。

使用 ⚡ 快速分析按鈕建立圖表

在建立圖表時,也可以使用**快速分析**按鈕來建立圖表,當選取資料範圍後,按下
⚡ 按鈕,點選**圖表**標籤,即可選擇要建立的圖表類型。

▲	A	B	C	D	E	F	G
1		第一季	第二季	第三季	第四季		
2	焦糖瑪奇朵	$1,362,345	$979,415	$910,720	$939,720		
3	那堤	$1,087,630	$1,214,000	$1,443,650	$1,096,200		
4	蔓越莓白摩卡	$904,110	$795,300	$1,083,420	$1,255,530		
5	太妃核果那堤	$751,470	$1,374,405	$852,170	$1,483,470		

這裡會列出適合的圖表類型,
直接點選即可建立圖表

設定格式(F) 圖表(C) 總計(O) 表格(T) 走勢圖(S)

群組直條圖　群組直條圖　堆疊直條圖　堆疊直條圖　群組橫條圖　其他圖表

建議的圖表可協助您將資料視覺化。

若選單中沒有適當的圖表可供選擇,按下**其他圖表**,會開啟「插入圖表」對話方
塊,在**建議的圖表**標籤頁中點選建議使用的圖表類型;或是點選**所有圖表**標籤選
擇其他圖表樣式。

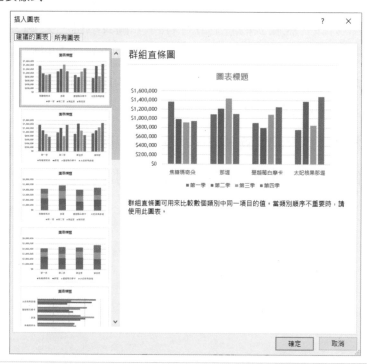

Example 05 用圖表呈現數據

調整圖表位置及大小

在工作表中的圖表，可以進行搬移的動作，只要將滑鼠游標移至圖表外框上，再按著**滑鼠左鍵**不放並拖曳，即可調整圖表在工作表中的位置。

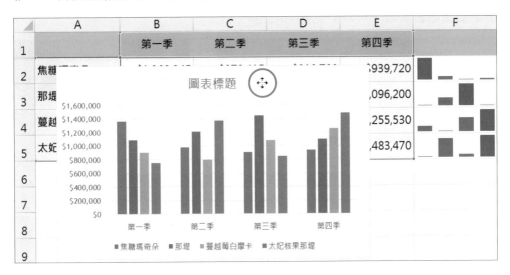

要調整圖表的大小時，只要將滑鼠游標移至圖表周圍的控制點上，再按著**滑鼠左鍵**不放並拖曳，即可調整圖表的大小。

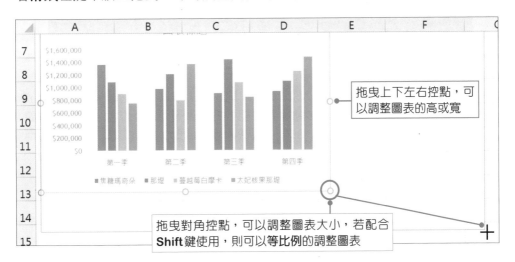

拖曳上下左右控點，可以調整圖表的高或寬

拖曳對角控點，可以調整圖表大小，若配合 **Shift**鍵使用，則可以**等比例**的調整圖表

套用圖表樣式

Excel預設了一些圖表樣式，可以快速地製作出專業又美觀的圖表，只要在「**圖表工具→設計→圖表樣式**」群組中，直接點選要套用的樣式即可；而按下**變更色彩**按鈕，可以變更圖表的色彩。

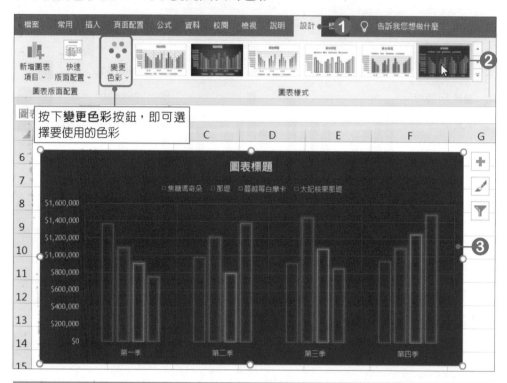

按下**變更色彩**按鈕，即可選擇要使用的色彩

將圖表移動到新工作表中

建立圖表時，預設下圖表會和資料來源放在同一個工作表中，若想將圖表單獨放在一個新的工作表，可以使用**移動圖表**功能，將圖表移至新工作表。按下「**圖表工具→設計→位置→移動圖表**」按鈕，開啟「移動圖表」對話方塊，點選**新工作表**，並輸入工作表名稱，設定好後按下**確定**按鈕，即可將圖表移動到新工作表中。

Example 05 用圖表呈現數據

要變更圖表樣式及色彩時，也可以直接按下 ✐ **圖表樣式**按鈕，在**樣式**標籤頁中可以選擇要使用的樣式，在**色彩**標籤頁中可以選擇要使用的色彩。

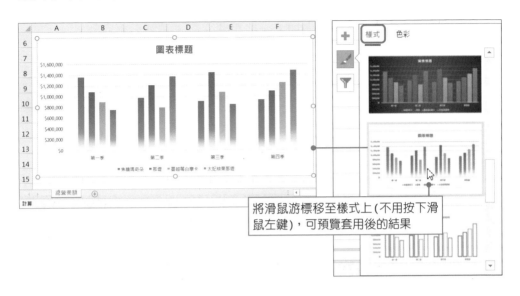

將滑鼠游標移至樣式上(不用按下滑鼠左鍵)，可預覽套用後的結果

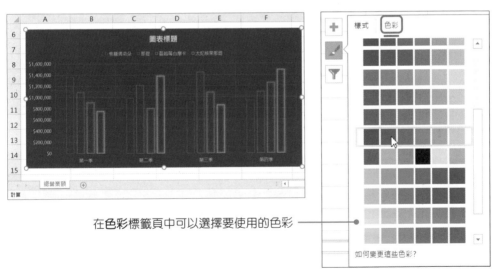

在**色彩**標籤頁中可以選擇要使用的色彩

5-3 圖表的版面配置

建立圖表後,還可以幫圖表加上一些相關資訊,讓圖表更完整。

圖表的組成

一個圖表的基本構成,包含了:資料標記、資料數列、類別座標軸、圖例、數值座標軸、圖表標題等物件。在圖表中的每一個物件都可以個別修改。

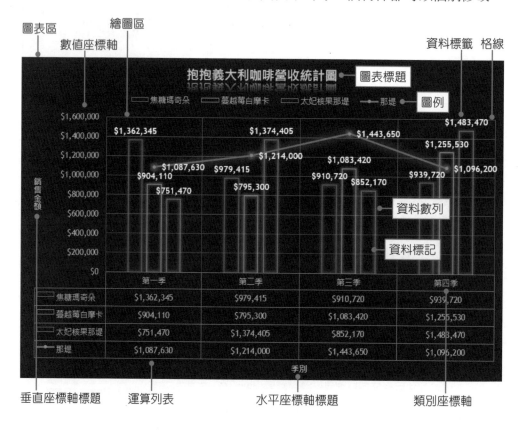

名稱	說明
圖表區	整個圖表區域。
數值座標軸	根據資料標記的大小,自動產生衡量的刻度。
繪圖區	不包含圖表標題、圖例,只有圖表內容,可以拖曳移動位置、調整大小。

Example 05 用圖表呈現數據

名稱	說明
座標軸標題	座標軸分為水平與垂直兩座標軸，座標軸標題分別顯示在水平與垂直座標軸上，為數值刻度或類別座標軸的標題名稱。
圖表標題	圖表的標題。
資料標籤	在數列資料點旁邊，標示出資料的數值或相關資訊，例如：百分比、泡泡大小、公式。
格線	數值刻度所產生的線，用以衡量數值的大小。
圖例	顯示資料標記屬於哪一組資料數列。
資料數列	同樣的資料標記，為同一組資料數列，簡稱**數列**。
類別座標軸	將資料標記分類的依據。
資料標記	是指資料數列的樣式，例如：長條圖中的長條。每一個資料標記，就是一個資料點，也表示儲存格的數值大小。
運算列表	將製作圖表的資料放在圖表的下方，以便跟圖表互相對照比較。除了各類圓形圖、XY散佈圖、泡泡圖及雷達圖外，其他的圖表類型都能加上運算列表。

新增圖表項目

製作圖表時，可依據實際需求為圖表加上相關資訊。按下「**圖表工具→設計→圖表版面配置→新增圖表項目**」按鈕，於選單中即可選擇要加入哪些項目。

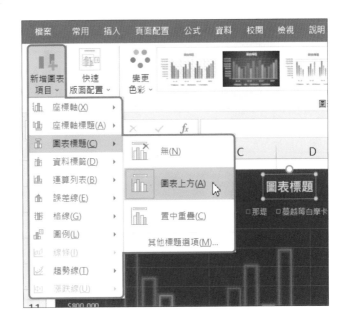

要新增圖表項目時，也可以直接按下 ⊞ 按鈕，於選單中選擇要加入哪些項目，勾選表示該項目已加入圖表中。

修改圖表標題及圖例位置

建立圖表時，預設下便會有圖表標題及圖例，但圖表標題內容並不是正確的，而圖例位置也沒有在理想的位置，所以這裡要來修改。

→01 選取圖表標題，按下**滑鼠左鍵**，即可將原內容刪除，並輸入文字。

→02 圖表標題修改好後，選取圖表物件，按下 ⊞ 按鈕，於選單中按下圖例的 ▶ 圖示，再點選下。

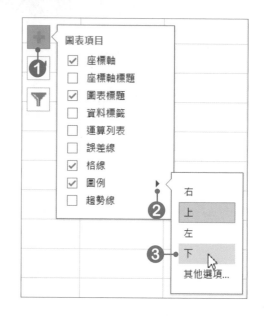

Example 05 用圖表呈現數據

◆03 圖例就會置於圖表的下方。

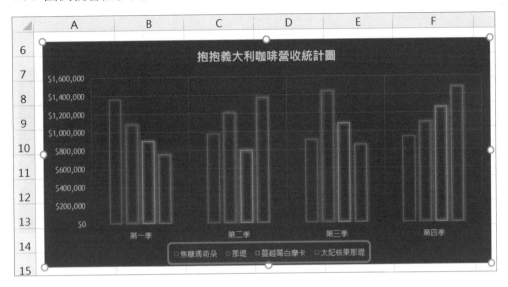

◎ 加入資料標籤

因圖表將數值以長條圖表現,因此不能得知真正的數值大小,此時可以在數列上加入**資料標籤**,讓數值或比重立刻一清二楚。

◆01 選取圖表物件,按下 ➕ 按鈕,將**資料標籤**項目勾選,再按下 ▶ 圖示,點選**終點外側**,即可加入資料標籤。

◆02 加入資料標籤後，點選**焦糖瑪奇朵**資料標籤，此時其他數列的資料標籤也會跟著被選取，接著就可以針對資料標籤進行文字大小及格式的修改，或是調整資料標籤的位置。

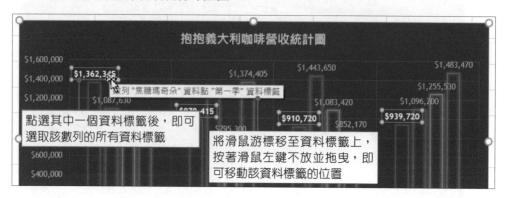

◆03 除了在數列上顯示「值」資料標籤外，還可以顯示數列名稱、類別名稱及百分比大小等，按下「**圖表工具→格式→目前的選取範圍→格式化選取範圍**」按鈕，開啟「**資料標籤格式**」窗格，在**標籤選項**中可以勾選想要顯示的標籤；在**數值**中可以設定類別及格式。

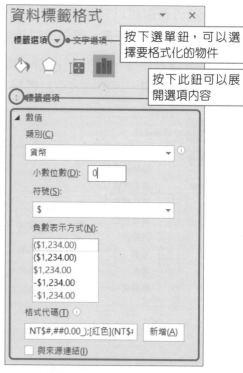

Example 05 用圖表呈現數據

◎ 加入座標軸標題

加入座標軸標題可以清楚知道該座標軸所代表的意義。

▸01 選取圖表物件，按下 ＋ 按鈕，將**座標軸標題**項目勾選，再按下 ▸ 圖示，將**主水平**選項的勾選取消，因為我們只要加入主垂直座標軸標題。

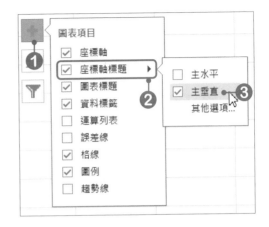

▸02 垂直座標軸標題加入後，按下「**圖表工具→格式→目前的選取範圍→格式化選取範圍**」按鈕，開啟「**座標軸標題格式**」窗格，點選**標題選項**標籤，按下 ▦ **大小與屬性**按鈕，將**垂直對齊**設定為**正中**；**文字方向**設定為**垂直**。

▸03 將座標軸標題文字修改為「**銷售金額**」。

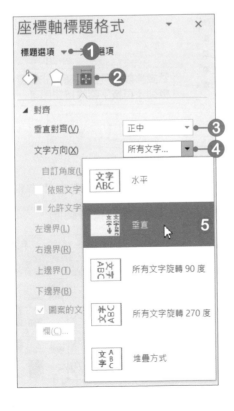

5-4 變更資料範圍及圖表類型

建立好圖表之後,若發現選取的資料範圍錯了,或是圖表類型不適合時,不用擔心,因為Excel可以輕易的變更圖表的資料範圍及圖表類型。

◎ 修正已建立圖表的資料範圍

製作圖表時,必須指定數列要循列還是循欄。如果數列資料選擇列,則會把一列當作一組數列;把一欄當作一個類別。點選圖表物件,按下「**圖表工具→設計→資料→選取資料**」按鈕,開啟「選取資料來源」對話方塊,即可修正圖表的資料範圍。

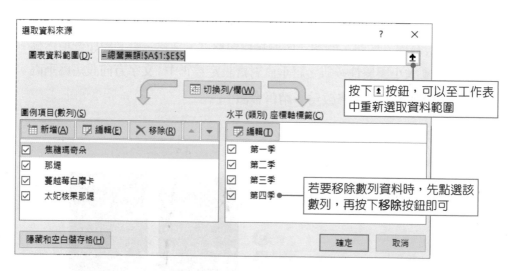

變更資料範圍時,也可以直接在工作表中進行,在工作表中的資料範圍會以顏色來區分數列及類別,直接拖曳範圍框,即可變更資料範圍。

	A	B	C	D	E	F
1		第一季	第二季	第三季	第四季	
2	焦糖瑪奇朵	$1,362,345	$979,415	$910,720	$939,720	
3	那堤	$1,087,630	$1,214,000	$1,443,650	$1,096,200	
4	蔓越莓白摩卡	$904,110	$795,300	$1,083,420	$1,255,530	
5	太妃核果那堤	$751,470	$1,374,405	$852,170	$1,483,470	

Example 05 用圖表呈現數據

◎ 切換列/欄

　　資料數列取得的方向有循列及循欄兩種，若要切換時，可以按下「**圖表工具→設計→資料→切換列/欄**」按鈕，進行切換的動作。

如果選擇「列」，會把一列當作一組「數列」；把一欄當作一個「類別」

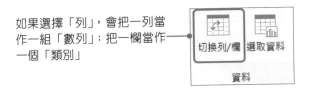

◎ 變更圖表類型

　　製作好的圖表可以隨時變更類型，只要按下「**圖表工具→設計→類型→變更圖表類型**」按鈕，開啓「變更圖表類型」對話方塊，即可重新選擇要使用的圖表類型。

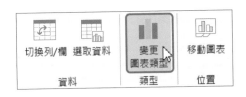

◎ 變更數列類型

　　變更圖表類型時，還可以只針對圖表中的某一組數列進行變更，這裡要將**那堤數列**變更爲折線圖。

◆01 點選圖表中的任一數列，按下**滑鼠右鍵**，於選單中選擇**變更數列圖表類型**，開啓「變更圖表類型」對話方塊。

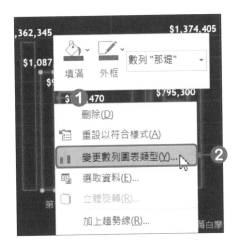

02 按下**那堤**的圖表類型選單鈕，於選單中選擇要使用的圖表類型。

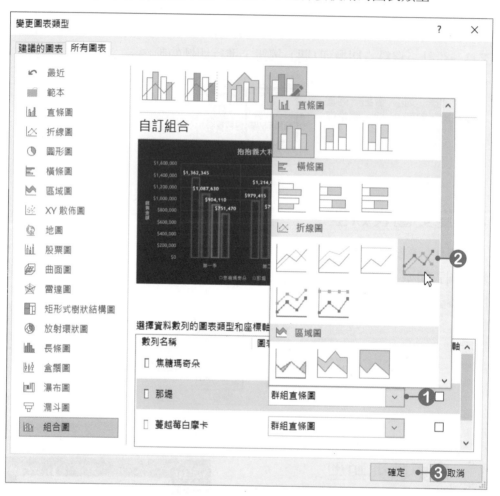

建立圖表時，在組合式圖表類型中，可以直接製作組合式的圖表。

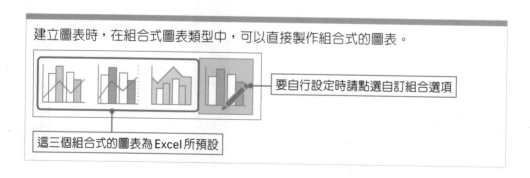

要自行設定時請點選自訂組合選項

這三個組合式的圖表為 Excel 所預設

Example 05 用圖表呈現數據

◆03 選擇好圖表類型後,按下**確定**按鈕,圖表中的**那堤數列**就會被變更爲折線圖了。

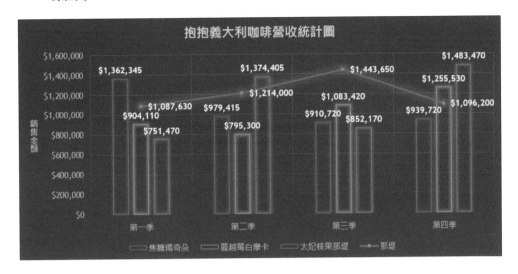

圖表篩選

若要快速地變更圖表的數列或是類別時,可以按下 ▼ **圖表篩選**按鈕,於**值**標籤頁中,即可設定要顯示或隱藏的數列或類別。

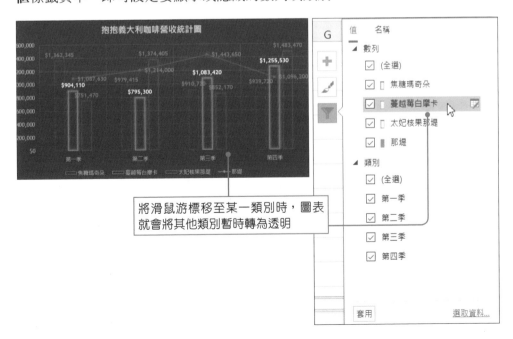

將滑鼠游標移至某一類別時,圖表就會將其他類別暫時轉爲透明

若要隱藏某個數列或類別時，先將勾選取消，再按下**套用**按鈕，即可變更圖表的數列或是類別資料範圍，若要再次顯示時，只要勾選**(全選)**選項即可。

設定好要顯示的數列或類別後，須按下**套用**按鈕，圖表才會更新

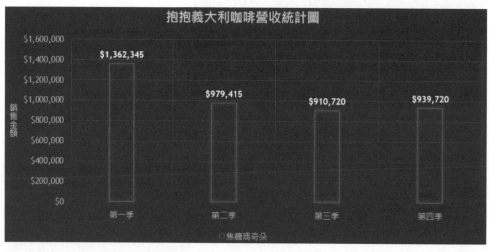

Example 05 用圖表呈現數據

5-5 圖表的美化

在圖表裡的物件，都可以進行格式的設定及文字的修改，只要進入「**圖表工具→格式**」索引標籤中，即可針對圖表物件進行格式的設定，而且每個圖表物件經過格式設定後，都可以達到美化圖表的效果。

變更圖表標題物件的樣式

要針對圖表中的各個物件設定樣式時，只要先點選圖表中的物件，再進入「**圖表工具→格式→圖案樣式**」群組中，即可設定樣式、填滿色彩、外框色彩、效果等。

點選**圖表標題物件**，進入「**圖表工具→格式→文字藝術師樣式**」群組中，即可進行文字填滿、文字外框、文字效果等設定。

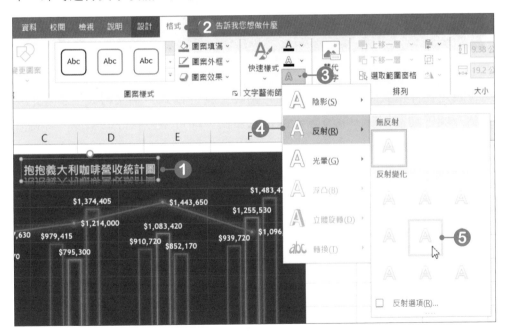

變更圖表物件的文字格式

若要針對圖表中的各個物件設定文字格式時，只要先點選圖表中的物件，再進入「**常用→字型**」群組中，設定文字格式。若要統一圖表內的文字字型時，可以直接點選圖表物件，再進入「**常用→字型**」群組中，選擇要使用的字型即可。

◎ 變更圖表物件格式

點選圖表物件，再按下「**圖表工具→格式→圖案樣式→圖案填滿**」按鈕，即可於選單中選擇要填滿的方式。

設定物件格式時，也可以按下「**圖表工具→格式→圖案樣式**」群組的 ⌐ **對話方塊啟動器**按鈕，開啟**圖表區格式**窗格，即可進行物件的填滿、線條、效果、大小及屬性等格式設定。

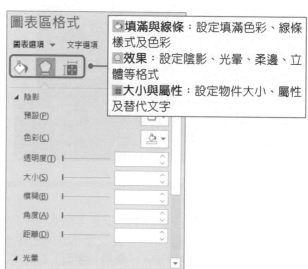

填滿與線條：設定填滿色彩、線條樣式及色彩

效果：設定陰影、光暈、柔邊、立體等格式

大小與屬性：設定物件大小、屬性及替代文字

Example 05 用圖表呈現數據

5-6 用XY散佈圖呈現年齡與血壓的關係

XY散佈圖的主要功能是用來比較數值之間的關係，因此它沒有類別項目，其水平和垂直座標軸都是數值。兩兩成對的數值被視為XY座標繪製到XY平面上。XY散佈圖可以有多組數列，表示X座標對應到很多個Y座標。

每一組數列與X數值所產生的點，會有一個大概的分布範圍，代表著數列與X數值的相關性。比較不同數列的分布範圍，可以看出不同數列與X數值的相關性是否接近。

◎ 插入XY散佈圖

在「年齡與血壓的關係」範例中，要使用XY散佈圖來表達年齡與血壓的關係。在製作XY散佈圖時，每組數列都必須要有X值與Y值，在此範例中，年齡為X值，血壓則為Y值。

◆01 進入**男**工作表中，將作用儲存格移至資料的任何一個儲存格中，按下「**插入→圖表→**」按鈕，於選單中點選**散佈圖**。

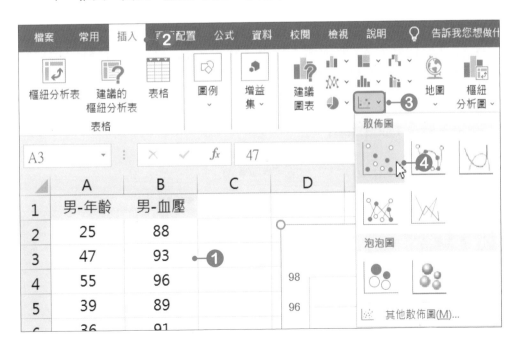

→02 點選後，工作表中就會出現該圖表。

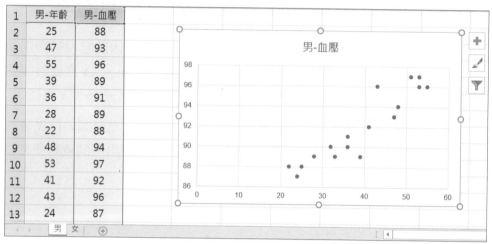

選取範圍時，Excel會假設選擇範圍的第1欄數字是所有數列的X值，後面各欄的數據則分別為各數列的Y值。

新增資料來源

男性的XY散佈圖製作好後，接著將女性的資料也加入到XY散佈圖中。

→01 點選製作好的XY散佈圖，按下「**圖表工具→設計→資料→選取資料**」按鈕，開啟「**選取資料來源**」對話方塊，按下**新增**按鈕。

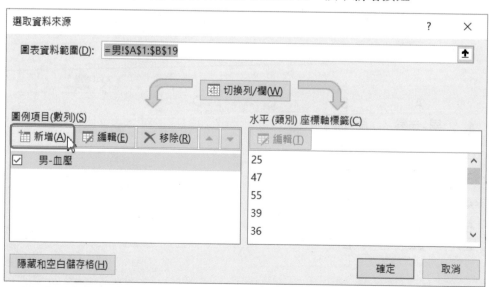

Example 05 用圖表呈現數據

02 開啓「編輯數列」對話方塊，將插入點移至**數列名稱**欄位中，再選取**女**
工作表中的 **B1** 儲存格。

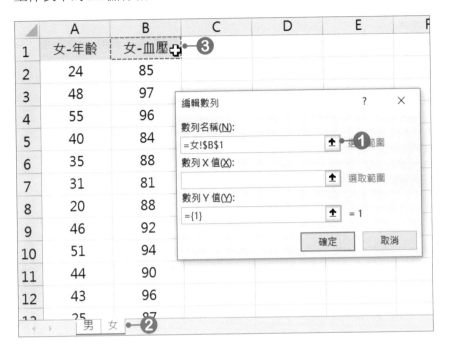

03 將插入點移至**數列 X 值**欄位中，選取**女**工作表中的 **A2:A19** 儲存格。

04 將插入點移至**數列 Y 值**欄位中，選取**女**工作表中的 **B2:B19** 儲存格，數
列都設定好後按下**確定**按鈕。

05 回到「選取資料來源」對話方塊後，在**圖例項目(數列)**中就會多了一個**女-血壓**的數列資料，沒問題後按下**確定**按鈕。

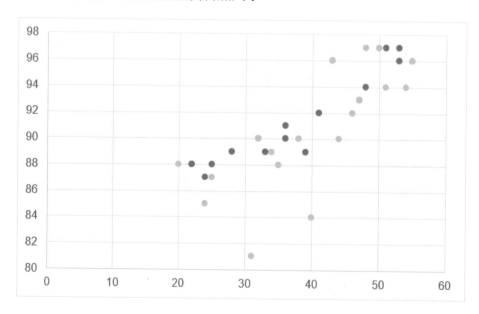

06 回到工作表後，女性的血壓資料加入了。

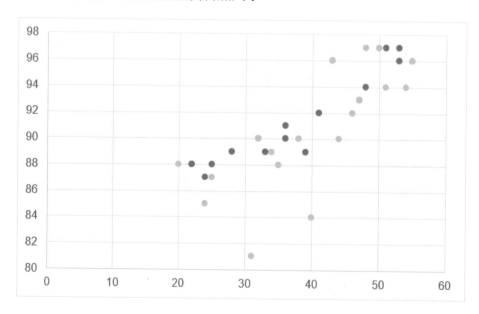

Example 05 用圖表呈現數據

07 接著來更換一下圖表樣式，請於「**圖表工具→設計→圖表樣式**」群組中挑選一個想要使用的樣式。

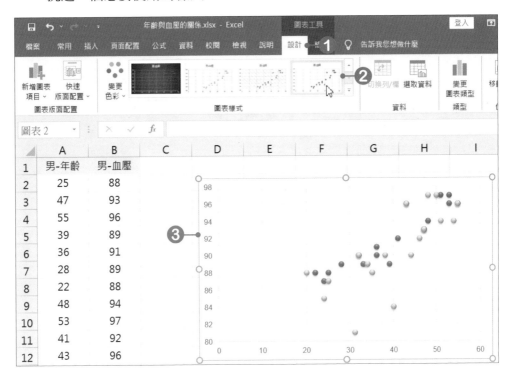

08 按下「**圖表工具→設計→圖表版面配置→快速版面配置**」按鈕，於選單中點選**版面配置1**，即可在圖表中加入圖表標題、座標軸及圖例。

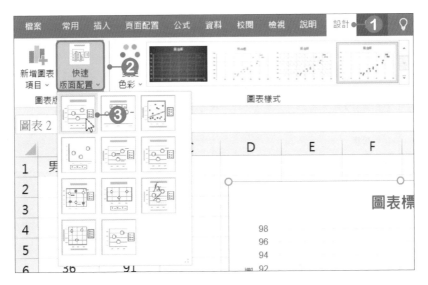

♦ 09 加入圖表標題、座標軸及圖例後，修改圖表標題及座標軸名稱。

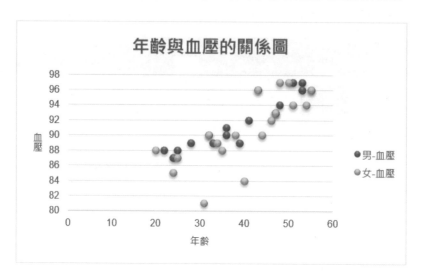

修改座標軸

預設情況下圖表會直接顯示主水平座標軸與主垂直座標軸，但有時候座標軸數值間距並不是我們想要的，所以這裡要修改一下。

♦ 01 選取圖表物件，按下 ⊞ 按鈕，按下**座標軸**選項▶圖示，於選單中點選**其他選項**，開啟**座標軸格式**窗格。

Example 05 用圖表呈現數據

◆ 02 將**範圍**選項中的**最小值**設定為 **15**；**最大值**設定為 **65**；**單位**選項中的**主要**設定為 **10**。在進行設定時，圖表會立即顯示設定的結果。

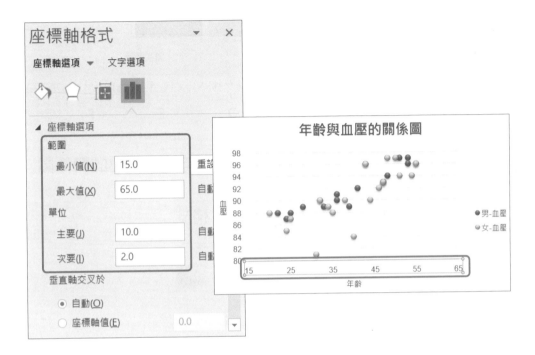

加上趨勢線

用點表示數值的圖表，例如：折線圖或 XY 散佈圖，都可以加上趨勢線。趨勢線不單只是一條線，而是一種數學的方程式圖形，具有預測未來數值的功能。這裡就來看看該如何為圖表加上趨勢線。

◆ 01 點選**女-血壓**數列資料，按下「**圖表工具→設計→圖表版面配置→新增圖表項目→趨勢線**」按鈕，點選**其他趨勢線**選項，開啟**趨勢線格式**窗格。

◆ 02 選擇**多項式**類型，冪次設定為 **3**，在**趨勢預測**選項中，將**正推**和**倒推**都輸入 **5**，勾選**圖表上顯示方程式**選項。

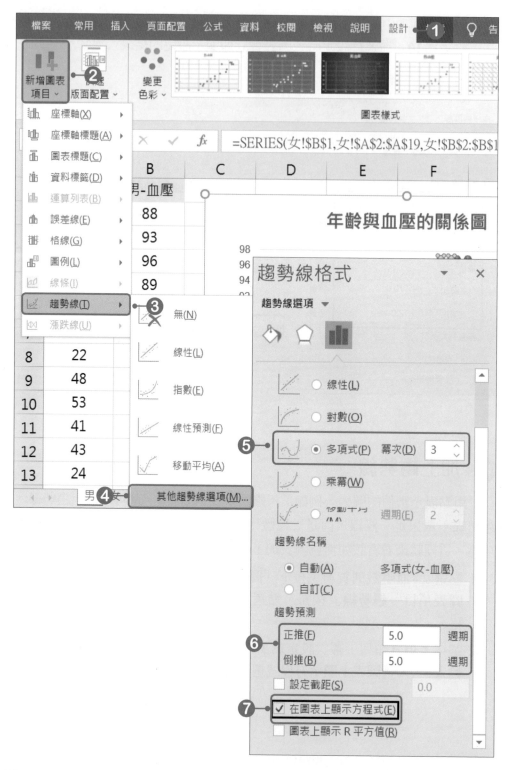

Example 05 用圖表呈現數據

◆03 點選◇按鈕，將**線條**設為**實心線條**；**色彩**設定為**紅色**，**透明度**設定為
70%；**虛線類型**設為**虛線**。

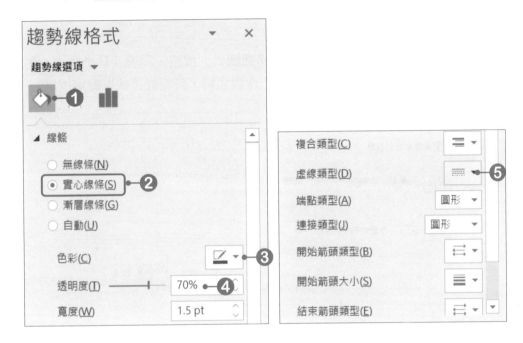

◆04 圖表中的**女-血壓**數列趨勢線，會往前和往後預測5個單位的線條走勢，
並顯示建立趨勢線的公式。

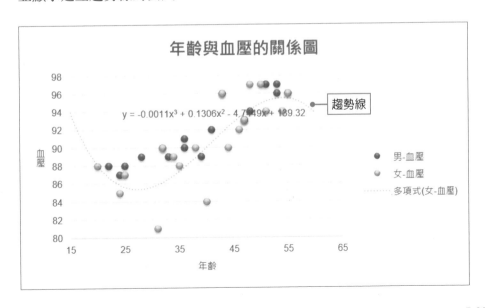

◎ 移動圖表

XY散佈圖完成後，可以將完成的圖表移至新的工作表，或是再做一些格式上的修改，讓圖表更具專業度。

◆**01** 按下「**圖表工具→設計→位置→移動圖表**」按鈕，開啟「移動圖表」對話方塊。點選**新工作表**，並輸入工作表名稱，設定好後按下**確定**按鈕。

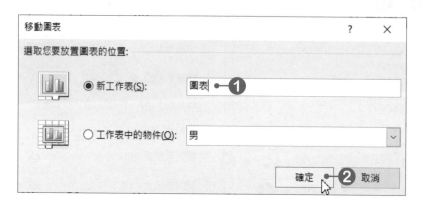

◆**02** 圖表被移至新工作表中。最後調整圖表的文字大小及格式，讓圖表更完整些。

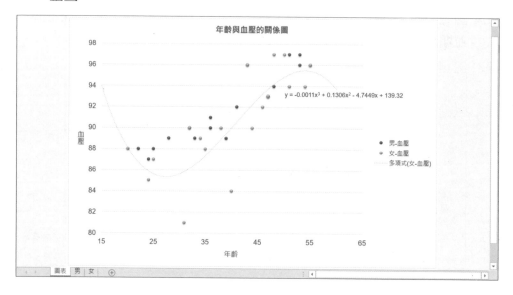

年齡與血壓的關係圖

$y = -0.0011x^3 + 0.1306x^2 - 4.7449x + 139.32$

Example 05 用圖表呈現數據

5-7 用3D地圖呈現臺灣人口數分布情形

使用**3D地圖**功能，可以在3D地球或自訂地圖上呈現3D圖表，不過，在統計資料中必須具有**地理屬性**，例如：鄉、鎮、縣、市名稱、國家名稱、州、省、經度、緯度、街道、郵遞區號、完整地址等，這樣在抓取資料時，才會正確顯示地理位置，因為3D地圖是根據資料的地理屬性，使用Bing為資料進行地理編碼。

啓用3D地圖

在「臺灣人口數」範例中，將使用3D地圖功能，在臺灣地圖上呈現各縣市的人口數。

◆01 開啓範例檔案，點選工作表中有資料的任一儲存格，按下「**插入→導覽→3D地圖**」按鈕。

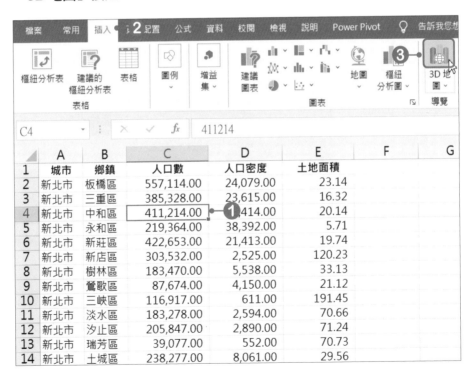

02 若是第一次使用3D地圖功能，會先開啓啓用通知，直接按下**啓用**按鈕即可。

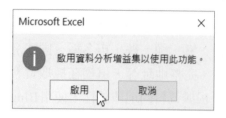

03 啓用後，便會進入3D地圖視窗中。在視窗中會顯示一個地球，並自動抓取工作表中的地理位置欄位，並顯示工作中的所有欄位清單。

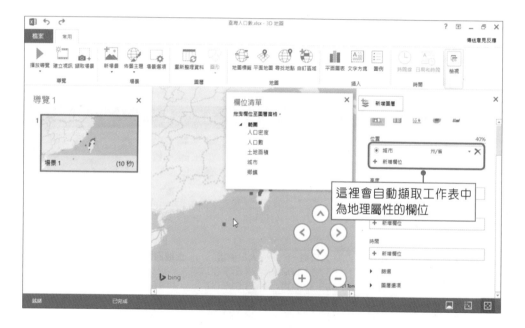

04 選擇要使用的圖表類型。

05 在**位置**選項中，只要按下選單鈕，便可以選擇要使用哪個地理屬性當做位置。這裡要將鄉鎮欄位也加入到位置中。

06 按下**新增欄位**按鈕，於選單中點選**鄉鎮**，再將鄉鎮的地理屬性設定爲**鄉/鎮/市/區**。

Example 05 用圖表呈現數據

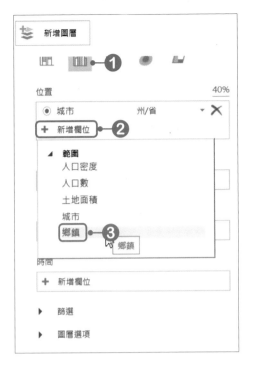

06 將要顯示於地圖上的欄位加入到**高度**選項中,可以直接將**欄位清單**窗格中的欄位名稱拖曳到**高度**選項中;或是直接按下**高度**選項中的**新增欄位**按鈕,選擇要加入的欄位。

◆07 再加入其他要顯示於地圖上
的欄位。

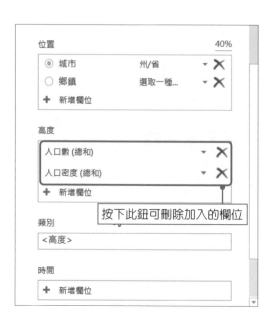

◆08 此時地圖上就會顯示相關資料。利用地圖右下角的控制鈕可以調整地圖
的大小、旋轉角度及傾斜方式。

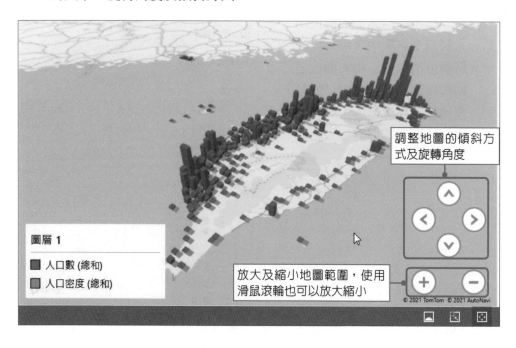

Example 05 用圖表呈現數據

變更圖表視覺效果

3D地圖中提供了堆疊直條圖、群組直條圖、泡泡圖、熱力圖、區域圖等五種圖表，在使用時可依需求來選擇。

點選要使用的圖表，便會立即呈現，不過，更換圖表時，高度中的欄位會依所選擇的圖表而有所增刪。

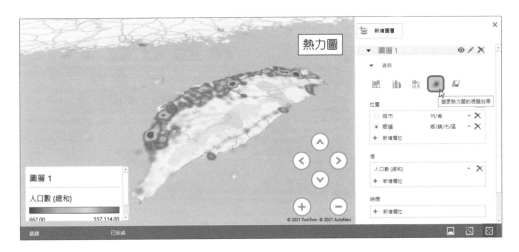

在**圖層選項**中可以設定圖表的高度、厚度、透明度及色彩等。

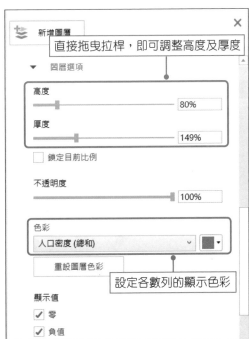

變更數列圖形

若使用堆疊直條圖、群組直條圖、泡泡圖來呈現數據時，可以按下「**常用→圖層→圖形**」按鈕，於選單中選擇要使用的圖形效果。

顯示地圖標籤

若要在地圖中顯示地理名稱時，按下「**常用→地圖→地圖標籤**」按鈕，地圖便會顯示名稱。

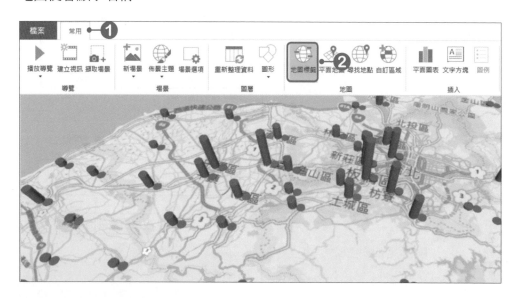

Example 05 用圖表呈現數據

擷取場景

　　當 3D 地圖製作完成後，若要將地圖置入於其他應用軟體時，按下「**常用→導覽→擷取場景**」按鈕，便會將目前畫面擷取到**剪貼簿**中，此時只要進入任一應用軟體(Excel、PowerPoint、Word 等)中，按下 **Ctrl+V** 貼上快速鍵，便可將畫面置入。

按下擷取場景後，地圖畫面便會被擷取到剪貼簿中，此時便可以進入其他軟體中，按下 **Ctrl+V** 快速鍵，即可將剛剛擷取的場景置入

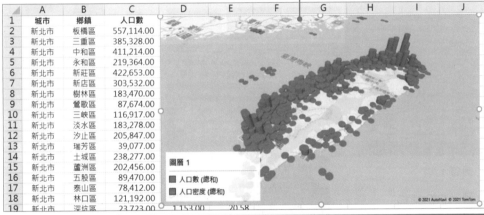

變更3D地圖佈景主題

3D地圖提供了不同的佈景主題來搭配數據使用，只要按下「**常用→場景→佈景主題**」按鈕，即可選擇要使用的佈景主題。

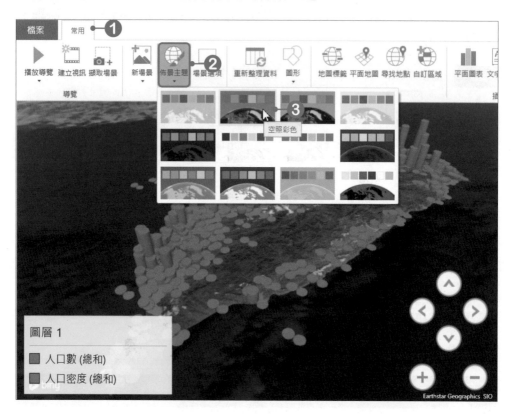

關閉3D地圖視窗

完成3D地圖製作後，按下「**檔案→關閉**」按鈕，即可關閉3D地圖視窗。而在工作表會有一個訊息框，讓使用者知道這份工作表有製作3D地圖。

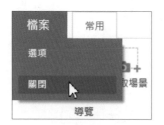

Example 05 用圖表呈現數據

修改3D地圖

　　若要再進入3D地圖時，按下「**插入→導覽→3D地圖**」選單鈕，於選單中點選**開啟3D地圖**，開啟「**啟動3D地圖**」對話方塊，即可點選要修改的3D地圖；若要再新增另一個地圖，請按**新導覽**按鈕。

按下**X**按鈕可移除該地圖

按下**新導覽**按鈕可新增地圖

地圖圖表

Excel除了提供3D地圖外，還提供了**地圖圖表**，該圖表也是以地圖方式呈現圖表資訊，可以視覺化地區與數值之間的關係。跟3D地圖一樣，使用地圖圖表時，統計資料中必須具有地理屬性，例如：鄉、鎮、縣、市名稱、國家名稱、州、省、經度、緯度、街道、郵遞區號、完整地址等，這樣在抓取資料時，才會正確顯示地理位置。

建立地圖圖表

1. 將作用儲存格移至任一有資料的儲存格中，按下「**插入→圖表→地圖**」選單鈕，於選單中點選**區域分布圖**。

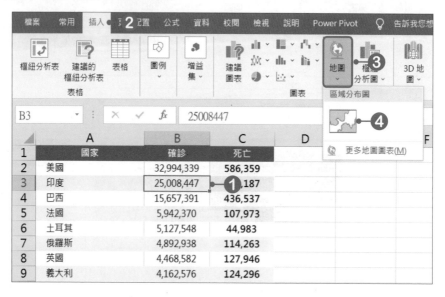

2. 點選後，工作表中就會加入地圖圖表。

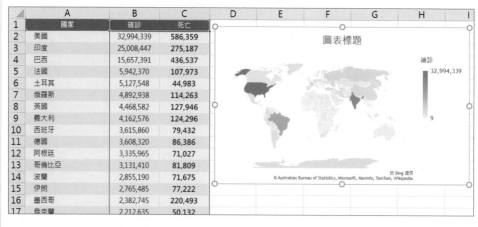

Example 05 用圖表呈現數據

地圖圖表格式設定

地圖圖表與其他圖表一樣，可以進行圖表項目、版面配置、變更色彩、圖表樣式等設定，而操作方式大致上都相同。

地圖圖表提供了地圖投影、地圖區域、地圖標籤、數列色彩等資料數列格式設定，使用這些設定可以改變地圖的呈現方式。

變更地圖的資料數列格式時，可以按下「**圖表工具→格式→圖案樣式**」群組的 <kbd>⤢</kbd> 對話方塊啓動器按鈕，開啓**資料數列格式**窗格，即可進行物件的填滿、線條、效果及數列選項等格式設定。

在**數列選項**中可以進行地圖投影、地圖區域及地圖標籤的設定。

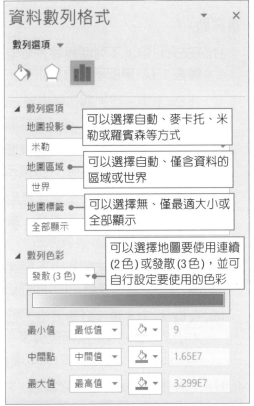

自我評量

( )1. 在Excel中，下列哪個圖表類型只適用於包含一個資料數列所建立的圖表？(A)環圈圖　(B)圓形圖　(C)長條圖　(D)泡泡圖。

( )2. 在Excel中，下列哪個圖表無法建立趨勢線(代表特定資料數列的變動過程)？(A)折線圖　(B)直線圖　(C)圓形圖　(D)橫條圖。

( )3. 在Excel中，下列哪個是直條圖無法使用的資料標籤？(A)顯示百分比　(B)顯示類別名稱　(C)顯示數列名稱　(D)顯示數值。

( )4. 在Excel中，下列哪個元件是用來區別「資料標記」屬於哪一組「數列」，所以可以把它看成是「數列」的化身？(A)資料表　(B)資料標籤　(C)圖例　(D)圖表標題。

( )5. 在Excel中，無法製作出下列哪種類型的圖表？(A)股票圖　(B)魚骨圖　(C)立體長條圖　(D)曲面圖。

( )6. 在Excel中，製作好圖表後，可以透過下列哪一項操作來調整圖表的大小？(A)利用滑鼠拖曳圖表　(B)按下「移動圖表」按鈕　(C)拖曳圖表四周的控制點　(D)選取圖表，按下＋、－鍵。

( )7. 下列關於「走勢圖」之敘述，何者有誤？(A)走勢圖是一種內嵌在儲存格中的小型圖表　(B)列印包含走勢圖的工作表時，無法一併列印走勢圖　(C)可將走勢圖中最高點的標記設定為不同顏色　(D)可為多個儲存格資料同時建立走勢圖。

( )8. 下列敘述何者不正確？(A)資料標記表示儲存格的數值大小　(B)圖例用來顯示資料標記屬於哪一組數列　(C)相同類別的資料標記，不屬於同一組資料數列　(D)類別座標軸是將資料標記分類的依據。

( )9. 下列敘述何者正確？(A)在Excel中建立圖表後，就無法修改其來源資料 (B)由同樣格式外觀的資料標記組成的群組，稱作「類別」(C)圖表工作表中的圖表，不會隨視窗大小自動調整圖表大小　(D)當來源資料改變時，圖表也會跟著變化。

( )10.若想為Excel圖表加上趨勢線，首先必須執行下列何項操作？(A)選取整張圖表　(B)選取單一數列　(C)選取繪圖區　(D)選取圖例。

● **實作題**

1. 開啓「Example05→年度銷售量.xlsx」檔案,進行以下設定。

   ● 將年度銷售量製作成「矩形式樹狀結構圖」。
   ● 圖表中不要顯示圖表標題,要顯示資料標籤(包含類別名稱及值),圖表格式請自行設計及調整。

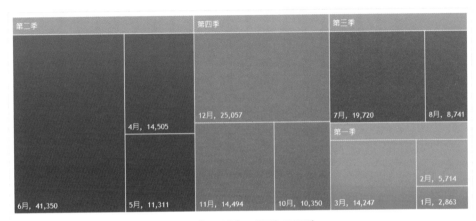

2. 開啓「Example05→吳郭魚市場交易行情.xlsx」檔案,進行以下設定。

   ● 建立一個綜合圖表(直條圖加上折線圖),「交易量」數列為群組直條圖,「平均價格」數列為含有資料點的折線圖。
   ● 水平(類別)軸的日期格式改為只顯示月份和日期,將日期的文字方向設定為「堆疊方式」。
   ● 將「平均價格」數列的資料繪製於副座標軸。
   ● 顯示「平均價格」的數值資料標籤,資料標籤的位置放在上方。
   ● 將左側數值座標軸的單位設成「10000」。
   ● 加入副垂直軸標題,標題文字為「平均價格(元)」。
   ● 圖表格式請自行設定。

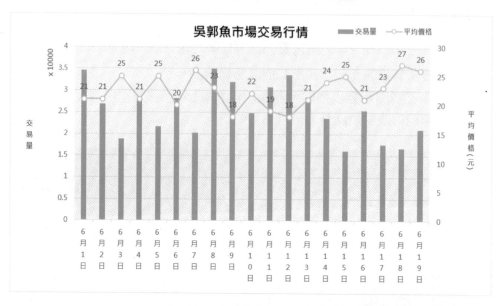

3. 開啟「Example05→美國人口數.xlsx」檔案，進行以下設定。

● 使用地圖圖表顯示美國各州人口數。

● 將圖表新增至新工作表中，並自行設定圖表格式。

Example 06

產品銷售數據分析

範例檔案

Example06→產品銷售表.xlsx

結果檔案

Example06→產品銷售表-篩選.xlsx

Example06→產品銷售表-小計.xlsx

Example06→產品銷售表-樞紐分析.xlsx

運用 Excel 輸入了許多流水帳資料後,卻很難從這些資料中,立即分析出資料所代表的意義。所以 Excel 提供了許多分析資料的利器,像是篩選、小計及樞紐分析表等,可以將繁雜、毫無順序可言的流水帳資料,彙總及分析出重要的摘要資料。

篩選　　　小計

樞紐分析表

群組標籤

交叉分析篩選器

樞紐分析圖

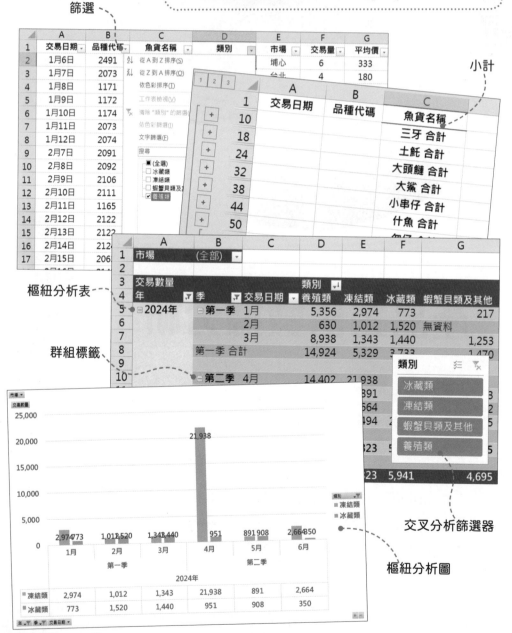

Example 06 產品銷售數據分析

6-1 資料篩選

在眾多的資料中，可以利用篩選功能，把需要的資料留下，隱藏其餘用不著的資料。這節就來學習如何利用篩選功能快速篩選出需要的資料。

自動篩選

自動篩選功能可以為每個欄位設一個準則，只有符合每一個篩選準則的資料才能留下來。

01 按下「**常用→編輯→排序與篩選→篩選**」按鈕，或按下「**資料→排序與篩選→篩選**」按鈕，或按下 **Ctrl+Shift+L** 快速鍵。

02 點選後，每一欄資料標題的右邊，都會出現一個☐選單鈕，按下**類別**的☐選單鈕，勾選**養殖類**，勾選好後按下**確定**按鈕。

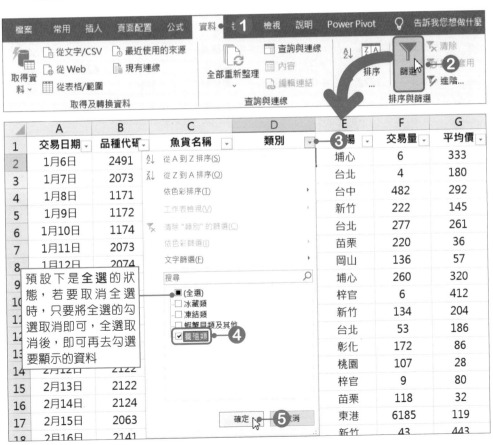

◆03 經過篩選後，不符合準則的資料就會被隱藏。

	A	B	C	D			
1	交易日期	品種代碼	魚貨名稱	類別			
2	1月6日	2491	海鱺(沿海)	養殖類			
12	2月10日	2111	長鰭鮪	養殖類			
16	2月14日	2124	煙仔虎	養殖類	田寮	118	32
30	3月15日	2221	海鰻	養殖類	梓官	46	160
31	3月16日	2251	皮刀	養殖類	梓官	384	54
33	4月10日	2139	其他旗魚	養殖類	斗南	15	222
34	4月11日	1011	吳郭魚	養殖類	桃園	1943	63
42	4月19日	1024	大頭鰱	養殖類	斗南	47	51
43	4月20日	1024	大頭鰱	養殖類	嘉義	253	75
44	5月7日	1027	烏鰡	養殖類	台北	653	110
45	5月8日	1041	虱目魚	養殖類	三重	6731	72
46	5月9日	2411	龍舌	養殖類	新竹	29	309
49	5月12日	2481	英哥	養殖類	台中	1	248
50	5月15日	2562	什魚	養殖類	斗南	54	81
54	5月20日	3641	比目魚	養殖類	斗南	212	106
55	5月21日	2139	其他旗魚	養殖類	埔心	20	38
58	6月8日	2251	皮刀	養殖類	台中	100	50
59	6月9日	1272	午仔魚(養殖)	養殖類	台北	423	140
60	6月10日	1272	午仔魚(養殖)	養殖類	新營	144	28

表示已套用篩選，若要清除篩選時，再按下按鈕，於選單中點選清除"類別"的篩選即可

自訂篩選

除了自動篩選外，還可以自行設定篩選條件，例如：要篩選出平均價介於40~50之間的所有資料時，設定方式如下：

◆01 按下**平均價**選單鈕，選擇「**數字篩選→自訂篩選**」選項，開啟「自訂自動篩選」對話方塊。

◆02 將條件設定為：**大於或等於40；小於或等於50**，設定好後按下**確定**按鈕。

Excel會依據欄位的資料性質，自動判斷屬性，因此，清單中的指令也會自動調整，例如：若篩選的資料欄位為數值時，會顯示為**數字篩選**；為日期時，則會顯示**日期篩選**；為文字時，則會顯示為**文字篩選**。

Example 06 產品銷售數據分析

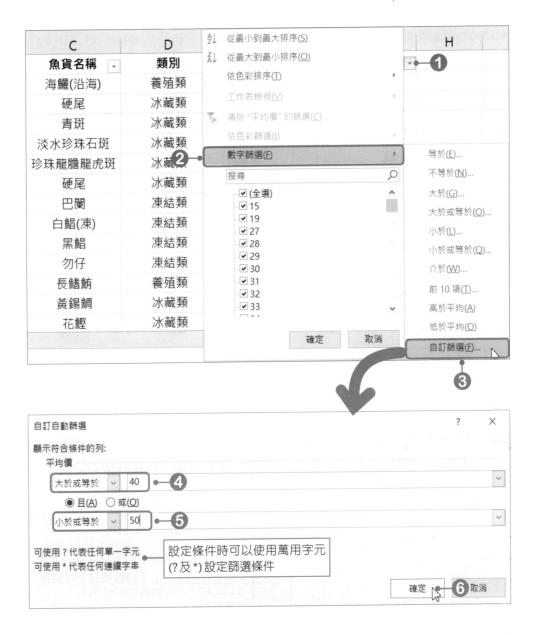

設定條件時若點選**且**，表示二個條件都須符合，資料才會被篩選出來；點選**或**，則只要符合其中一個條件即可。

◆03 經過篩選後，只會顯示符合準則的資料，且在狀態列會顯示篩選出多少
筆符合條件的記錄。

	A	B	C	D	E	F	G
1	交易日期 ▾	品種代碼 ▾	魚貨名稱 ▾	類別 ▾	市場 ▾	交易量 ▾	平均價 ▾
21	3月6日	2151	大鯊	凍結類	台北	1527	42
53	5月19日	5022	文蛤養	蝦蟹貝類及其他	苗栗	366	44
56	6月6日	2064	白口	冰藏類	三重	400	50
58	6月8日	2251	皮刀	養殖類	台中	100	50
61	6月11日	2291	暑魚	凍結類	台中	19	50
67	6月17日	1111	鯰魚	凍結類	嘉義	120	41
76	6月30日	2124	煙仔虎	養殖類	台中	447	42
85	7月11日	2122	花鰹	凍結類	頭城	14	43
86	7月12日	2124	煙仔虎	養殖類	埔心	418	45
94	7月23日	1111	鯰魚	凍結類	台北	2	40
99	8月10日	3521	秋刀(凍)	凍結類	台北	500	50
109	8月20日	2099	其他鯧類	凍結類	台中	36	50
110	9月1日	2064	白口	冰藏類	桃園	398	50

銷售明細

就緒　從 494 中找出 33 筆記錄

◎)) 清除篩選

當檢視完篩選資料後，若要清除所有的篩選條件，恢復到所有資料都顯
示的狀態時，只要按下「**資料→排序與篩選→清除**」按鈕即可；若要將「自
動篩選」功能取消時，按下「**資料→排序與篩選→篩選**」按鈕，即可將篩選
取消，而欄位中的 ▾ 按鈕，也會跟著清除。

按下**篩選**按鈕，可移除
自動篩選功能

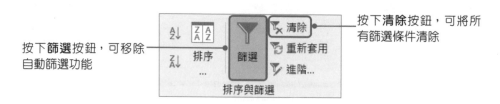

按下**清除**按鈕，可將所
有篩選條件清除

Example 06 產品銷售數據分析

進階篩選

　　利用**進階篩選**功能，可以將資料做更進一步的分析，例如：要從資料裡篩選出「類別」為「冰藏類」及「養殖類」的資料，但其中該類別的平均價還都必須大於80元，像這樣的分析就要使用**進階篩選**功能。

01 在現有的資料最上方插入5列，用來設定準則。選取第1列到第5列，按下**滑鼠右鍵**，於選單中選擇**插入**，即可插入5列空白列。

	A	B	C	D	E	F
1	交易日期	品種代碼			市場	交易量
2	1月6日	2491			埔心	6
3	1月7日	2073	硬尾	冰藏類	台北	4
4	1月8日	1171		冰藏類	台中	482
5	1月9日	1172		冰藏類	新竹	222
6	1月10日	1174		冰藏類	台北	277
7	1月11日	2073		冰藏類	苗栗	220
8	1月12日	2074		凍結類	岡山	136
9	2月7日	2091		凍結類	埔心	260
10	2月8日	2092		凍結類	梓官	6
11	2月9日	2106		凍結類	新竹	134
12	2月10日	2111		養殖類	台北	53

選單：剪下(T)、複製(C)、貼上選項：、選擇性貼上(S)...、插入(I)、刪除(D)、清除內容(N)、儲存格格式(F)...、列高(R)...

	A	B	C	D	E	F
1						
2						
3						
4						
5						
6	交易日期	品種代碼	魚貨名稱	類別	市場	交易量
7	1月6日	2491	海鱲(沿海)	養殖類	埔心	6
8	1月7日	2073	硬尾	冰藏類	台北	4
9	1月8日	1171	青斑	冰藏類	台中	482
10	1月9日	1172	淡水珍珠石斑	冰藏類	新竹	222
11	1月10日	1174	珍珠龍膽龍虎斑	冰藏類	台北	277
12	1月11日	2073	硬尾	冰藏類	苗栗	220

◆02 選取 **A6:G6** 儲存格，按下 **Ctrl+C** 複製快速鍵，複製選取的儲存格。

◆03 點選 **A1** 儲存格，按下 **Ctrl+V** 貼上快速鍵，將複製的資料貼上，這是準備用來做準則的標題。

	A	B	C	D	E	F	G
1	交易日期	品種代碼	魚貨名稱	類別	市場	交易量	平均價
2							
3							
4							
5							
6	交易日期	品種代碼	魚貨名稱	類別	市場	交易量	平均價
7	1月6日	2491	海鱺(沿海)	養殖類	埔心	6	333
8	1月7日	2073	硬尾	冰藏類	台北	4	180
9	1月8日	1171	青斑	冰藏類	台中	482	292
10	1月9日	1172	淡水珍珠石斑	冰藏類	新竹	222	145
11	1月10日	1174	珍珠龍膽龍虎斑	冰藏類	台北	277	261
12	1月11日	2073	硬尾	冰藏類	苗栗	220	36

◆04 在 **D2** 儲存格中輸入**冰藏類**文字，在 **G2** 儲存格中輸入 **>80**，這是第一個準則，此準則是要篩選**冰藏類**，且售價大於 80 的資料。

◆05 在 **D3** 儲存格中輸入**養殖類**文字，在 **G3** 儲存格中輸入 **>80**，這是第二個準則，此準則是要篩選**養殖類**，且售價大於 80 的資料。

	A	B	C	D	E	F	G
1	交易日期	品種代碼	魚貨名稱	類別	市場	交易量	平均價
2				冰藏類			>80
3				養殖類			>80
4							
5							
6	交易日期	品種代碼	魚貨名稱	類別	市場	交易量	平均價
7	1月6日	2491	海鱺(沿海)	養殖類	埔心	6	333
8	1月7日	2073	硬尾	冰藏類	台北	4	180
9	1月8日	1171	青斑	冰藏類	台中	482	292
10	1月9日	1172	淡水珍珠石斑	冰藏類	新竹	222	145
11	1月10日	1174	珍珠龍膽龍虎斑	冰藏類	台北	277	261
12	1月11日	2073	硬尾	冰藏類	苗栗	220	36
13	1月12日	2074	巴闐	凍結類	岡山	136	57
14	2月7日	2091	白鯧(凍)	凍結類	埔心	260	320

銷售明細

Example 06 產品銷售數據分析

◆06 準則都設定好後，按下「**資料→排序與篩選→進階**」按鈕，開啟「進階篩選」對話方塊。

◆07 點選**將篩選結果複製到其他地方**選項，在**資料範圍**欄位會自動判斷要篩選的資料範圍，若不正確，請按下🔼按鈕，選取**A6:G500**儲存格，這個範圍是即將被篩選的資料。

◆08 在**準則範圍**欄位中按下🔼按鈕，選取**A1:G3**儲存格，這裡是用來篩選的準則，範圍選擇好後按🔲按鈕，回到「進階篩選」對話方塊中。

◆09 在**複製到**欄位中按下🔼按鈕，選取**I1**儲存格，表示要將篩選的結果從I1儲存格開始存放，範圍選擇好後按🔲按鈕，回到「進階篩選」對話方塊中，按下**確定**按鈕。

◆10 回到工作表後，從 **I1** 儲存格開始，存放被篩選出來的資料，同時找出「冰藏類」及「養殖類」中，平均價大於80元的魚類。

	I	J	K	L	M	N	O
1	交易日期	品種代碼	魚貨名稱	類別	市場	交易量	平均價
2	1月6日	2491	海鱺(沿海)	養殖類	埔心	6	333
3	1月7日	2073	硬尾	冰藏類	台北	4	180
4	1月8日	1171	青斑	冰藏類	台中	482	292
5	1月9日	1172	淡水珍珠石斑	冰藏類	新竹	222	145
6	1月10日	1174	珍珠龍膽龍虎斑	冰藏類	台北	277	261
7	2月10日	2111	長鰭鮪	養殖類	台北	53	186
8	2月11日	1165	黃錫鯛	冰藏類	彰化	172	86
9	3月4日	2143	白北	冰藏類	苗栗	18	324
10	3月7日	2163	花枝	冰藏類	三重	25	210
11	3月8日	2164	透抽	冰藏類	佳里	108	282
12	3月15日	2221	海鰻	養殖類	梓官	46	160
13	3月21日	6050	熟卷	冰藏類	斗南	105	219
14	4月10日	2139	其他旗魚	養殖類	斗南	15	222
15	5月7日	1027	烏鰡	養殖類	台北	653	110
16	5月9日	2411	龍舌	養殖類	新竹	29	309
17	5月10日	2065	火口	冰藏類	埔心	1	299
18	5月11日	2461	長加	冰藏類	台北	51	232
19	5月12日	2481	英哥	養殖類	台中	1	248
20	5月15日	2562	什魚	養殖類	斗南	54	81

銷售明細

6-2 小計的使用

當遇到一份報表中的資料繁雜、互相交錯時，若要從中找到一個種類的資訊，必須使用SUMIF或COUNTIF這類函數才能處理。不過別擔心，Excel提供了小計功能，利用此功能，就會顯示各個種類的基本資訊。

◎ 建立小計

使用小計功能，可以快速計算多列相關資料，例如：加總、平均、最大值或標準差，在進行小計前，**資料必須先經過排序**。

Example 06 產品銷售數據分析

01 先將資料依**魚貨名稱**排序，排序好後，按下「**資料→大綱→小計**」按鈕，開啟「小計」對話方塊，進行小計的設定。

02 在**分組小計欄位**選單中選擇**魚貨名稱**，這是要計算小計時分組的依據；在**使用函數**選單中選擇**加總**，表示要用加總的方法來計算小計資訊；在**新增小計位置**選單中將**交易量**勾選，則會將同一個分組的交易量，顯示為小計的資訊，都設定好後，按下**確定**按鈕，回到工作表中。

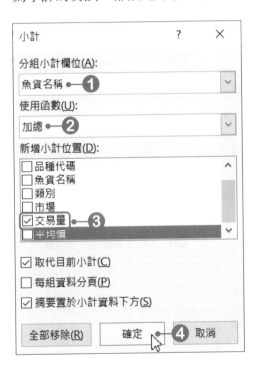

03 回到工作表後，可以看到每一個**魚貨名稱**下，顯示一個小計，而這裡的小計資訊，是將同一魚貨名稱的交易量加總得來的。

	A	B	C	D	E	F	G
1	交易日期	品種代碼	魚貨名稱	類別	市場	交易量	平均價
2	8月17日	2062	三牙	冰藏類	新竹	25	100
3	11月14日	2062	三牙	冰藏類	埔心	15	465
4	11月15日	2062	三牙	冰藏類	梓官	8	333
5	2月6日	2062	三牙	冰藏類	新竹	25	100
6	3月15日	2062	三牙	冰藏類	台北	15	236
7	5月12日	2062	三牙	冰藏類	嘉義	38	414
8	6月28日	2062	三牙	冰藏類	埔心	20	468
9	8月29日	2062	三牙	冰藏類	台北	10	30
10			三牙 合計			156	
11	2月16日	2141	土魠	凍結類	新竹	43	443
12	4月20日	2141	土魠	凍結類	梓官	124	333
13	6月11日	2141	土魠	凍結類	台南	250	500
14	6月13日	2141	土魠	凍結類	埔心	69	330
15	6月13日	2141	土魠	凍結類	桃園	12	300
16	7月16日	2141	土魠	凍結類	三重	12	290
17	8月14日	2141	土魠	凍結類	嘉義	71	381
18			土魠 合計			581	

04 產生小計後，在左邊的大綱結構中列出了各層級的關係，按下 ─ 按鈕，可以隱藏分組的詳細資訊，只顯示每一個分組的小計資訊；若要再展開時，按下 + 按鈕，就可以顯示分組的詳細資訊。

	A	B	C	D	E	F	G
1	交易日期	品種代碼	魚貨名稱	類別	市場	交易量	平均價
10			三牙 合計			156	
18			土魠 合計			581	
24			大頭鰱 合計			618	
32			大鯊 合計			6361	
38			小串仔 合計			1113	
44			什魚 合計			394	
50			勿仔 合計			3275	
51	6月9日	1272	午仔魚(養殖)	養殖類	台北	423	140
52	6月10日	1272	午仔魚(養殖)	養殖類	新營	144	28
53	6月25日	1272	午仔魚(養殖)	養殖類	新營	155	222
54	7月2日	1272	午仔魚(養殖)	養殖類	斗南	404	213
55	9月8日	1272	午仔魚(養殖)	養殖類	苗栗	324	149
56	9月9日	1272	午仔魚(養殖)	養殖類	新竹	241	34
57	11月22日	1272	午仔魚(養殖)	養殖類	台南	60	120

Example 06 產品銷售數據分析

◎ 層級符號的使用

在工作表左邊有個 1 2 3 層級符號鈕，這裡的層級符號鈕是將資料分成三個層級，經由點按這些符號鈕，便可變更所顯示的層級資料。

按下 **1** 只會顯示總計資料；按下 **2** 會顯示各魚貨的小計資料；按下 **3** 則會顯示完整的資料。

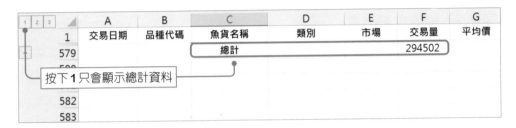

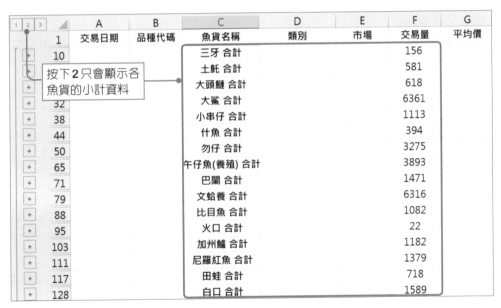

◎ 移除小計

若要移除小計資訊時，按下「**資料→大綱→小計**」按鈕，開啟「小計」對話方塊，按下**全部移除**按鈕即可。

6-3 樞紐分析表的應用

在「產品銷售表」中的流水帳資料，很難看出哪個時期的魚類賣得最好，將資料製作成**樞紐分析表**後，只需拖曳幾個欄位，就能夠將大筆的資料自動分類，同時顯示分類後的小計資訊，而它還可以根據各種不同的需求，隨時改變欄位位置，即時顯示出不同的資訊。

建立樞紐分析表

在「產品銷售表」中，要將魚類各年度的銷售紀錄建立一個樞紐分析表，這樣就可以馬上看到各種相關的重要資訊。

◆01 按下「**插入→表格→樞紐分析表**」按鈕，開啟「建立樞紐分析表」對話方塊。

◆02 Excel會自動選取儲存格所在的表格範圍，請確認範圍是否正確，再點選**新工作表**，將產生的樞紐分析表放置在新的工作表中，都設定好後按下**確定**按鈕。

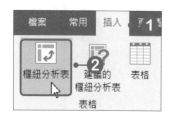

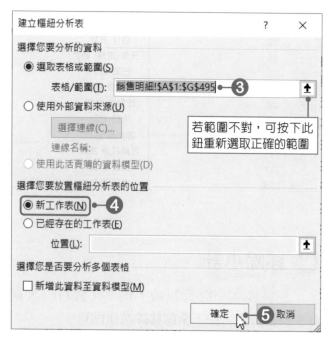

Example 06 產品銷售數據分析

◆03 Excel就會自動新增「**工作表1**」，並於工作表中顯示樞紐分析表的提示，而在工作表的右邊則會有「**樞紐分析表欄位**」工作窗格。Excel會從樞紐分析表的來源範圍，自動分析出欄位，通常是將一整欄的資料當作一個欄位，這些欄位可以在「**樞紐分析表欄位**」窗格中看到。

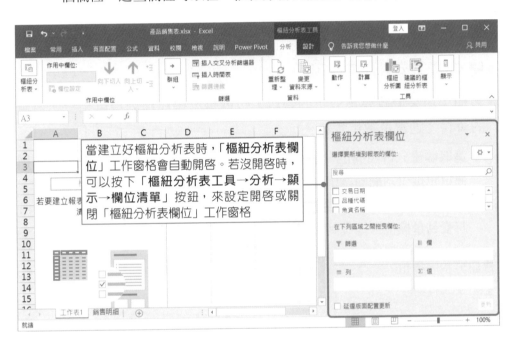

建議的樞紐分析表

若不知該如何建立樞紐分析表時，可以按下「**插入→表格→建議的樞紐分析表**」按鈕，開啟「建議的樞紐分析表」對話方塊，即可選擇Excel所建議的樞紐分析表，直接點選便可立即建立樞紐分析表。

◎ 產生樞紐分析表資料

有了樞紐分析表後，接著就要開始在樞紐分析表中進行版面的配置及加入欄位的動作了。一開始所產生的樞紐分析表都是空白的，因此必須手動加入欄位。

在此範例中，將「市場」加入「篩選」中；將「交易日期」加入「列」中；將「類別」及「魚貨名稱」加入「欄」中；將「交易量」加入「Σ 值」區域中。以下為各區域的說明：

● **篩選：**限制下方的欄位只能顯示指定資料。

● **列：**用來將資料分類的項目。

● **欄：**用來將資料分類的項目。

● **Σ 值：**用來放置要被分析的資料，也就是直欄與橫列項目相交所對應的資料，通常是數值資料。

◆**01** 選取樞紐分析表欄位中**類別**欄位，將它拖曳到**欄**區域中；再將**魚貨名稱**欄位也拖曳到**欄**區域中。

◆**02** 將**市場**欄位，拖曳到**篩選**區域中；將**交易日期**欄位，拖曳到**列**區域中；將**交易量**欄位，拖曳到**Σ 值**區域中。

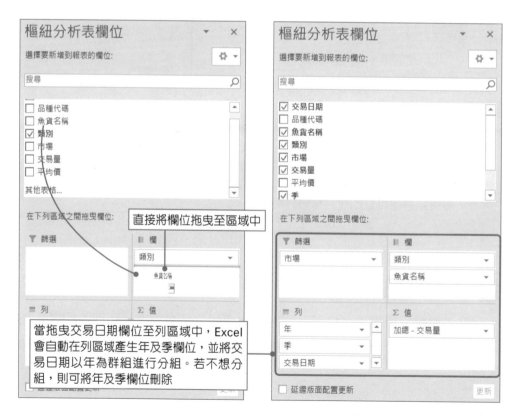

Example 06 產品銷售數據分析

◆03 到這裡，基本樞紐分析表就完成了，從樞紐分析表中可以看出各魚貨的
交易量。

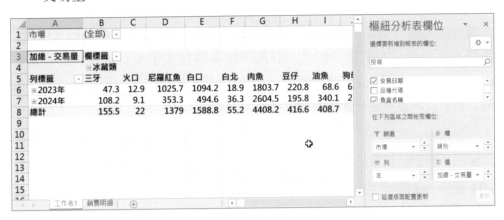

樞紐分析表的各個標籤允許放置多個欄位，但要注意欄位放置的先後順序，會影響
報表顯示的內容。若是順序弄錯了，直接拖曳標籤內的欄位進行順序的調整即可。

要刪除樞紐分析表的欄位，可以用拖曳的方式，將樞紐分析表中不需要的欄位，
再拖曳回「樞紐分析表欄位」中，或者將欄位的勾選取消，也可以直接在欄位上
按一下**滑鼠左鍵**，於選單中選擇**移除欄位**，即可將欄位從區域中移除，而此欄位
的資料也會從工作表中消失。

◆04 樞紐分析表製作好後，在**工作表1**標籤上按下**滑鼠右鍵**，於選單中點選
重新命名，或直接在名稱上**雙擊滑鼠左鍵**，將工作表重新命名，這裡請
輸入**樞紐分析表**，輸入完後按下 **Enter** 鍵，即可完成重新命名的工作。

◎ 隱藏明細資料

雖然樞紐分析表對於資料的分析很有幫助，但有時分析表中過多的欄位反而會使人無所適從，因此必須適時地隱藏暫時不必要出現的欄位。例如：我們方才製作出的樞紐分析表，詳細列出各個類別中所有魚貨的交易量資料。假若現在只想查看各類別間的交易量差異，那麼其下所細分的「魚貨名稱」資料反而就不是分析重點了。

在這樣的情形下，應該將有關「魚貨名稱」的明細資料暫時隱藏起來，只檢視「類別」標籤的資料就可以了。

→ **01** 按下**冰藏類**前的 ⊟ 摺疊鈕，即可將冰藏類下的魚貨名稱的明細資料隱藏起來。

→ **02** 當摺疊起來之後，冰藏類前方的符號就會變成 ⊞，表示其內容已摺疊，只要再次按下 ⊞ 符號，即可再次將其內容展開。

→ **03** 再利用相同方式，即可將其他類別的資料明細隱藏起來。將多餘的資料隱藏後，反而更能馬上比較出各個類別之間的交易量差異。

	A	B	C	D	E	F	G
1	市場	(全部) ▾					
2							
3	加總 - 交易量	欄標籤 ▾					
4		⊟冰藏類					
5	列標籤 ▾	三牙	火口	尼羅紅魚	白口	白北	肉魚
6	⊞2023年	47.3	12.9	1025.7	1094.2	18.9	1803.7
7	⊞2024年	108.2	9.1	353.3	494.6	36.3	2604.5
8	總計	155.5	22	1379	1588.8	55.2	4408.2

	A	B	C	D	E	F
1	市場	(全部) ▾				
2						
3	加總 - 交易量	欄標籤 ▾				
4		⊞冰藏類	⊟凍結類			
5	列標籤 ▾		土魠	大鯊	小串仔	勿仔	巴朗
6	⊞2023年	17940.4	42.6	4204.3	55.7	2361.7	9
7	⊞2024年	94108.2	538.1	2157	77.7	913.5	
8	總計	112048.6	580.7	6361.3	133.4	3275.2	14

Example 06 產品銷售數據分析

◆04 雖然可以透過摺疊按鈕快速展開或摺疊某類別下的魚貨明細資料。但因各類別魚貨眾多，如果要一個一個設定摺疊，恐怕要花上一點時間。如果想要一次隱藏所有「類別」明細資料，將作用儲存格移至類別欄位中，按下「**樞紐分析表工具→分析→作用中欄位→ 摺疊欄位**」按鈕。

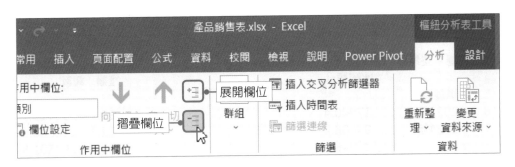

◆05 點選後，所有的魚貨資料都隱藏起來了，這樣是不是節省了很多重複設定的時間呢！

	A	B	C	D	E	F	G
1	市場	(全部) ▽					
2							
3	加總 - 交易量	欄標籤 ▽					
4		⊞冰藏類	⊞凍結類	⊞蝦蟹貝類及其他	⊞養殖類	總計	
5	列標籤 ▽						
6	⊞2023年	17940.4	24095.3	9746.3	43830.7	95612.7	
7	⊞2024年	94108.2	44918.4	5449.5	54412.7	198888.8	
8	總計	112048.6	69013.7	15195.8	98243.4	294501.5	
9							

◎ 資料的篩選

　　樞紐分析表中的每個欄位旁邊都有▽選單鈕，它是用來設定篩選項目的。當按下任何一個欄位的▽選單鈕，從選單中選擇想要顯示的資料項目，即可完成篩選的動作。

　　例如：只要在樞紐分析表中顯示**凍結類**及**養殖類**這兩種魚貨的交易量時，其作法如下：

◆01 按下**欄標籤**的 ▼ 選單鈕，於選單中將**凍結類**及**養殖類**勾選，勾選好後按下**確定**按鈕。

◆02 這樣在樞紐分析表中就只會顯示凍結類及養殖類的資料。

	A	B	C	D	E
1	市場	(全部) ▼			
2					
3	加總 - 交易量	欄標籤 ▼			
4		⊞凍結類	⊞養殖類	總計	
5	列標籤 ▼				
6	⊞2023年	24095.3	43830.7	67926	
7	⊞2024年	44918.4	54412.7	99331.1	
8	總計	69013.7	98243.4	167257.1	
9					

Example 06 產品銷售數據分析

● 移除篩選

若想要再次顯示全部類別的資料，則點選**欄標籤**旁的⊡按鈕，在開啟的選單中點選**清除"類別"的篩選**即可；或是按下「**樞紐分析表工具→分析→動作→清除→清除篩選**」按鈕，即可將樞紐分析表內的篩選設定清除。

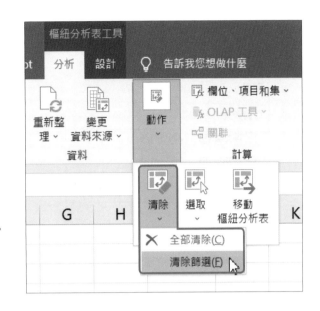

◎ 設定標籤群組

若要看出時間軸與銷售情況的影響，可以將較瑣碎的日期標籤設定群組來進行比較。在樞紐分析表中，除了將一整年的銷售明細逐日列出外，Excel也會自動將日期以年或季或月為群組加總資料，讓我們可以以「年」為單位進行比較。而我們也可以依照需求，自行設定標籤群組的單位。

◆01 選取**交易日期**欄位，按下「**樞紐分析表工具→分析→群組→將欄位組成群組**」按鈕。

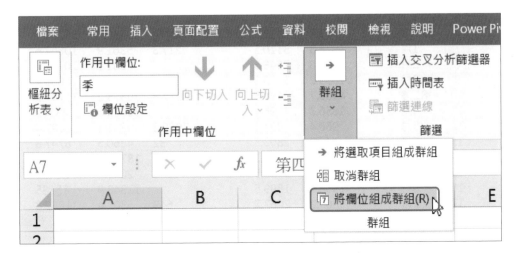

◆02 開啓「群組」對話方塊，設定間距值為「月」及「季」，設定好後按下**確定**按鈕。

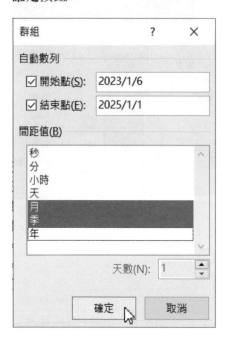

◆03 回到工作表中，**交易日期**便改以「季」及「月」呈現了。

	A	B	C	D	E	F
1	市場	(全部)				
2						
3	加總 - 交易量	欄標籤				
4		⊞冰藏類	⊞凍結類	⊞蝦蟹貝類及其他	⊞養殖類	總計
5	列標籤					
6	⊟第一季	5471.3	14312.7	1470	15530.7	36784.7
7	1月	1978.3	3110.1	217.3	5361.9	10667.6
8	2月	1797.8	7648.8		801.1	10247.7
9	3月	1695.2	3553.8	1252.7	9367.7	15869.4
10	⊟第二季	4368.7	28490.5	8012.8	30875.2	71747.2
11	4月	1856.3	24796.1		16659.6	43312
12	5月	960.4	891.1	7980.8	9855.1	19687.4
13	6月	1552	2803.3	32	4360.5	8747.8
14	⊟第三季	17535.9	9402.2	1880	18741.7	47559.8
15	7月	11736.1	5435.5	1231	2089.4	20492
16	8月	1936.6	1899.5		11348.9	15185
17	9月	3863.2	2067.2	649	5303.4	11882.8

樞紐分析表　銷售明細　⊕

Example 06 產品銷售數據分析

　　如果不想以群組的方式顯示欄位，就選取原本執行群組功能的欄位，按下**滑鼠右鍵**，於選單中點選**取消群組**功能；或是直接按下「**樞紐分析表工具→分析→群組→取消群組**」按鈕，即可一併取消所有的標籤群組。

更新樞紐分析表

　　樞紐分析表是根據來源資料所產生的，所以若來源資料有變動時，樞紐分析表的資料也必須跟著變動，這樣資料才會是正確的。

　　當來源資料有更新時，請按下「**樞紐分析表工具→分析→資料→重新整理**」按鈕，或按下**Alt+F5**快速鍵。若要全部更新的話，按下**重新整理**按鈕的下半部按鈕，於選單中點選**全部重新整理**，或按下**Ctrl+Alt+F5**快速鍵，即可更新樞紐分析表內的資料。

6-4 調整樞紐分析表

樞紐分析表大致上建立完成後，即可開始進行各種資料的調整，讓樞紐分析表更完整。

修改欄位名稱及儲存格格式

建立樞紐分析表時，樞紐分析表內的欄位名稱是自動命名的，但有時這些命名方式並不符合需求，所以這裡要修改欄位名稱，並設定數值格式。

→01 選取 **A3** 儲存格的**加總-交易量**欄位，按下「**樞紐分析表工具→分析→作用中欄位→欄位設定**」按鈕，開啟「值欄位設定...」對話方塊。於**自訂名稱**欄位中輸入**交易數量**文字，名稱輸入好後按下**數值格式**按鈕。

在預設下，使用樞紐分析表時，資料欄位都是用「加總」方式統計，若要使用其他統計方式時，可以在這裡選擇

Example 06 產品銷售數據分析

◆02 開啓「設定儲存格格式」對話方塊，進行數值設定，設定好後按下**確定**按鈕。

◆03 回到「值欄位設定...」對話方塊，按下**確定**按鈕，工作表中的資料名稱「加總-交易量」被修改成「交易數量」，數值也套用了數值格式。

	A	B	C	D	E	F
1	市場	(全部) ▼				
2						
3	交易數量	欄標籤 ▼				
4		⊞ 冰藏類	⊞ 凍結類	⊞ 蝦蟹貝類及其他	⊞ 養殖類	總計
5	列標籤 ▼					
6	⊟ 第一季	5,471	14,313	1,470	15,531	36,785
7	1月	1,978	3,110	217	5,362	10,668

◎ 以百分比顯示資料

雖然原始銷售資料是以數值表示，但在樞紐分析表中，不僅可以呈現數值，還可以將這些數值轉換成百分比格式，如此一來，就可以直接看出這些數值所佔的比例了。

▸01 將作用儲存格移至交易數量儲存格中，按下「**樞紐分析表工具→分析→作用中欄位→欄位設定**」按鈕，開啟「值欄位設定...」對話方塊。

▸02 點選**值的顯示方式**標籤，在**值的顯示方式**選單中，選擇**欄總和百分比**選項，選擇好後按下**確定**按鈕。

▸03 回到工作表後，交易數量便以百分比顯示。

	A	B	C	D	E	F
1	市場	(全部)				
2						
3	交易數量	欄標籤				
4		⊞冰藏類	⊞凍結類	蝦蟹貝類及其他	⊞養殖類	總計
5	列標籤					
6	⊟第一季	4.88%	20.74%	9.67%	15.81%	12.49%
7	1月	1.77%	4.51%	1.43%	5.46%	3.62%
8	2月	1.60%	11.08%	0.00%	0.82%	3.48%
9	3月	1.51%	5.15%	8.24%	9.54%	5.39%

Example 06 產品銷售數據分析

資料排序

在樞紐分析表中，也可以使用**排序**功能，將資料進行排序的動作。

◆01 點選**欄標籤**的選單鈕，於選單中點選**更多排序選項**，開啓「排序(類別)」對話方塊。

◆02 點選**遞減(Z 到 A)方式**，並於選單中選擇**交易數量**，我們要依交易數量來遞減排序廠牌，選擇好後按下**確定按鈕**。

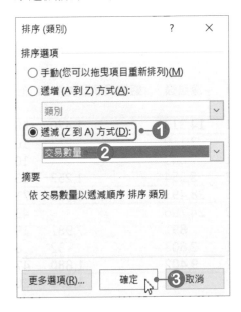

03 魚貨的分類就會以整年度的交易量，由多至少排序。從樞紐分析表中，可以看出「冰藏類」是年度交易量最高的。

	A	B	C	D	E	F
1	市場	(全部) ▾				
2						
3	交易數量	欄標籤 ▾↓				
4		⊞冰藏類	⊞養殖類	⊞凍結類	⊞蝦蟹貝類及其他	總計
5	列標籤 ▾					
6	⊟第一季	5,471	15,531	14,313	1,470	36,785
7	1月	1,978	5,362	3,110	217	10,668
8	2月	1,798	801	7,649		10,248
9	3月	1,695	9,368	3,554	1,253	15,869
10	⊟第二季	4,369	30,875	28,491	8,013	71,747
11	4月	1,856	16,660	24,796		43,312
12	5月	960	9,855	891	7,981	19,687
13	6月	1,552	4,361	2,803	32	8,748
14	⊟第三季	17,536	18,742	9,402	1,880	47,560

◎ 小計

列欄位或欄欄位中，如果同時存在兩個以上的分類，則比較大的分類，可以將其下次分類的資料，統計為一個新的「小計」資訊。在建立樞紐分析表時，就已經將交易日期群組成每季及每月，並計算出每一季的單季總和，這就是「小計」功能。

3	交易數量	欄標籤 ▾↓				
4		⊞冰藏類	⊞養殖類	⊞凍結類	⊞蝦蟹貝類及其他	總計
5	列標籤 ▾					
6	⊟第一季	5,471	15,531	14,313	1,470	36,785
7	1月	1,978	5,362	3,110	217	10,668
8	2月	1,798	801	7,649		10,248
9	3月	1,695	9,368	3,554	1,253	15,869
10	⊟第二季	4,369	30,875	28,491	8,013	71,747
11	4月	1,856	16,660	24,796		43,312
12	5月	960	9,855	891	7,981	19,687
13	6月	1,552	4,361	2,803	32	8,748
14	⊟第三季	17,536	18,742	9,402	1,880	47,560
15	7月	11,736	2,089	5,436	1,231	20,492

Example 06 產品銷售數據分析

若不想要出現小計時，可以點選**列標籤**中的**第一季**，按下「**樞紐分析表工具→分析→作用中欄位→欄位設定**」按鈕，開啟「欄位設定」對話方塊，點選**無**選項，即可取消小計功能。

若不顯示小計，那麼每一季的分類標籤中，就不會顯示單季交易的加總小計。

	A	B	C	D	E	F
1	市場	(全部) ▾				
2						
3	交易數量	欄標籤 ↓				
4		⊞ 冰藏類	⊞ 養殖類	⊞ 凍結類	⊞ 蝦蟹貝類及其他	總計
5	列標籤 ▾					
6	⊟ 第一季					
7	1月	1,978	5,362	3,110	217	10,668
8	2月	1,798	801	7,649		10,248
9	3月	1,695	9,368	3,554	1,253	15,869
10	⊟ 第二季					
11	4月	1,856	16,660	24,796		43,312
12	5月	960	9,855	891	7,981	19,687
13	6月	1,552	4,361	2,803	32	8,748

設定樞紐分析表選項

在樞紐分析表的最右側和最下方，總有個「總計」欄位，這是自動產生的，用來顯示每一欄和每一列加總的結果，如果不需要這兩個部分，要如何修改？另外，樞紐分析表中空白的部分表示沒有資料，不妨加上一個破折號，或是說明文字，表示該欄位有資料。以上這些需求，都可以在「**樞紐分析表選項**」中修改。

◆01 按下「**樞紐分析表工具→分析→樞紐分析表→選項**」按鈕，開啟「樞紐分析表選項」對話方塊，點選**版面配置與格式**標籤，勾選**若為空白儲存格，顯示**選項，在欄位裡輸入「**無資料**」文字。

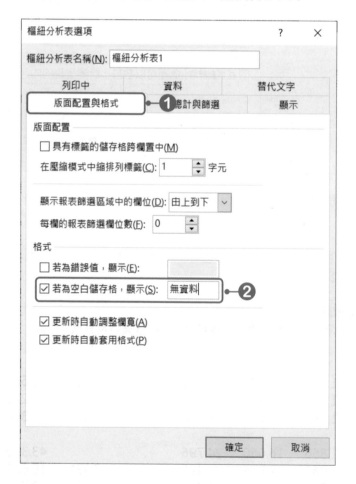

Example 06 產品銷售數據分析

◆02 點選**總計與篩選**標籤，在總計選項中即可自行勾選要不要顯示列或欄的
總計資料，設定好後按下**確定**按鈕。

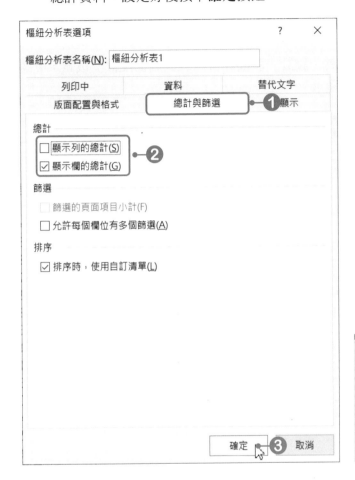

> 要開啓或關閉總計資料
> 時，也可以按下「**樞紐**
> **分析表工具→設計→版**
> **面配置→總計**」按鈕，
> 選擇要開啓或關閉，或
> 只開啓列或欄的總計。

◆03 回到工作表後，沒有資料的欄位就會加上「無資料」文字，而列的總計
也不會顯示於樞紐分析表中。

	A	B	C	D	E	F	G	H	I	J	K
1	市場	(全部)									
2											
3	交易數量	欄標籤			⊟蝦蟹貝類及其他						蝦蟹貝類及其他 合計
4		⊞冰藏類	⊞養殖類	⊞凍結類	文蛤養	白蝦	牡蠣養	其他蝦類	草蝦養	蝦仁	
5	列標籤										
6	⊟第一季										
7	1月	1,978	5,362	3,110	無資料	217	無資料	無資料	無資料	無資料	217
8	2月	1,798	801	7,649	無資料	無資料	無資料	無資料	無資料	無資料	無資料
9	3月	1,695	9,368	3,554		175	408	264	無資料	406	1,253
10	⊟第二季										
11	4月	1,856	16,660	24,796	無資料	無資料	無資料	無資料	無資料	無資料	無資料
12	5月	960	9,855	891	5,162	4	2,648		10	156	7,981
13	6月	1,552	4,361	2,803	無資料	無資料	無資料	32	無資料		32

變更報表版面配置

完成了樞紐分析表後，還可以至「**樞紐分析表工具→設計→版面配置**」群組中，設定報表的版面配置，或是選擇是否要呈現小計及總計資訊。

▶01 按下「**樞紐分析表工具→設計→版面配置→報表版面配置**」按鈕，於選單中點選**以列表方式顯示**。

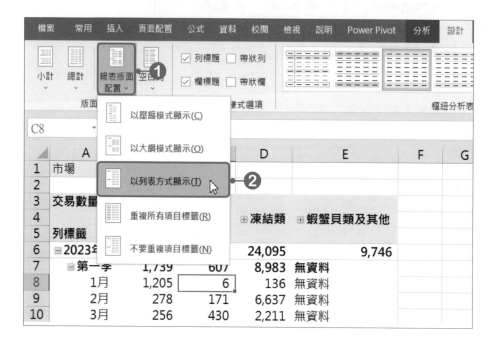

▶02 按下「**樞紐分析表工具→設計→版面配置→空白列**」按鈕，於選單中點選**每一項之後插入空白行**。

Example 06 產品銷售數據分析

◆03 樞紐分析表就會以列表方式顯示，並在每一季加總後加入一列空白列。

	A	B	C	D	E	F	G
1	市場	(全部) ▾					
2							
3	交易數量			類別 ↓	魚貨名稱 ▾		
4				⊞ 冰藏類	⊞ 養殖類	⊞ 凍結類	⊞ 蝦蟹貝類及其他
5	年 ▾	季 ▾	交易日期 ▾				
6	⊟ 2023年	⊟ 第一季	1月	1,205	6	136	無資料
7			2月	278	171	6,637	無資料
8			3月	256	430	2,211	無資料
9		第一季 合計		1,739	607	8,983	無資料
10							
11		⊟ 第二季	4月	906	2,257	2,858	無資料
12			5月	52	7,700	無資料	4,788
13			6月	1,202	2,212	139	無資料
14		第二季 合計		2,160	12,169	2,997	4,788
15							
16		⊟ 第三季	7月	8,087	1,572	4,860	1,231

套用樞紐分析表樣式

Excel 提供了樞紐分析表樣式，讓我們可以直接套用於樞紐分析表中，而不必自行設定樞紐分析表的格式。

◆01 進入「**樞紐分析表工具→設計→樞紐分析表樣式**」群組中，即可在其中點選想要使用的樣式。

◆02 樣式選擇好後，將「**樞紐分析表工具→設計→樞紐分析表樣式選項**」群組中的**帶狀列**勾選。

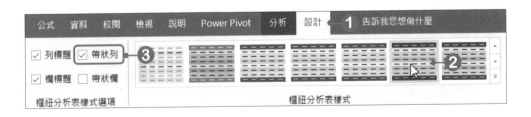

◆03 點選後便會套用於樞紐分析表中。

	A	B	C	D	E	F	G
1	市場	(全部)					
2							
3	交易數量			類別	魚貨名稱		
4				⊞冰藏類	⊞養殖類	⊞凍結類	⊞蝦蟹貝類及其他
5	年	季	交易日期				
6	⊟2023年	⊟第一季 1月		1,205	6	136	無資料
7		2月		278	171	6,637	無資料
8		3月		256	430	2,211	無資料
9		第一季 合計		1,739	607	8,983	無資料
10							
11		⊟第二季 4月		906	2,257	2,858	無資料
12		5月		52	7,700	無資料	4,788
13		6月		1,202	2,212	139	無資料
14		第二季 合計		2,160	12,169	2,997	4,788
15							
16		⊟第三季 7月		8,087	1,572	4,860	1,231
17		8月		1,604	1,698	555	無資料

6-5 交叉分析篩選器

使用「交叉分析篩選器」可以將樞紐分析表內的資料做更進一步的交叉分析，例如：

● 想要知道「2024年第一季」各類別的交易量為何？

● 想要知道「2024年」的「凍結類」及「養殖類」在「第二季」的交易量為何？

此時，便可使用「交叉分析篩選器」來快速統計出想要的資料。

◎ 插入交叉分析篩選器

◆01 按下「**樞紐分析表工具→分析→篩選→插入交叉分析篩選器**」按鈕，開啟「插入交叉分析篩選器」對話方塊。

◆02 選擇要分析的欄位，這裡請勾選**類別**、**年**及**季**等欄位，勾選好後按下**確定**按鈕，回到工作表後，便會出現所選擇的交叉分析篩選器。

Example 06 產品銷售數據分析

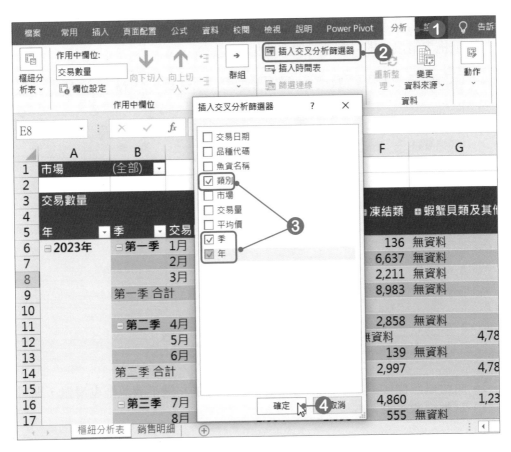

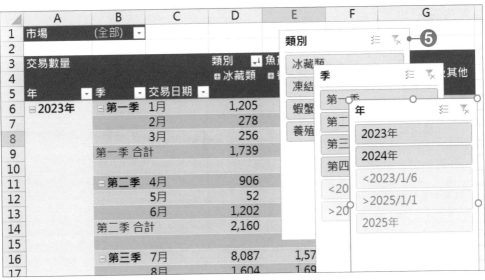

03 交叉分析篩選器加入後，將滑鼠游標移至篩選器上，按下**滑鼠左鍵**不放並拖曳滑鼠，即可調整篩選器的位置。

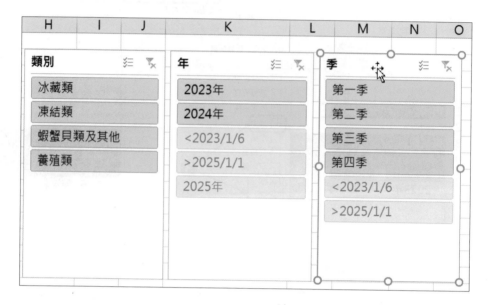

04 將滑鼠游標移至篩選器的邊框上，按下**滑鼠左鍵**不放並拖曳滑鼠，即可調整篩選器的大小。

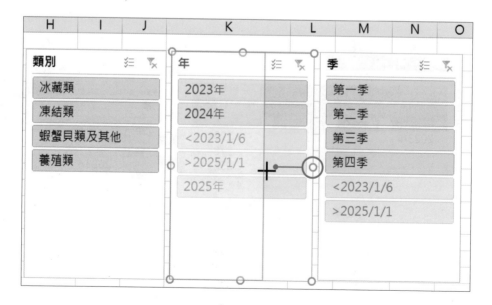

Example 06 產品銷售數據分析

◆05 篩選器位置調整好後，接下來就可以進行交叉分析的動作了，首先，我
們想要知道「2024年第一季各類別的交易量爲何？」。此時，只要在**年**
篩選器上點選**2024年**；在**季**篩選器上點選**第一季**。經過交叉分析後，便
可立即知道「2024年第一季」各類別的交易量。

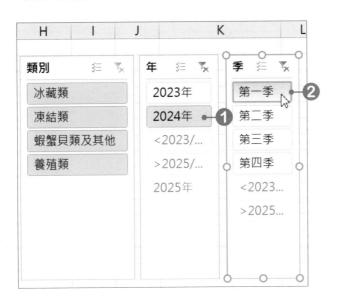

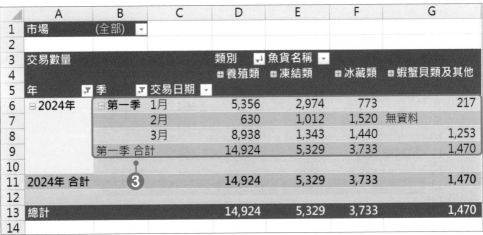

若要清除篩選器上的篩選結果，可以按下篩選器右上角的 ▼ 按鈕，或按下 **Alt+C**
快速鍵，即可清除篩選，而恢復成選取每個資料項。

06 接著想要知道「2024年的凍結類及養殖類在第二季的交易量為何？」。此時，只要在**年**篩選器上點選**2024年**，在**季**篩選器上點選**第二季**，在**類別**篩選器上點選**凍結類**及**養殖類**，即可看到分析結果。

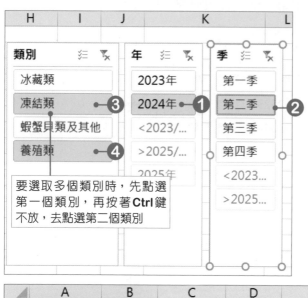

要選取多個類別時，先點選第一個類別，再按著 **Ctrl** 鍵不放，去點選第二個類別

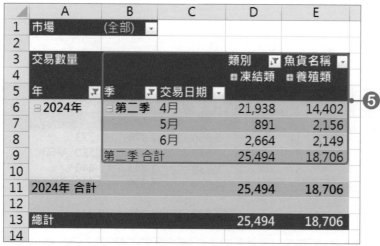

美化交叉分析篩選器

要美化交叉分析篩選器時，先選取要更換樣式的交叉分析篩選器，進入「**交叉分析篩選器工具→選項→交叉分析篩選器樣式**」群組中，於選單中選擇要套用的樣式，即可立即更換樣式。

Example 06 產品銷售數據分析

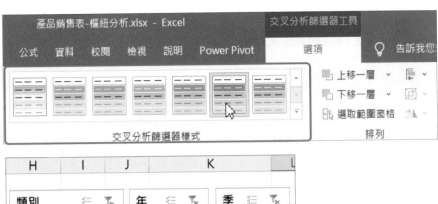

除了更換樣式外，還可以進行欄位數的設定，選取要設定的交叉分析篩選器，在「**交叉分析篩選器工具→選項→按鈕→欄**」中，輸入要設定的欄數，即可調整交叉分析篩選器的欄位數。

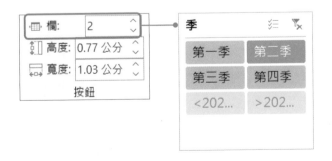

◎ 移除交叉分析篩選器

若不需要交叉分析篩選器時，可以點選交叉分析篩選器後，再按下鍵盤上的**Delete**鍵，即可刪除；或是在交叉分析篩選器上，按下**滑鼠右鍵**，於選單中點選**移除**選項。

6-6 製作樞紐分析圖

將樞紐分析表的概念延伸，使用拖曳欄位的方式，也可以產生樞紐分析圖。

建立樞紐分析圖

建立樞紐分析圖時，可以依以下步驟進行。

◆01 按下「**樞紐分析表工具→分析→工具→樞紐分析圖**」按鈕，開啟「插入圖表」對話方塊，選擇要使用的圖表類型，按下**確定**按鈕。

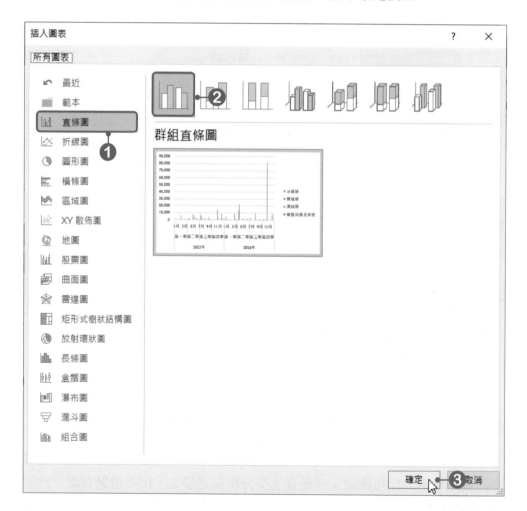

Example 06 產品銷售數據分析

◆02 在工作表中就會產生樞紐分析圖。

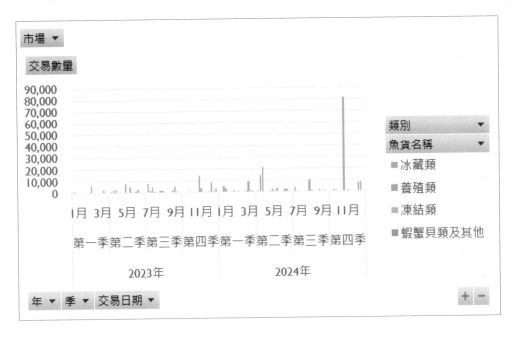

◆03 按下「**樞紐分析圖工具→設計→位置→移動圖表**」按鈕，開啓「移動圖表」對話方塊。

◆04 點選**新工作表**，並將工作表命名爲「**樞紐分析圖**」，設定好後按下**確定**按鈕，即可將樞紐分析圖移至新的工作表中。

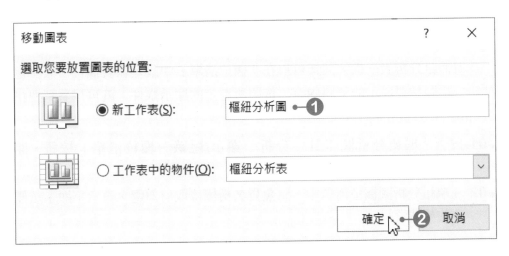

05 在「**樞紐分析圖工具→設計**」索引標籤中，可以設定變更圖表類型、設定圖表的版面配置、更換圖表的樣式等。

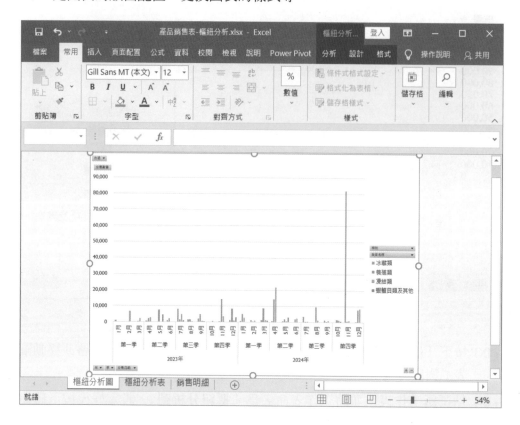

設定樞紐分析圖顯示資料

與樞紐分析表一樣，同樣可以在「**欄位清單**」中設定報表欄位，來決定樞紐分析圖想要顯示的資料內容。依照所選定的顯示條件，就可以看到樞紐分析圖的多樣變化喔！

01 按下「**樞紐分析圖工具→分析→顯示/隱藏→欄位清單**」按鈕，開啟「**樞紐分析圖欄位**」工作窗格。

02 在樞紐分析圖欄位清單中，將**魚貨名稱**欄位取消勾選，表示不顯示該欄位的相關資訊。

Example 06 產品銷售數據分析

◆03 在樞紐分析圖中，按下**年**欄位按鈕，只勾選**2024年**，勾選好後按下**確定**按鈕；按下**季**欄位按鈕，只勾選**第一季**及**第二季**。

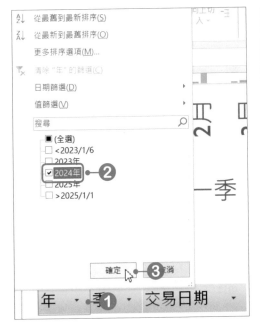

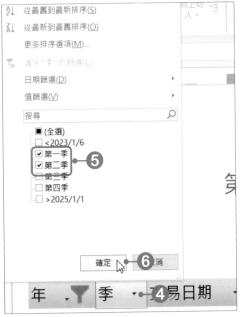

04 按下「**類別**」欄位按鈕，只勾選**冰藏類**及**凍結類**，勾選好後按下**確定**按鈕；最後樞紐分析圖就只會顯示2024年第一季及第二季的冰藏類及凍結類的內容。

05 最後再看看要在圖表中加入些什麼項目，讓統計圖更為完整。

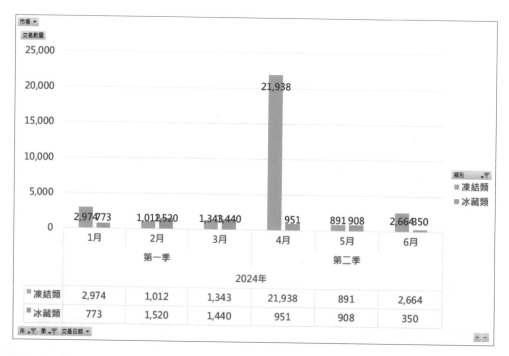

	1月	2月	3月	4月	5月	6月
■ 凍結類	2,974	1,012	1,343	21,938	891	2,664
■ 冰藏類	773	1,520	1,440	951	908	350

Example 06 產品銷售數據分析

◆06 在圖表中顯示了各種欄位按鈕，若要隱藏這些欄位按鈕時，可以按下「**樞紐分析圖工具→分析→顯示/隱藏→欄位按鈕**」按鈕，即可將圖表中的欄位按鈕全部隱藏；或是按下**欄位按鈕**選單鈕，直接點選要隱藏或顯示的欄位按鈕。

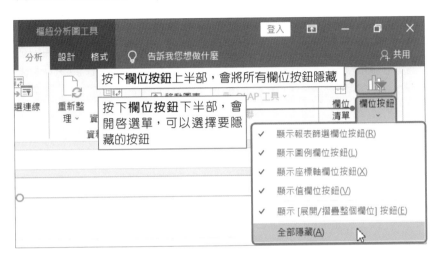

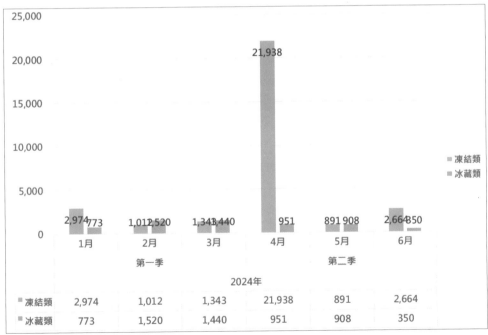

在樞紐分析圖上進行篩選的設定時，這些設定也會反應到它所根據的樞紐分析表中。

● 選擇題

( )1. 在Excel中，輸入篩選準則時，以下哪個符號可以代表一串連續的文字？(A)「*」 (B)「?」 (C)「/」 (D)「+」。

( )2. 在Excel中，以下對篩選的敘述何者是對的？(A)執行「篩選」功能後，除了留下來的資料，其餘資料都會被刪除 (B)利用欄位旁的 ▾ 按鈕做篩選，稱作「進階篩選」 (C)要進行篩選動作時，可執行「資料→排序與篩選→篩選」功能 (D)設計篩選準則時，不需要任何標題。

( )3. 關於Excel的樞紐分析表，下列敘述何者正確？(A)樞紐分析表上的欄位一旦拖曳確定，就不能再改變 (B)欄欄位與列欄位上的分類項目，是「標籤」；資料欄位上的數值，是「資料」 (C)欄欄位和列欄位的分類標籤，交會所對應的數值資料，是放在分頁欄位 (D)樞紐分析圖上的欄位，是固定不能改變的。

( )4. 在Excel中，使用下列哪一個功能，可以將數值或日期欄位，按照一定的間距分類？(A)分頁顯示 (B)小計 (C)排序 (D)群組。

( )5. 關於Excel的樞紐分析表中的「群組」功能設定，下列敘述何者不正確？(A)文字資料的群組功能必須自行選擇與設定 (B)日期資料的群組間距值，可依年、季、月、天、小時、分、秒 (C)數值資料的群組間距值，可為「開始點」與「結束點」之間任何數值資料範圍 (D)只有數值、日期型態資料才能執行群組功能。

( )6. 在樞紐分析表中可以進行以下哪項設定？(A)排序 (B)篩選 (C)移動樞紐分析表 (D)以上皆可。

( )7. 在Excel中，要在資料清單同一類中插入小計統計數之前，要先將資料清單進行下列何種動作？(A)存檔 (B)排序 (C)平均 (D)加總。

( )8. 在Excel中，若排序範圍僅需部分儲存格，則排序前的操作動作為下列何者？(A)將作用儲存格移入所需範圍 (B)移至空白儲存格 (C)選取所需排序資料範圍 (D)排序時會自動處理，不須有前置操作動作。

● **實作題**

1. 開啟「Example06→拍賣交易紀錄.xlsx」檔案，進行以下設定。
   ● 分別找出商品名稱包含「場刊」的所有拍賣紀錄。

	A 拍賣編號	B 商品名稱	C 結標日	D 得標價格	E 賣家代號	F 賣家姓名
15	53721737	Kyo to Kyo2024場刊	4月29日	¥500	ki	堀口
23	53535956	2024夏Con場刊	5月6日	¥1,000	e11a	木下
24	53767981	2024春Con場刊	5月6日	¥900	doraa	小林
26	e24909593	2024春Con場刊	5月8日	¥1,300	basara	倉家
29	e25058192	2024夏Con場刊	5月10日	¥1,000	nazu	白岩
30	c36126932	2024年場刊	5月10日	¥630	blue	秋山
33	e24935032	Kyo to Kyo場刊2冊	5月10日	¥5,750	satoko	笠原
35	53570356	新宿少年偵探團場刊	5月15日	¥510	yamato	大和
37	54735835	Stand by me場刊	5月17日	¥8,250	yunrun	成田
39	e25533571	Johnnys祭場刊	5月18日	¥1,400	sam	鮫島

   ● 找出得標價格前5名的拍賣紀錄。

	A 拍賣編號	B 商品名稱	C 結標日	D 得標價格	E 賣家代號	F 賣家姓名
17	53734100	Jr.時代雜誌內頁47頁	5月1日	¥3,200	HINA	平木
22	d30567193	雜誌內頁240頁	5月4日	¥3,600	satoko	笠原
28	e25018091	會報1～13	5月9日	¥3,300	michi	後藤
33	e24935032	Kyo to Kyo場刊2冊	5月10日	¥5,750	satoko	笠原
37	54735835	Stand by me場刊	5月17日	¥8,250	yunrun	成田

2. 開啟「Example06→各分店冷氣銷售明細.xlsx」檔案，利用「小計」功能，進行以下設定。
   ● 哪一個分店的銷售業績最好。

	A 分店名稱	B 品名	C 售價	D 數量	E 業績
8	永和 合計				$209,210
15	桃園 合計				$190,710
21	景美 合計				$146,340
27	楊梅 合計				$167,420
28	總計				$713,680

● 找出哪一台冷氣賣出的數量最多。

1 2 3		A	B	C	D	E
	1	分店名稱	品名	售價	數量	業績
+	15		西屋側吹式冷氣 合計		5	
+	17		西屋側吹窗型冷氣 合計		5	
+	21		惠而浦窗型冷氣 合計		15	
+	24		普騰一對一分離式冷氣 合計		5	
+	26		普騰左側吹窗型冷氣 合計		1	
+	28		普騰窗型冷氣 合計		7	
+	31		聲寶一對二分離式冷氣 合計		2	
+	35		聲寶窗型冷氣 合計		17	
−	36		總計		76	

3. 開啟「Example06→水果上價行情.xlsx」檔案，進行以下設定。

● 將水果的行情資料做成樞紐分析表，版面配置請參考下圖。

● 將「列標籤」的日期欄位設定為以「每7天」為一個群組顯示。

● 將「值」欄位的數值格式設定為「貨幣、小數位2位」。

● 將沒有資料的欄位加入「無資料」文字。

	A	B	C	D	E	F	G	H	I
1	市場	(全部)							
2									
3	加總 - 上價	欄標籤							
4	列標籤	小蕃茄	木瓜	水蜜桃	火龍果	甘蔗	西瓜	李	芒果
5	2024/4/30 - 2024/5/6	無資料	$46.80	無資料	$108.40	$17.00	無資料	$68.30	無資料
6	2024/5/7 - 2024/5/13	$770.50	$278.80	$3,492.30	$581.10	$72.00	$652.60	$237.00	$2,428.60
7	總計	$770.50	$325.60	$3,492.30	$689.50	$89.00	$652.60	$305.30	$2,428.60

零用金帳簿

範例檔案

Example07→零用金帳簿.xlsx

Example07→零用金帳簿-資料.xlsx

Example07→零用金帳簿-合併彙算.xlsx

結果檔案

Example07→零用金帳簿-空白.xlsx

Example07→零用金帳簿-合併彙算-OK.xlsx

日常生活中的每一天，總是會有各種名目的支出，將這些支出詳細記錄下來，可以了解自己的消費狀況，並有效的控制預算，所以接下來的這個範例，就來學習如何使用 Excel，幫助我們建立生活中的日記帳，讓每一天的流水帳都能夠清清楚楚、一目了然。

IF、OR、MONTH、DATE 函數　　資料驗證　　DAY、EDATE、DATE 函數

2024	年	3	月份零用金帳簿				
零用錢金額					$10,000		
本月餘額					$737		

當月天數
31

訊息通知
零用金快見底了！請省著點用！

IF 函數

月	日	星期	類別	內容・細項	收入	支出	結餘
3	1	週五	食	早餐		$55	$9,945
3	4	週一	住	租金		$2,500	$7,445
3	6	週三	行	捷運定期票		$1,280	$6,165
3	10	週日	食	好朋友聚餐費		$800	$5,365
3	12	週二	行	UBER		$150	$5,215
3	15	週五	樂	兒童樂園		$300	$4,915
3	16	週六	衣	碎花裙		$599	$4,316
3	19	週二	衣	口罩一百片		$250	$4,066
3	20	週三	食	午餐		$80	$3,986
3	21	週四	食	三媽臭臭鍋		$140	$3,846
3	22	週五	衣	酒精		$40	$3,806
3	23	週六	育	線上教學費用		$2,500	$1,306
3	25	週一	食	全聯採購		$569	$737
		本月合計			$0	$9,263	$737

各類別消費金額統計	
食	$1,644
衣	$889
住	$2,500
行	$1,430
育	$2,500
樂	$300

SUMIF 函數

AND 函數

IF、OR、TEXT、DATE 函數

類別	總金額
食	$2,451
衣	$2,587
住	$5,000
行	$5,325
育	$4,520
樂	$5,580

立體圓形圖

合併彙算

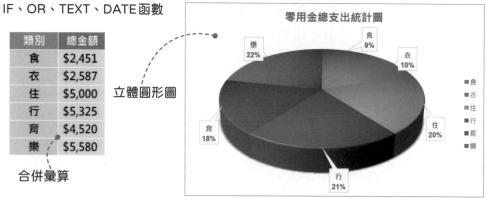

零用金總支出統計圖

食 9%
衣 10%
住 20%
行 21%
育 18%
樂 22%

■食　■衣　■住　■行　■育　■樂

Example 07 零用金帳簿

7-1 自動顯示天數、月份及星期

用DAY及EDATE、DATE函數自動顯示當月天數

在「零用金帳簿」範例中，希望**當月天數**欄位中的資料會依據所輸入的年份及月份，自動顯示當月有幾天。這裡會使用到**DAY**、**EDATE**及**DATE**等函數，分別說明如下。

DAY

說明	取出某一特定日期的日期
語法	**DAY(Serial_number)**
引數	◆ Serial_number：為要尋找的日期。

EDATE

說明	傳回自起算日期算起幾個月後（前）的日期值，會自動跨年及判斷月份的天數
語法	**EDATE(Start_date, Months)**
引數	◆ Start_date：開始日期。 ◆ Months：開始日期之前或之後的月份數，可以是正值或負值。一個月的正值表示將來的日期，負值表示過去的日期。

DATE

說明	將數值資料轉變成日期資料
語法	**DATE(Year,Month,Day)**
引數	◆ Year：代表年份的數字，可以包含1到4位數。 ◆ Month：代表全年1月至12月的數字，如果該引數大於12，則會將該月數加到指定年份的第1個月份上；若引數小於1，則會從指定年份的第1個月減去該月數加1。 ◆ Day：代表整個月1到31日的數字，如果該引數大於指定月份的天數，則會將天數加到該月份的第1天；若引數小於1，則會從指定月份第1天減去該天數加1。

了解各函數的用法後，接著就開始進行當月天數的設定。

▸01 選取 **H3** 儲存格，按下「**公式→函數庫→日期和時間**」按鈕，於選單中點選 **DAY** 函數。

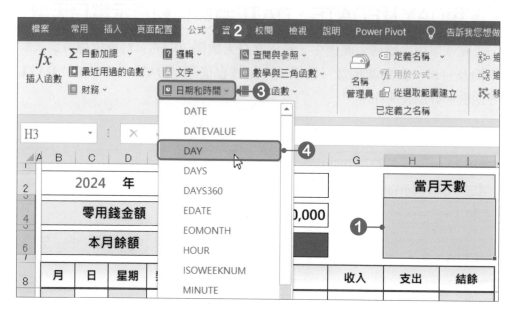

▸02 在引數 (Serial_number) 中，輸入 **(EDATE(DATE(B2,E2,1),1)-1)** 公式，輸入好後按下**確定**按鈕。

Example 07 零用金帳簿

03 回到工作表後，H3儲存格就會依據B2儲存格的年份及E2儲存格的月份，來判斷天數，並顯示於儲存格中。

04 再試著輸入其他月份看看，當月天數是否會自動更新。

自動重算公式，更新運算結果

在預設下，Excel會自動重新計算儲存格內的公式，並更新公式計算的結果，若發現公式建立好，而且公式也沒有輸入錯誤，但是作用儲存格中沒有自動更新計算結果時，可以先檢查**重新計算**功能是不是被設定成**手動**模式了。按下「**公式→計算→計算選項**」按鈕，於選單中選擇要使用的選項。

若要直接更改預設的計算選項，可以按下「**檔案→選項**」功能，開啟「Excel選項」對話方塊，點選**公式**標籤，在「計算選項」中就可以設定Excel的計算選項預設值。

ⓒ 用IF、OR、MONTH、DATE函數自動顯示月份

在「零用金帳簿」範例中，希望**月份**欄位內的資料會依據所輸入的年份、月份與日期來顯示，所以必須先判斷這些儲存格中是否有輸入資料，若有輸入資料，再從這些資料中取出月份，並顯示於儲存格中。

這裡會使用到**IF**、**OR**、**MONTH**、**DATE**等函數，分別說明如下。

◑ IF

說明	根據判斷條件真假，傳回指定的結果
語法	**IF(Logical_test,Value_if_true,Value_if_false,...)**
引數	◆ Logical_test：用來輸入判斷條件，所以必須是能回覆True或False的邏輯運算式。 ◆ Value_if_true：當判斷條件傳回True時，所必須執行的結果。如果是文字，則會顯示該文字；如果是運算式，則顯示該運算式的執行結果。 ◆ Value_if_false：當判斷條件傳回False時，所必須執行的結果。如果是文字，則會顯示該文字；如果是運算式，則顯示該運算式的執行結果。

◑ OR

說明	只要其中一個判斷條件成立，就傳回「真」
語法	**OR(Logical1,Logical2,...)**
引數	◆ Logical1,Logical2,...：該值為想要測試其結果為True或False的條件。

◑ MONTH

說明	取出日期資料中的月份
語法	**MONTH(Serial_number)**
引數	◆ Serial_number：代表日期的數字。

了解各種函數的用法後，接著就開始進行月份資料的設定。

◆01 選取**B9**儲存格，按下「**公式→函數庫→邏輯**」按鈕，於選單中點選**IF**函數。

Example 07 零用金帳簿

02 在第1個引數(Logical_test)中，要先判斷「**年份(B2)或月份(E2) 或日期(C9)**」等儲存格，是否有輸入資料，所以請在欄位中輸入 **OR($B$2="",$E$2="",C9="")**。

03 在第2個引數(Value_if_true)欄位中，輸入「**""**」，表示若「年份(B2)或 月份(E2)或日期(C9)」等儲存格沒有輸入資料，則**B9**儲存格就不顯示 任何內容。

04 在第3個引數(Value_if_false)欄位中，輸入「**MONTH(DATE($B$2, $E$2,1))**」，表示若「年份(B2)或月份(E2)或日期(C9)」等儲存格都有 輸入資料時，則先利用DATE函數將**B2**及**E2**儲存格內的資料轉換為日 期，再使用MONTH函數取出該日期中的月份，並顯示於**B9**儲存格。

函數引數	? ✕
IF	
Logical_test	OR($B$2="",$E$2="",C9="") ↑ = TRUE
Value_if_true	"" ↑ = ""
Value_if_false	MONTH(DATE($B$2,$E$2,1)) ↑ = 1
	= ""

檢查是否符合某一條件，且若為 TRUE 則傳回某值，為 FALSE 則傳回另一值

　　　Value_if_false 為 Logical_test 等於 FALSE 時所傳回的值。若省略則傳回 FALSE。

計算結果 =

函數說明(H)　　　　　　　　　　　　　　　　　　　　　確定　　取消

05 函數設定好後按下**確定**按鈕，完成公式的設定。接著將滑鼠游標移至**B9** 儲存格的**填滿控點**，將公式複製到**B10:B31**儲存格。

月	日	星期	類別	內容・細項	收入	支出

06 點選 按鈕，於選單中點選**填滿但不填入格式**選項，這樣表格的格式才不會被破壞。

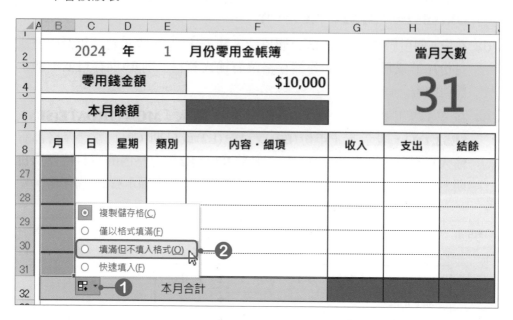

07 公式複製完成後，在 **C9** 儲存格，輸入一個日期，**B9** 儲存格就會自動顯示月份。

於儲存格中輸入日期後，月份就會自動顯示；沒輸入日期時，月份則不會顯示任何資料

Example 07 零用金帳簿

用IF、OR、TEXT、DATE函數自動顯示星期

在星期欄位中，也是要依據所輸入的年份、月份與日期來顯示，所以必須先判斷這些儲存格中是否有輸入資料，若有輸入資料，再從這些資料中判斷出該日期的星期，並顯示於儲存格中。

在此範例中會使用到**IF**、**OR**、**TEXT**、**DATE**等函數，其中IF、OR、DATE函數前面都介紹過了，就不再介紹。這裡要利用TEXT函數求得星期，使用TEXT函數時，可以將數值轉換成各種文字形式，且可以使用特殊格式字串來指定顯示的格式。

說明	依照特定的格式將數值轉換成各種文字形式
語法	**TEXT(Value,format_text)**
引數	◆ Value：一個值，可以是數值或是一個參照到含有數值資料的儲存格位址。 ◆ format_text：一個以雙引號括住並格式化為文字字串的數值。

◆**01** 選取 **D9** 儲存格，按下「**公式→函數庫→邏輯**」按鈕，於選單中點選 **IF** 函數。

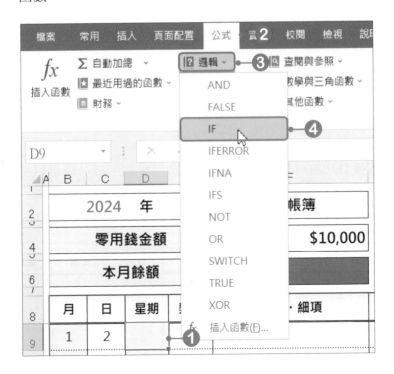

◆02 在第1個引數(Logical_test)中，要先判斷「月份(B9)及日期(C9)」等儲存格是否有輸入資料，所以請輸入「**OR(B9="",C9="")**」。

◆03 在第2個引數(Value_if_true)中，輸入「**""**」，表示若「月份(B9)或日期(C9)」等儲存格沒有輸入資料，則該儲存格就不顯示任何內容。

◆04 在第3個引數(Value_if_false)中，輸入「**TEXT(DATE($B$2,B9,C9),"aaa")**」，表示若「年份(B2)、月份(B9)、日期(C9)」等儲存格都有輸入資料時，則先利用**DATE**函數將**B2**、**B9**與**C9**儲存格內的資料轉換為日期，再使用**TEXT**函數求得星期，並顯示於**D9**儲存格。

◆05 都設定好後按下**確定**按鈕，即可完成IF函數的建立。

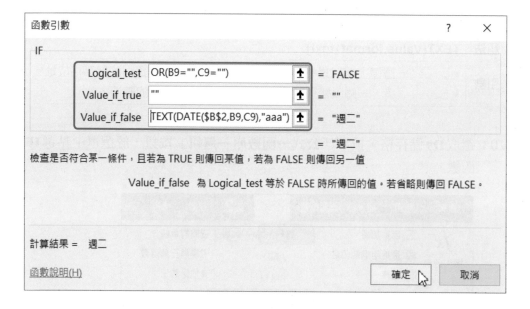

◆06 回到工作表後**D9**儲存格就會依日期自動顯示星期。接著將滑鼠游標移至**D9**儲存格的填滿控點，將公式複製到**D10:D31**儲存格，完成自動顯示星期的設定。

月	日	星期	類別	內容·細項	收入	支出	結餘
1	2	週二					

Example 07 零用金帳簿

自訂數值格式

在「Value_if_false」引數中的「TEXT(DATE($B$2, B9,C9),"aaa")」公式，其中「aaa」是「星期」格式的代碼，此代碼代表會將日期格式中的「星期一」轉換為「週一」；若使用「aaaa」格式代碼，則日期格式中的星期格式會顯示為「星期一」，而這些格式是可以自訂的，只要進入「設定儲存格格式」對話方塊，點選**數值**標籤，再按下**自訂**選項，即可進行格式的自訂。

7-2 用資料驗證設定類別清單

　　類別欄位是用來分類支出類別的，此範例將支出劃分為食、衣、住、行、育、樂六大類。由於在這個欄位中只能填入這些預設值，所以直接將這個欄位設定為「儲存格清單」，以方便將來輸入支出紀錄。

▸**01** 選取 **E9:E31** 儲存格，按下「**資料→資料工具→資料驗證**」按鈕，開啟「**資料驗證**」對話方塊。

▸**02** 在**設定**標籤頁中，設定**儲存格內允許**為**清單**，在**來源**中按下 ⬆ 按鈕，選擇來源範圍。

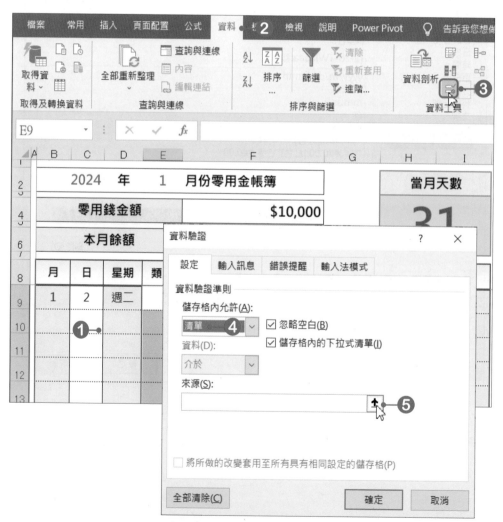

Example 07 零用金帳簿

◆ **03** 於工作表中選取 **K9:K14** 資料範圍，選取好後按下 🔲 按鈕。

內容・細項	收入	支出	結餘		各類別消費金額統計
資料驗證			? ✕		食
=$K$9:$K$14			🔲		衣
			②		住 ●─①
					行
					育
					樂

◆ **04** 回到「資料驗證」對話方塊後，按下**確定**按鈕，回到工作表，被選取的範圍就都會加上類別清單。

7-3 用IF及AND函數計算結餘金額

接著來看看結餘金額該如何計算，此範例的結餘金額公式應為零用錢金額(F4)加上收入金額(G9)再減掉支出金額(H9)，就是結餘金額了。在建立公式時，可以用很簡單的方式，也就是：F4+G9-H9，但這裡不這麼做，我們還是要先判斷收入與支出是否有資料，再進行加減的動作。

這裡會使用到IF與AND的函數，其中AND的函數是判斷所有的引數是否皆為True，若皆為True才會傳回True。

說明	當每一個判斷條件都成立，才傳回「真」
語法	**AND(Logical1,Logical2,...)**
引數	◆ Logical1,Logical2,...：為要測試的第1個條件，第2個條件...，條件最多可設255個。

◆**01** 選取 **I9** 儲存格，按下「**公式→函數庫→邏輯**」按鈕，於選單中點選 **IF** 函數。

◆**02** 在第1個引數(Logical_test)中，要先判斷G9(收入)、H9(支出)等儲存格是否有輸入資料，所以請輸入「**AND(G9="",H9="")**」。

◆**03** 在第2個引數(Value_if_true)中，輸入「**""**」，表示若「G9(收入)與H9(支出)」等儲存格沒有輸入資料，則該儲存格就不顯示任何內容。

◆**04** 在第3個引數(Value_if_false)中，輸入「**$F$4+G9-H9**」。都設定好後按下**確定**按鈕，即可完成IF函數的建立。

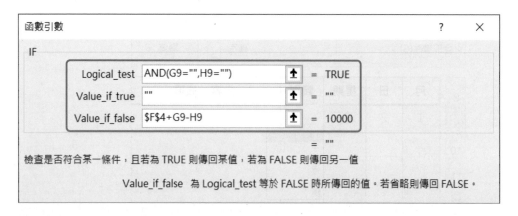

Example 07 零用金帳簿

◆05 將 **I9** 儲存格的公式，複製到 **I10** 儲存格中。複製完成後，這裡要修改一下公式的內容，因爲第1筆結餘金額須用 **F4** 儲存格內的金額做計算，但接下來的則不能用 **F4** 儲存格內的金額做計算，所以要將 **$F$4** 更改爲 **I9** 儲存格。

◆06 點選 **I10** 儲存格，於編輯列中，將 **$F$4** 更改爲 **I9**，改好後按下 **Enter** 鍵，即可完成公式的修改。

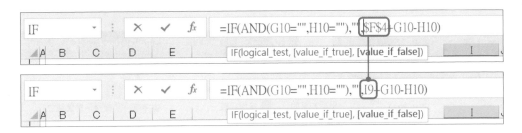

◆07 最後將滑鼠游標移至 **I10** 儲存格的填滿控點，將公式複製到 **I11:I31** 儲存格。按下 🔽 按鈕，於選單中點選**填滿但不填入格式**選項，即可完成公式的複製。

7-4 用SUM函數計算本月合計與本月餘額

在本月合計中要將「收入」、「支出」、「結餘」做個加總，最後再將「結餘」的結果指定給「本月餘額」。

→01 選取**G32**儲存格，按下「**公式→函數庫→自動加總**」按鈕，於選單中點選**加總**函數。

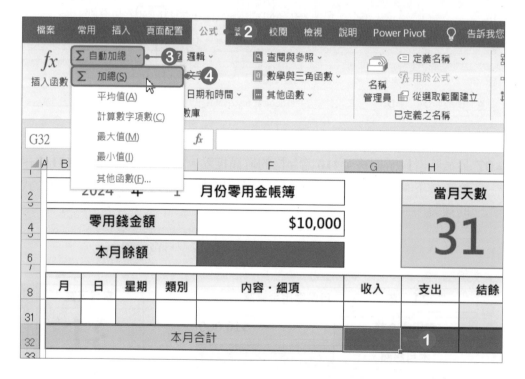

→02 將加總範圍設定為**G9:G31**，設定好後按下**Enter**鍵。

Example 07 零用金帳簿

◆03 將 G32 公式複製到 **H32** 儲存格中。

◆04 選取 **I32** 儲存格，輸入「**=$F$4+G32-H32**」公式，輸入完後按下 **Enter** 鍵，完成結餘金額公式的建立。

◆05 選取 F6 儲存格，輸入 **=I32**，輸入完後按下 **Enter** 鍵，「本月餘額」的金額就會等於「結餘」計算後的金額。

7-5 用SUMIF函數計算各類別消費金額

為了讓自己能快速的知道零用金在哪個類別的支出最多，所以要來統計各類別的消費金額，這裡可以利用 **SUMIF** 函數計算各類別的單月消費加總金額，該函數語法如下：

說明	計算符合指定條件的數值的總和
語法	**SUMIF(Range,Criteria, [Sum_range])**
引數	◆ Range：要加總的範圍。 ◆ Criteria：要加總儲存格的篩選條件，可以是數值、公式、文字等。 ◆ Sum_range：將被加總的儲存格，如果省略，則將使用目前範圍內的儲存格。

Example 07 零用金帳簿

01 選取 **L9** 儲存格，按下「**公式→函數庫→數學與三角函數**」按鈕，於選單中點選 **SUMIF** 函數。

02 開啟「函數引數」對話方塊後，按下第 1 個引數(Range)的 ⬆ 按鈕，選取比較條件的範圍。

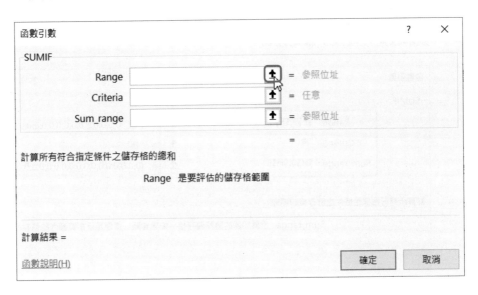

03 在工作表中選取 **E9:E31** 儲存格範圍，選擇好後按下 ▣ 按鈕。

◆04 在第2個引數(Criteria)中輸入**食**，輸入好後按下第3個引數(Sum_range)的⬆按鈕，選取要加總的範圍。

◆05 在工作表中選取 **H9:H31** 儲存格範圍，選擇好後按下▣按鈕。

◆06 回到「函數引數」對話方塊後，這裡要將第1個引數(Range)與第3個引數(Sum_range)中的範圍修改為絕對範圍，請在範圍前都加入 **$** 符號，函數都設定好後按下**確定**按鈕。

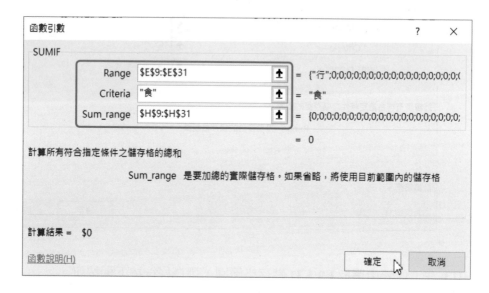

◆07 **食**的金額計算出來後，將公式複製到 **L10:L14** 儲存格中。

Example 07 零用金帳簿

◆08 複製好後，點選**L10**儲存格，於編輯列，將公式裡的「**食**」，更改 為「**衣**」。

| × | ✓ | fx | =SUMIF($E$9:$E$31, 食 ,$H$9:$H$31) |

SUMIF(range, **criteria**, [sum_range])

| × | ✓ | fx | =SUMIF($E$9:$E$31, 衣 ,$H$9:$H$31) |

SUMIF(range, **criteria**, [sum_range])

年	1	月份零用金帳簿			當月天數			訊息通知	
錢金額		$10,000			✚31				
餘額		$9,940							
星期	類別	內容·細項	收入	支出	結餘			各類別消費金額統計	
週二	食	早餐		$60	$9,940			食	$60
								衣	"衣",$H$9:$H$31)

◆09 再利用相同方式將住、行、育、樂的公式也修改過來，這樣各類別消費 金額的統計就完成了。

◆10 最後輸入一些資料，看看公式是否正確。

年	1	月份零用金帳簿			當月天數			訊息通知	
錢金額		$10,000			31				
餘額		$4,561							
星期	類別	內容·細項	收入	支出	結餘			各類別消費金額統計	
週二	食	早餐		$60	$9,940			食	$60
週三	衣	內褲		$299	$9,641			衣	$299
週一	行	捷運定期票		$1,280	$8,361			住	$0
週日	樂	周杰倫演唱會門票		$3,800	$4,561			行	$1,280
								育	$0
								樂	$3,800

7-6 用IF函數判斷零用金是否超支

零用金帳簿的基本計算功能都做好了以後,最後要在「訊息通知」欄位中,設計一個可以自動判斷是否快超出預算的公式,這裡設定的公式是,**當本月餘額的金額小於等於零用錢金額的十分之一時,就顯示「零用金快見底了!請省著點用!」的訊息**,了解後,就開始進行公式的建立吧!

→01 選取**K3**儲存格,按下「**公式→函數庫→邏輯**」按鈕,於選單中點選**IF**函數。

→02 在第1個引數(Logical_test)中,要先判斷F4儲存格中是否有輸入金額,所以請輸入「**F4=""**」。

→03 在第2個引數(Value_if_true)中,輸入「**""**」,表示若F4儲存格中沒有輸入金額,則該儲存格就不顯示任何內容。

→04 在第3個引數(Value_if_false)中,輸入「**IF(F6<=F4/10,"零用金快見底了!請省著點用!","")**」,表示「若本月餘額(F6)的金額小於等於零用錢金額(F4)的十分之一時」,則顯示「**零用金快見底了!請省著點用!**」訊息。

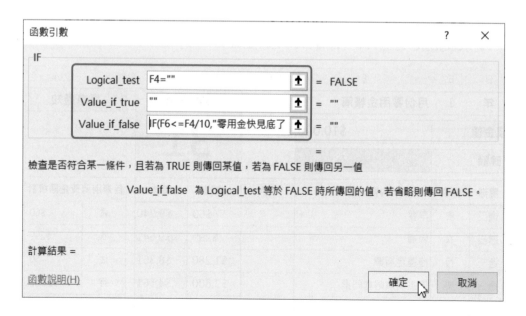

Example 07 零用金帳簿

◆05 都設定好後按下**確定**按鈕，回到工作表後，H3 儲存格就會判斷本月餘額是否已經小於等於零用錢金額的十分之一了，若小於等於時，就會顯示所設定的訊息內容。

| K3 | | | ▼ | : | × | ✓ | fx | =IF(F4="","",IF(F6<=F4/10,"零用金快見底了！請省著點用！","")) |

◢	A	B	C	D	E	F	G	H	I	J	K	L

	2024　年　　1　月份零用金帳簿				當月天數		訊息通知
	零用錢金額			$10,000		**31**	零用金快見底了！請省著點用！
	本月餘額			$311			

	月	日	星期	類別	內容．細項	收入	支出	結餘	各類別消費金額統計	
	1	2	週二	食	早餐		$60	$9,940	食	$210
	1	3	週三	衣	內褲		$299	$9,641	衣	$299

7-7 複製多個工作表

在前面我們將一月份的零用金帳簿製作完成了，接下來就可以利用複製的方式，將零用金帳簿複製到其他工作表中，這裡先複製二月份與三月份的零用金帳簿，若需要更多月份的零用金帳簿，那麼就多複製幾個。這裡請開啟「**零用金帳簿-資料.xlsx**」檔案，進行以下的練習。

◆01 在**一月**工作表標籤上按下**滑鼠右鍵**，於選單中點選**移動或複製**選項，開啟「移動或複製」對話方塊。

	月	日		插入(I)...
8			🗶	刪除(D)
9	1	2	•	重新命名(R)
10	1	❷3		移動或複製(M)...
11	1	8	🔍	檢視程式碼(V)
12	1	14	🔒	保護工作表(P)...
13	1	15		索引標籤色彩(T)　▶
14	1	16		隱藏(H)
15	1	20		取消隱藏(U)...
	一月 ❶			選取所有工作表(S)

◆02 點選**移動到最後**選項，再將**建立複本**勾選，都設定好後按下**確定**按鈕。

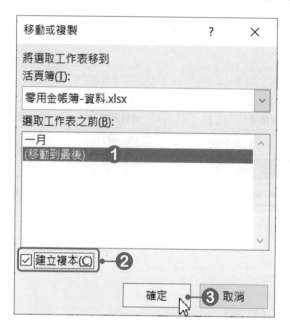

◆03 按下**確定**按鈕後，就會多了一個**一月(2)**的工作表標籤，在該標籤上按下**滑鼠右鍵**，於選單中點選**重新命名**選項。

Example 07 零用金帳簿

◆04 將工作表標籤名稱更改為二月。

11	1	8	週一	行	捷運定期票		$1,280	$8,361
12	1	14	週日	樂	周杰倫演唱會門票		$3,800	$4,561
	1	15		食	午餐		$150	$4,411

一月　二月　⊕

◆05 再將工作表索引標籤色彩更換一下，在該標籤上按下**滑鼠右鍵**，於選單中選擇**索引標籤色彩**選項，在色彩選單中選擇要使用的顏色。

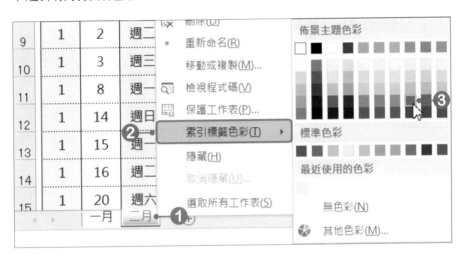

◆06 利用相同方式，建立三月工作表。最後別忘了將工作表中的月份一起更改。

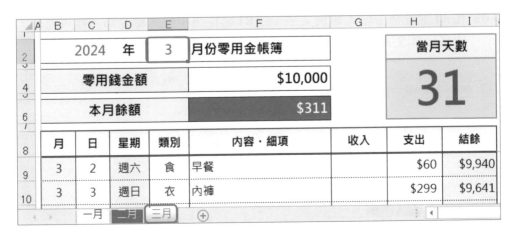

	月	日	星期	類別	內容・細項	收入	支出	結餘
9	3	2	週六	食	早餐		$60	$9,940
10	3	3	週日	衣	內褲		$299	$9,641

2024 年 3 月份零用金帳簿　當月天數

零用錢金額　$10,000

本月餘額　$311　31

一月　二月　三月　⊕

7-8 合併彙算

　　當零用金記錄了幾個月之後，若想要了解各項花費的總和，可以利用 Excel中的**合併彙算**功能，將每個月的花費累加計算，這樣，自己就可以很清楚的知道自己各項花費的情況。

◎ 建立總支出工作表

　　開始進行合併彙算前，先建立一個**總支出**工作表，來存放合併彙算的結果，這裡請開啟**零用金帳簿-合併彙算.xlsx**檔案，進行練習。

◆01 按下工作表標籤列上的⊕**新工作表**按鈕，即可新增一個工作表，在工作表名稱上**雙擊滑鼠左鍵**，將工作表重新命名為**總支出**。

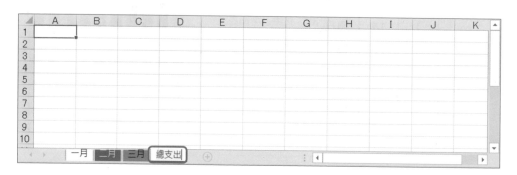

> 新增工作表時，也可以直接按下鍵盤上的**Shift+F11**快速鍵。

◆02 在**A1**儲存格中輸入**類別**文字；在**B1**儲存格中輸入**總金額**。輸入完後，依喜好修改字型、大小等格式。

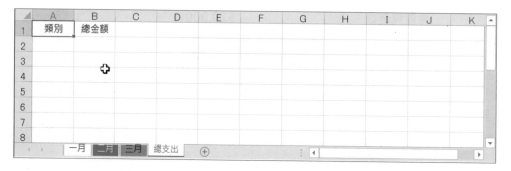

Example 07 零用金帳簿

合併彙算設定

- ▸01 選取 **A2** 儲存格，按下「**資料→資料工具→** ▣**合併彙算**」按鈕，開啟「合併彙算」對話方塊。

- ▸02 在**函數**選項中，選擇**加總**函數。按下**參照位址**欄位的▣按鈕，選擇第一個要加總的參照位址。

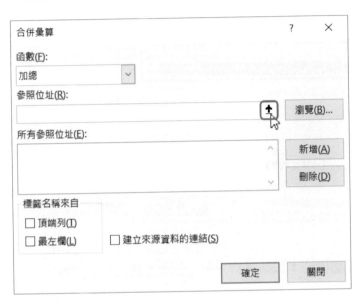

- ▸03 點選**一月**工作表標籤，選取 **K9:L14** 儲存格範圍，也就是一月份各類別的消費金額，選取好後按下▣按鈕。

◆ **04** 回到「合併彙算」對話方塊,按下**新增**按鈕,將一月**!$K$9:$L$14**加到**所有參照位址**的清單中。

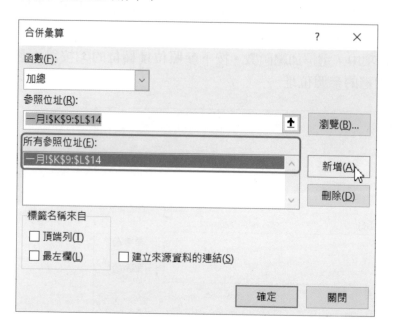

◆ **05** 按下**參照位址**欄位的⬆按鈕,指定第二個要加總的參照位址。

◆ **06** 點選二月工作表標籤,選取**K9:L14**儲存格範圍,也就是二月份各類別的消費金額,選取好後按下🔲按鈕。

日	星期	類別	內容‧細項	收入	支出	結餘	各類別消費金額統計	
1	週四						食	$597
3	週六						衣	$1,399
5	週一	食	傳胖達外送餐		$99	$7,792	住	$0
10	週六	樂	舞台劇門票		$1,200		行	$2,615
12	週一	食	午餐		$299	$6,293	育	$420
13	週二	樂	玩命關頭20電影票		$280	$6,013	樂	$1,480
16	週五	育	電腦書一本		$420	$5,593		

合併彙算 - 參照:
二月!$K$9:$L$14

一月 二月 總支出

◆ **07** 回到「合併彙算」對話方塊,按下**新增**按鈕,將二月**!$K$9:$L$14**加到**所有參照位址**的清單中。

Example 07 零用金帳簿

◆08 按下**參照位址**欄位的 ⬆ 按鈕，指定第三個要加總的參照位址。

◆09 點選三月工作表標籤，選取**K9:L14**儲存格範圍，也就是三月份各類別的消費金額，選取好後按下 ⬇ 按鈕。

◆10 按下**新增**按鈕，將**三月!$K$9:$L$14**加到**所有參照位址**的清單中。到目前為止，已經將一至三月的參照位址設定好了。接下來在「合併彙算」對話方塊中，設定合併彙算表的標籤名稱。

◆11 由於所選取的各參照位址均包含相同的列標題，所以勾選**最左欄**選項，勾選好後按下**確定**按鈕。

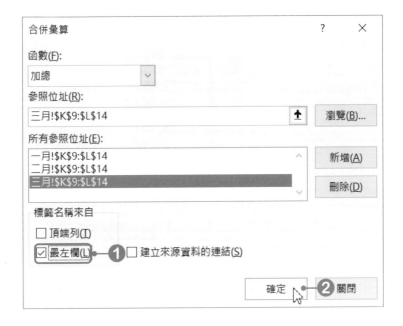

頂端列：若各來源位置中，包含有相同的欄標題，則可勾此選項，合併彙算表中便會自動複製欄標題至合併彙算表中。

最左欄：若各來源位置中，包含有相同的列標題，則可勾此選項，合併彙算表中便會自動複製列標題至合併彙算表中。

以上兩個選項可以同時勾選。如果兩者均不勾選，則Excel將不會複製任一欄或列標題至合併彙算表中。如果所框選的來源位置標題不一致，則在合併彙算表中，將會被視為個別的列或欄，單獨呈現在工作表中，而不計入加總的運算。

建立來源資料的連結：如果想要在來源資料變更時，也能自動更新合併彙算表中的計算結果，就必須勾選此選項。

◆12 回到**總支出**工作表中，儲存格中就會顯示列標題，以及一至三月份各個類別的加總金額。

	A	B	C	D
1	類別	總金額		
2	食	$2,451		
3	衣	$2,587		
4	住	$5,000		
5	行	$5,325		
6	育	$4,520		
7	樂	$5,580		
8				

一月　二月　三月　**總支出**　⊕

◆13 到這裡「合併彙算」的工作就完成了，接下來請將工作表中的資料進行美化的動作。

	A	B	C	D
1	類別	總金額		
2	食	$2,451		
3	衣	$2,587		
4	住	$5,000		
5	行	$5,325		
6	育	$4,520		
7	樂	$5,580		
8				

一月　二月　三月　**總支出**　⊕

7-9 用立體圓形圖呈現總支出比例

計算出一至三月份的加總金額之後，如果想更進一步比較出各類別之間的比重差異，可以將合併彙算表的結果製作成更清楚的圖表，使資料更易於分析與閱讀。

因為此範例想要表現出各支出類別佔整體比重的大小，所以較適合的圖表類型為「圓形圖」，圓形圖只能用來觀察一個數列，在不同類別所佔的比例。圓餅內一塊塊的扇形，是表示不同類別資料佔整體的比例，因此圖例是說明扇形所對應的類別。

Example 07 零用金帳簿

加入圓形圖

◆01 選取工作表中任一有資料的儲存格,按下「**插入→圖表→ 圓形圖**」按鈕,於選單中選擇**立體圓形圖**。

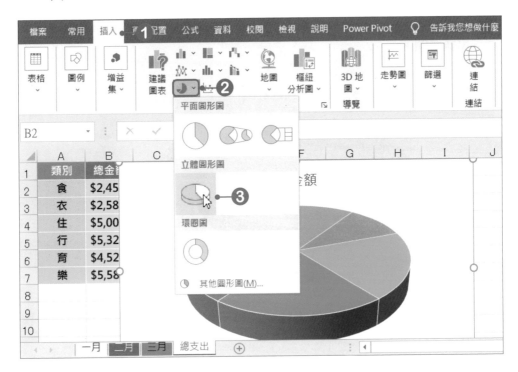

◆02 點選後,在工作表中就會加入一個「立體圓形圖」,選取該圖表,將圖表搬移至適當位置。

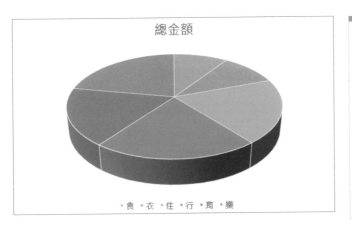

圓形圖若選擇分裂式時,扇形會向外分散,可以強調個別的存在感。另外,當各類別之間的資料相差太大,造成有些扇形小到看不見,此時不妨將比例過小的扇形,獨立成另外一個比例圖,這樣閱讀起來就比較清楚。

圖表版面配置

圖表製作好後，接著修改圖表的版面配置，並於圖表中加入一些必要的資訊，讓圖表能更易於閱讀。

01 點選圖表中的「總金額」圖表標題文字，並將該文字修改為**零用金總支出統計圖**。

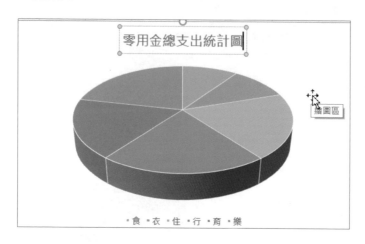

02 於「**圖表工具→設計→圖表樣式**」群組中，選擇一個要套用的圖表樣式。

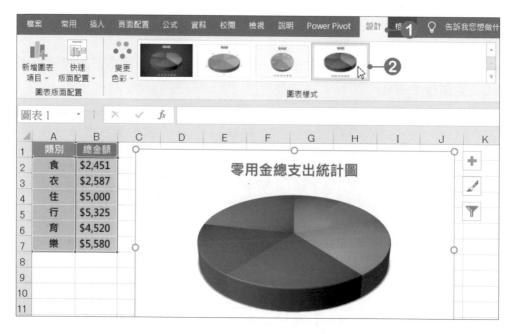

Example 07 零用金帳簿

◆03 將資料標籤設定爲**資料圖說文字**。

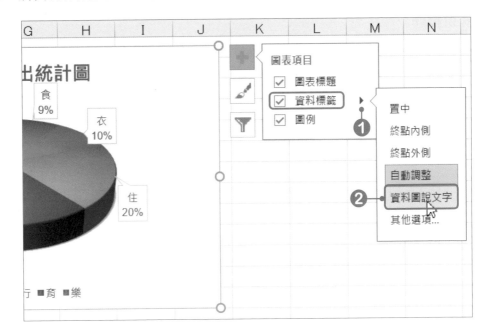

◆04 最後再使用各種工具調整圖表外觀，讓圖表更專業。

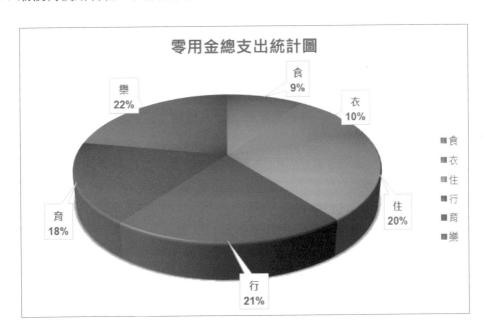

● **選擇題**

(　　)1. 下列哪一個函數，用來計算符合指定條件的數值加總？ (A) SUM 函數 (B) SUMIF 函數　(C) SUMPRODUCT 函數　(D) COUNT 函數。

(　　)2. 下列哪一個功能，可以將不同工作表的資料，合在一起進行計算？ (A)目標搜尋　(B)資料分析　(C)分析藍本　(D)合併彙算。

(　　)3. 在 Excel 中，下列何種選項只適用於包含一個資料數列所建立的圖表？ (A)直條圖　(B)圓形圖　(C)區域圖　(D)橫條圖。

(　　)4. 下列哪一個函數是屬於「邏輯」函數？ (A) AND　(B) OR　(C) IF (D)以上皆是。

(　　)5. 下列哪個函數可以依指定的數值格式，將數字轉換成文字？ (A) TEXT (B) DATE　(C) MONTH　(D) AND。

(　　)6. 在 Excel 中，A1 儲存格的數值為 50，若在 A2 儲存格中輸入公式「=IF (A1>80,A1/2,IF(A1/2>30,A1*2,A1/2))」，則下列何者為 A2 儲存格呈現的結果？ (A) 25　(B) 50　(C) 80　(D) 100。

(　　)7. 下列哪個函數可以判斷所有的引數是否皆為 True，若皆為 True 才會傳回 True？ (A) TEXT　(B) DATE　(C) MONTH　(D) AND。

(　　)8. 下列哪個函數可以取出日期資料中的「月份」？ (A) TEXT　(B) DATE (C) MONTH　(D) AND。

● **實作題**

1. 開啟「Example07→咖啡店營業額.xlsx」檔案，進行以下設定。
   - 新增一個「總營業額」工作表。
   - 將台北、台中、高雄分店的營業額合併彙算至「總營業額」工作表中。
   - 於 A8 儲存格中加入「本月目標營業額：」文字、於 C8 儲存格中加入「$800,000」金額。
   - 於 A9 加入「是否達到目標營業額：」文字。
   - 於 C9 儲存格中判斷出三家分店合併彙算後的金額是否有達到目標營業額，若達成則顯示「達成目標」；若未達成則顯示「未達成目標」。

	A	B	C	D	E	F	G	H
1		拿堤	卡布奇諾	摩卡	焦糖瑪奇朵	維也納	總計	
2	第一週	$38,115	$34,125	$29,505	$41,055	$21,000	$163,800	
3	第二週	$46,935	$36,225	$31,605	$43,680	$24,360	$182,805	
4	第三週	$47,565	$39,375	$33,705	$46,515	$23,205	$190,365	
5	第四週	$38,745	$39,270	$35,910	$40,740	$25,410	$180,075	
6	總計	$171,360	$148,995	$130,725	$171,990	$93,975	$717,045	
7								
8	本月目標營業額：			$800,000				
9	是否達到目標營業額：			未達成目標				

台北分店 台中分店 高雄分店 總營業額

2. 開啟「Example07→人事資料.xlsx」檔案，進行以下設定。
   ● 將年、月、日內的數值資料轉換為日期資料。
   ● 求出到職日當天的星期，格式請使用「星期一」格式。

	A	B	C	D	E	F	G	H
1	員工編號	員工姓名	部門	年	月	日	到職日	星期
2	0701	王小桃	資圖部	2000	10	16	2000年10月16日	星期一
3	0702	周君翊	商管部	1998	7	6	1998年7月6日	星期一
4	0703	徐巧雲	研發部	1999	7	7	1999年7月7日	星期三
5	0704	陳心潔	商管部	1989	12	5	1989年12月5日	星期二
6	0705	郭欣怡	資圖部	2001	7	4	2001年7月4日	星期三
7	0706	陳芸芸	商管部	2002	2	4	2002年2月4日	星期一
8	0707	陳義伸	商管部	2003	1	6	2003年1月6日	星期一
9	0708	王婷婷	資圖部	2004	1	12	2004年1月12日	星期一
10	0709	林家豪	資圖部	2004	3	4	2004年3月4日	星期四
11	0710	蔡雅玲	軟體部	2006	1	16	2006年1月16日	星期一
12	0711	李素玲	業務部	2007	4	10	2007年4月10日	星期二
13	0712	陳一芳	版權部	2007	5	21	2007年5月21日	星期一
14	0713	李嘉哲	資圖部	2007	8	10	2007年8月10日	星期五
15	0714	徐安泰	管理部	2002	4	7	2002年4月7日	星期日
16	0715	周麗美	管理部	1999	7	8	1999年7月8日	星期四
17	0716	朱雨彤	行銷部	2001	2	12	2001年2月12日	星期一

3. 開啟「Example07→產品銷售明細.xlsx」檔案，進行以下設定。

- 計算出各分店的銷售業績。

	A	B	C	D	E	F	G	H	I
1	分店名稱	貨號	品名	售價	數量	業績			
2	土城店	LG1004	統一科學麵	50	20	$1,000		各分店銷售業績統計	
3	土城店	LG1002	中立麥穗蘇打餅乾	35	10	$350		分店名稱	銷售業績
4	木柵店	LG1003	中建紅標豆干	45	12	$540		板橋店	$58,044.00
5	板橋店	LG1004	統一科學麵	50	60	$3,000		土城店	$37,312.00
6	木柵店	LG1005	味王原汁牛肉麵	65	45	$2,925		木柵店	$49,842.00
7	木柵店	LG1006	浪味炒麵	39	26	$1,014			
8	板橋店	LG1002	中立麥穗蘇打餅乾	35	57	$1,995			
9	板橋店	LG1008	愛文芒果	99	36	$3,564			
10	土城店	LG1028	台灣牛100%純鮮乳冰淇淋	119	24	$2,856			
11	土城店	LG1005	味王原汁牛肉麵	65	21	$1,365			

銷售業績圖　各分店銷售明細

- 將各分店的銷售業績製作成「立體圓形圖」，資料標籤要包含類別名稱、值、百分比，圖表格式請自行設計。

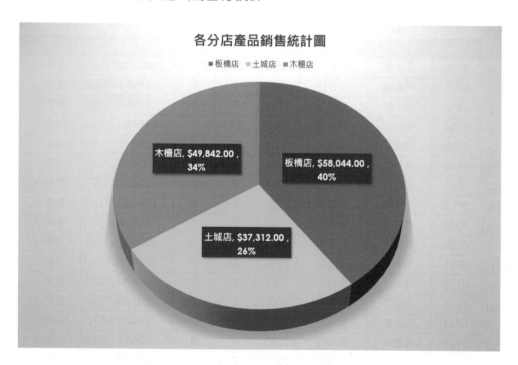

Example 08

報價系統

範例檔案

Example08→報價系統.xlsx

結果檔案

Example08→報價系統-OK.xlsx

Example08→報價系統-密碼.xlsx

此範例要學習，如何利用一些函數及資料工具，讓我們省去輸入資料的動作，快速完成一份報價單。這份報價單只要點選類別後，Excel就會幫忙找出屬於該類的貨號有哪些；選擇貨號後，品名、廠牌、包裝、單位、售價等就都會自動顯示於儲存格中，最後再填入數量，就可以計算出合計金額。

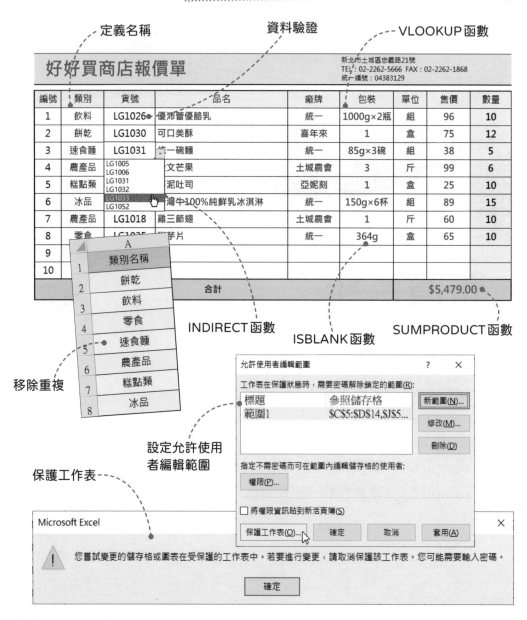

定義名稱　　　　　　　資料驗證　　　　　VLOOKUP 函數

好好買商店報價單

新北市土城區忠義路21號
TEL：02-2262-5666　FAX：02-2262-1868
統一編號：04383129

編號	類別	貨號	品名	廠牌	包裝	單位	售價	數量
1	飲料	LG1026	優沛蕾優酪乳	統一	1000g×2瓶	組	96	10
2	餅乾	LG1030	可口美酥	喜年來	1	盒	75	12
3	速食麵	LG1031	統一碗麵	統一	85g×3碗	組	38	5
4	農產品	LG1005 LG1006	文芒果	土城農會	3	斤	99	6
5	糕點類	LG1031 LG1032	泥吐司	亞妮刻	1	盒	25	10
6	冰品	LG1033 LG1052	灣牛100%純鮮乳冰淇淋	統一	150g×6杯	組	89	15
7	農產品	LG1018	雞三節翅	土城農會	1	斤	60	10
8	零食	LG1035	洋芋片	統一	364g	盒	65	10
9								
10				合計			$5,479.00	

	A
1	類別名稱
2	餅乾
3	飲料
4	零食
5	速食麵
6	農產品
7	糕點類
8	冰品

INDIRECT 函數　　　　ISBLANK 函數　　　SUMPRODUCT 函數

移除重複

允許使用者編輯範圍　？　✕

工作表在保護狀態時，需要密碼解除鎖定的範圍(R)：

標題	參照儲存格
範圍1	$C$5:$D$14,$J$5...

新範圍(N)...
修改(M)...
刪除(D)

指定不需密碼而可在範圍內編輯儲存格的使用者：

權限(P)...

☐ 將權限資訊貼到新活頁簿(S)

保護工作表(O)...　　確定　　取消　　套用(A)

設定允許使用者編輯範圍

保護工作表

Microsoft Excel　✕

⚠ 您嘗試變更的儲存格或圖表在受保護的工作表中。若要進行變更，請取消保護該工作表。您可能需要輸入密碼。

確定

Example 08 報價系統

8-1 用移除重複工具刪除重複資料

在開始製作報價單之前，有許多的事前工作要先準備，這裡就先從「產品明細」工作表中的「類別」欄位，統計出產品中到底有多少個「類別」。

若要快速地將相同值移除，可以使用**移除重複**工具。移除重複的作法與篩選有些類似，而二者的差異在於「移除重複」在進行時，會**將重複值永久刪除**；而「篩選」則是**暫時將重複值隱藏**。

◆01 開啟**報價系統.xlsx**檔案，點選**產品明細**工作表，選取**D欄**，也就是「類別」欄位。

◆02 選取後，按下鍵盤上的**Ctrl+C**複製快速鍵，再點選**類別**工作表，點選**C1**儲存格，按下鍵盤上的**Ctrl+V**貼上快速鍵，將**產品明細**工作表D欄的內容複製到**類別**工作表中。

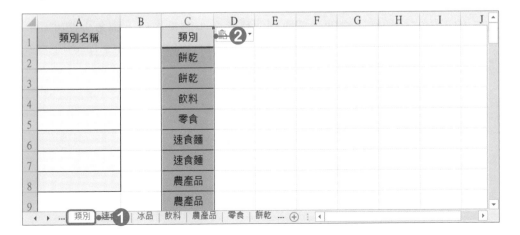

◆03 於**類別**工作表中，點選**C欄**，按下「**資料→資料工具→ 移除重複**」按鈕，開啓「移除重複」對話方塊。

◆04 將**我的資料有標題**選項勾選，再於**欄**清單中將**類別**勾選，勾選好後按下**確定**按鈕。

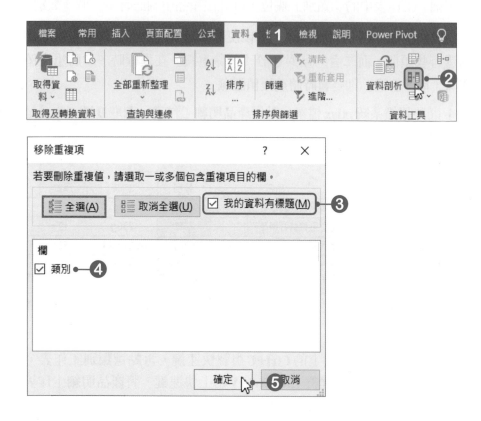

◆05 按下**確定**按鈕後，會顯示「找到並移除多少個重複值；剩多少個唯一的值」的訊息，沒問題後按下**確定**按鈕，即可完成移除重複工作。

Example 08 報價系統

◆06 選取**C2:C8**儲存格，按
下**Ctrl+C**複製此範圍，
再選取**A2**儲存格，按
下「**常用→剪貼簿→貼
上**」按鈕，於**貼上值**選
項中，點選**值**。

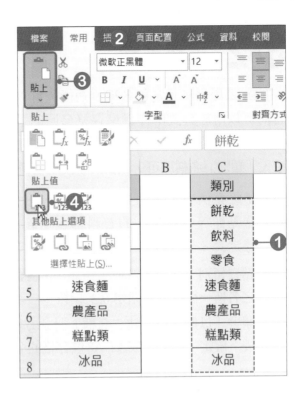

◆07 選擇好後，資料就會被複製到**A2:A8**儲存格，而原先的儲存格格式也不
會被破壞。最後選取**C欄**，按下**滑鼠右鍵**，於選單中點選**刪除**，將**C欄**
刪除，即可完成**類別**工作表的製作。

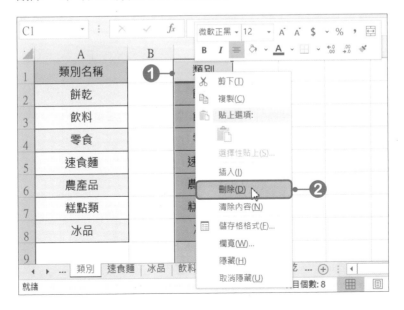

8-2 定義名稱

Excel提供了「**定義名稱**」功能,可以將某些範圍定義一個名稱,而此名稱可以用於公式中作為儲存格參照的替代,例如:將「類別」工作表中的「A2:A8」儲存格,定義為「類別」名稱,往後要使用到此儲存格時,只要輸入「類別」名稱即可,在公式中使用名稱可以使得公式更容易分辨及理解。

在此範例中,要將類別、冰品、速食麵、飲料、農產品、零食、餅乾、糕點類等工作表中的資料都各定義一個名稱,了解後,先將類別名稱進行定義。

- ◆01 點選**類別**工作表,選取工作表中的 **A1:A8** 儲存格,按下「**公式→已定義之名稱→從選取範圍建立**」按鈕。

- ◆02 開啟「以選取範圍建立名稱」對話方塊,勾選**頂端列**選項,勾選好後再按下**確定**,即可完成 A1:A8 儲存格的名稱定義。

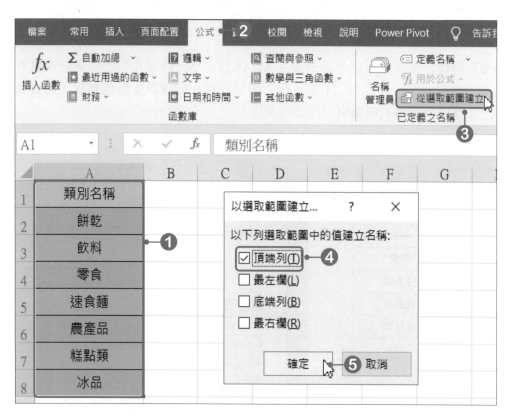

Example 08 報價系統

◆03 按下「**公式→已定義之名稱→名稱管理員**」按鈕,開啓「名稱管理員」對話方塊,即可查看已定義的名稱。

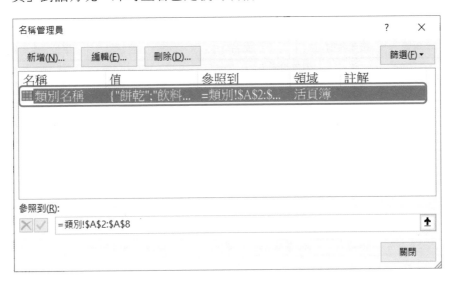

接下來,要將冰品、速食麵、飲料、農產品、零食、餅乾、糕點類等產品中的資料與貨號分別定義一個名稱,這裡以「冰品」爲例,先將「貨號」資料的名稱定義爲「冰品貨號」;再將「冰品」的所有資料名稱定義爲「冰品清單」,了解後就開始進行以下的設定。

◆01 按下「**公式→已定義之名稱→名稱管理員**」按鈕,開啓「名稱管理員」對話方塊,按下**新增**按鈕。

◆02 開啓「新名稱」對話方塊,於**名稱**欄位中輸入**冰品貨號**;於**範圍**選單中選擇**活頁簿**,按下參照到的⬆按鈕,選擇範圍。

定義名稱時,可以先選取好要定義的儲存格範圍,再按下「**公式→已定義之名稱→定義名稱**」按鈕,開啓「新名稱」對話方塊,再輸入要定義的「名稱」即可。

◆03 點選**冰品**工作表,選取 **A2:A7** 範圍,也就是冰品的所有「貨號」資料,選取好後按下▣按鈕,回到「新名稱」對話方塊。

▲	A	B	C	D	E	F
1	貨號	廠商名稱	品名	包裝	單位	售價
2	LG1024	統一	中華甜愛玉	150g×4盒	組	30
3	LG1027	統一		5支	盒	89
4	LG1028	統一		6	組	89
5	LG1054	統一	明治冰淇淋	700cc	盒	119
6	LG1055	統一	頂級冰淇淋	1L	盒	55
7	LG1064	喜年來	芒果椰果凍	1	個	30
8						
9						

新名稱 - 參照到: ？ ✕
=冰品!$A$2:$A$7 ▣

❷ ❸ ❶

... 類別 | 速食麵 | 冰品 | 飲料 | 農產品 | 零食 | 餅乾 | 糕點類 | 產品明 ...

◆04 到這裡「冰品貨號」的名稱就定義好了,沒問題後按下**確定**按鈕。

在定義名稱時,有一些快速鍵可以使用,例如:要開啟「名稱管理員」對話方塊時,可以直接按下**Ctrl+F3**快速鍵;按下**Ctrl+Shift+F3**快速鍵,則可以從選取範圍建立名稱。

◆05 回到「名稱管理員」對話方塊後,再按下**新增**按鈕,繼續新增「冰品清單」名稱。

◆06 開啟「新名稱」對話方塊,於「名稱」欄位中輸入**冰品清單**;於**範圍**選單中選擇**活頁簿**,按下參照到的▲按鈕,選擇範圍。

◆07 點選**冰品**工作表,選取 **A2:F7** 範圍,也就是冰品的所有資料,選取好後按下▣按鈕,回到「新名稱」對話方塊。

Example 08 報價系統

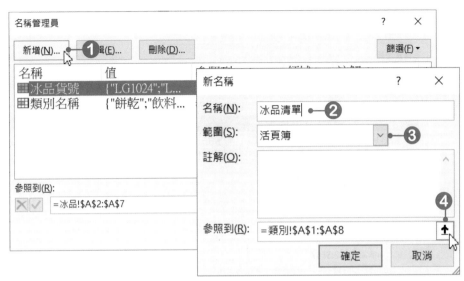

	A	B	C	D	E	F
1	貨號	廠商名稱	品名	包裝	單位	售價
2	LG1024	統一	中華甜愛玉	150g×4盒	組	30
3	LG1027	統一		支	盒	89
4	LG1028	統一		杯	組	89
5	LG1054	統一	明治冰淇淋	700cc	盒	119
6	LG1055	統一	頂級冰淇淋	1L	盒	55
7	LG1064	喜年來	芒果椰果凍	1	個	30
8						
9						

新名稱 - 參照到:

=冰品!$A$2:$F$7

... 類別 速食麵 冰品 飲料 農產品 零食 餅乾 糕點類 產品明 ...

08 到這裡「冰品清單」的名稱就定義好了，沒問題後按下**確定**按鈕。

新名稱

名稱(N): 冰品清單

範圍(S): 活頁簿

註解(O):

參照到(R): =冰品!$A$2:$F$7

確定　　取消

09 回到「名稱管理員」對話方塊,即可看到定義好的名稱。

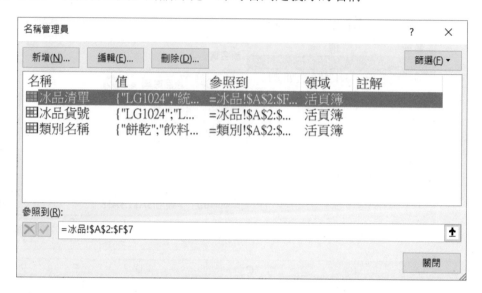

10 接下來,利用相同方式將速食麵、飲料、農產品、零食、餅乾、糕點類 等資料內的貨號及所有資料定義名稱。

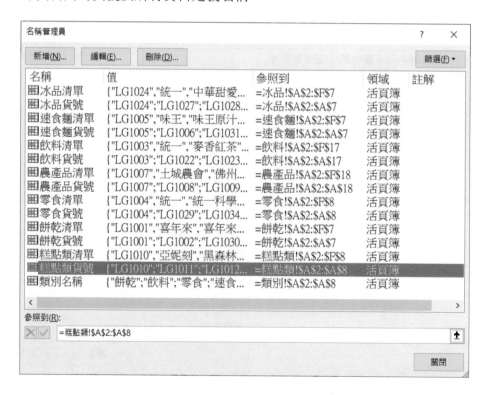

Example 08 報價系統

8-3 用資料驗證工具及INDIRECT函數建立選單

事前工作都準備好了之後，就可以開始進行報價單的製作，首先要設定的是「類別」與「貨號」的選單，這裡直接使用**資料驗證**工具，再配合我們所定義好的**名稱**，進行選單設定。

◎ 建立類別選單

→01 進入**報價單**工作表中，選取 **C5:C14** 儲存格，按下「**資料→資料工具→資料驗證**」按鈕，開啟「資料驗證」對話方塊。

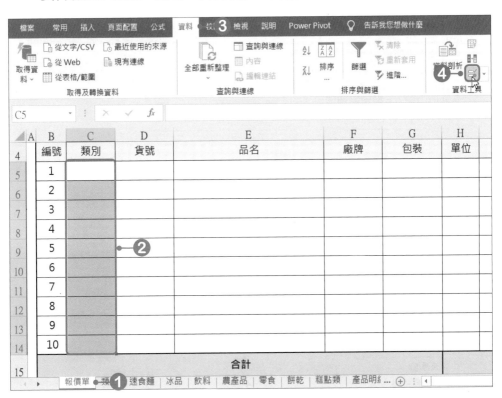

◆02 按下**儲存格內允許**選單鈕，於選單中選擇**清單**，將插入點移至**來源**欄位，再按下 **F3** 鍵，開啟「貼上名稱」對話方塊，選擇**類別名稱**，選擇好後按下**確定**按鈕。

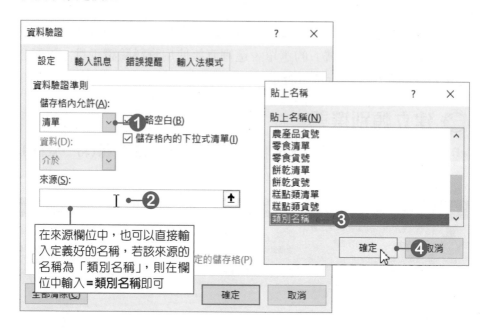

在來源欄位中，也可以直接輸入定義好的名稱，若該來源的名稱為「類別名稱」，則在欄位中輸入 **=類別名稱**即可

◆03 該名稱就會被貼到**來源**欄位中，沒問題後按下**確定**按鈕，即可完成**類別**清單的製作。

Example 08 報價系統

◆04 回到工作表後，被選取的範圍就都會加上選單，而選單中的選項就是我們所定義的「類別名稱(A2:A8)」範圍內的資料。

◆05 按下▼選單鈕，即可在選單中看到所有的「類別」名稱。

	A	B	C	D	E	F
4		編號	類別	貨號	品名	廠
5		1	▼			
6		2	餅乾 飲料			
7		3	零食 速食麵			
8		4	農產品 糕點類			
9		5	冰品			
10		6				
11		7				
12		8				

◎ 用INDIRECT函數建立貨號選單

在「貨號」選單的部分，要根據「類別」內容來決定「貨號」選單的內容，例如：當「類別」選擇的是「速食麵」時，那麼「貨號」選單便只顯示屬於「速食麵」的「貨號」。

這種選單模式稱為「**多重選單**」，要製作多重選單時，除了使用**資料驗證**工具外，還要再搭配**INDIRECT**函數來使用。

說明	可以傳回文字串所指定的參照位址
語法	**INDIRECT(Ref_text,A1)**
引數	◆ Ref_text：為一個單一儲存格的參照位址，而這個儲存格含有A1格式或C1R1格式所指定的參照位址、一個定義為參照位址的名稱，或是一個定義為參照位址的字串。 ◆ A1：是一個邏輯值，用來區別Ref_text所指定的儲存格參照位址；如果A1為True或省略不寫，則Ref_text會被解釋為A1參照表示方式；如果A1為False，則Ref_text會被解釋成R1C1參照表示方式。

◆01 選取 **D5:D14** 儲存格，按下「**資料→資料工具→資料驗證**」按鈕，開啓「資料驗證」對話方塊。

◆02 按下**儲存格內允許**選單鈕，於選單中點選**清單**，於**來源**欄位中，輸入 **=INDIRECT($C5&" 貨號 ")** 公式，表示根據「**$C5&" 貨號 "**」字串指定的參照位址，找出選單的內容，設定好後按下**確定**按鈕。

「INDIRECT($C5&"貨號")」公式的意思是，根據字串指定的參照位址找出選單的內容，例如：當 C5 儲存格 (類別) 為「餅乾」時，則將「餅乾」加上「貨號」字串，也就是「餅乾貨號」名稱，有了名稱後，INDIRECT 函數就會根據該名稱所定義的參照範圍，也就是「餅乾」工作表中的「A2:A7」儲存格範圍，再將此範圍中的貨號資料顯示於選單中。

◆03 回到工作表後，被選取的範圍就都會加上選單，而選單中的選項就是我們所定義的「餅乾貨號 (A2:A7)」範圍內的資料。

◆04 類別選擇好後，在貨號中按下 ▾ 選單鈕，即可在選單中看到所有屬於該類別的「貨號」資料。

Example 08 報價系統

	A	B	C	D	E	F
4		編號	類別	貨號	品名	廠片
5		1	飲料	LG1026		
6		2	餅乾			
7		3		LG1001 LG1002		
8		4		LG1030 LG1036		
9		5		LG1037 LG1038		
10		6				
11		7				
12		8				
13		9				
14		10				
15				合計		

報價單 | 類別 | 速食麵 | 冰品 | 飲料 | 農產品 | 零食 | 餅乾 | 糕點類 | 產

8-4 用ISBLANK及VLOOKUP函數自動填入資料

有了「類別」與「貨號」等資料後，接下來的品名、廠牌、包裝、單位、售價等資料，就要藉由公式自動填入相關資料。

這裡會使用到IF、ISBLANK、VLOOKUP、INDIRECT等函數，其中IF與INDIRECT函數之前都有介紹過，這裡就不再介紹。而ISBLANK函數是用來判斷該數值引數是否為空白；VLOOKUP函數則是可以在表格裡上下地搜尋，找出想要的項目，並傳回跟項目同一列的某個欄位內容。

⏺ ISBLANK

說明	可判斷該數值引數是否為空白
語法	**ISBLANK(Value)**
引數	◆ Value：是用來指定想要判斷的值，它可以是空白儲存格、錯誤值、邏輯值、文字、數字或參照值。

⏺ VLOOKUP

說明	在陣列中依其最左欄為搜尋對象，　然後傳回指定陣列的第幾欄位之值
語法	**VLOOKUP(Lookup_value,Table_array,Col_index_num,Range_lookup)**
引數	◆ Lookup_value：為想要查詢的項目，是打算在陣列最左欄中搜尋的值，可以是數值、參照位址或文字字串。 ◆ Table_array：為用來查詢的表格範圍，是要在其中搜尋資料的文字、數字或邏輯值的表格，通常是儲存格範圍的參照位址或類似資料庫或清單的範圍名稱。 ◆ Col_index_num：為傳回同列中第幾個欄位，代表所要傳回的值位於Table_array的第幾個欄位。引數值為1代表表格中第一欄的值。 ◆ Range_lookup：邏輯值，用來設定VLOOKUP函數要尋找「完全符合」(FALSE)或「部分符合」(TRUE)的值。若為TRUE或忽略不填，則表示找出第一欄中最接近的值(以遞增順序排序)。若為FALSE，則表示僅尋找完全符合的數值，若找不到，就會傳回 #N/A。

HLOOKUP函數

HLOOKUP函數與VLOOKUP函數類似。「HLOOKUP函數」可以查詢某個項目，傳回指定的欄位。只不過它在尋找資料時，是以水平的方式左右查詢，找到項目後，傳回同一欄的某一列資料。

使用「HLOOKUP函數」要注意的地方，除了表格的最上方列必須為要查詢的項目，這些項目必須由左到右遞增排序；另外在指定HLOOKUP函數的第2個引數時，選取的表格必須同時包括標題。

語法	**HLOOKUP(Lookup_value,Table_array,Row_index_num,Range_lookup)**

　　了解 ISBLANK 與 VLOOKUP 函數的使用方式後，就可以開始在「品名」儲存格中進行公式的設定。

Example 08 報價系統

◆01 選取 **E5** 儲存格，按下「**公式→函數庫→邏輯**」按鈕，於選單中點選 **IF** 函數，開啟「函數引數」對話方塊。

◆02 在第1個引數(Logical_test)中輸入 **ISBLANK($D5)** 公式，判斷 **D5** 儲存格的值是否為空值。

◆03 在第2個引數(Value_if_true)中輸入「""」文字。

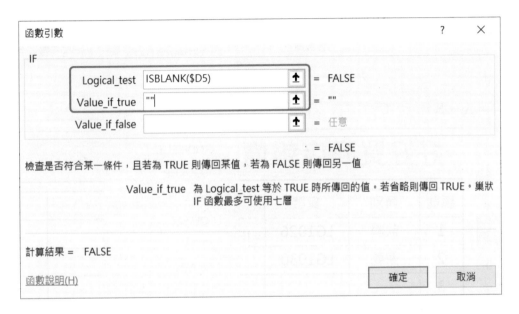

◆04 在第3個引數(Value_if_false)中按一下**滑鼠左鍵**，再點選編輯列上的**插入函數**按鈕，回到工作表中，進行 VLOOKUP 函數的插入動作。

➡05 回到工作表後，按下「**公式→函數庫→查閱與參照**」按鈕，於選單中點選 **VLOOKUP** 函數。

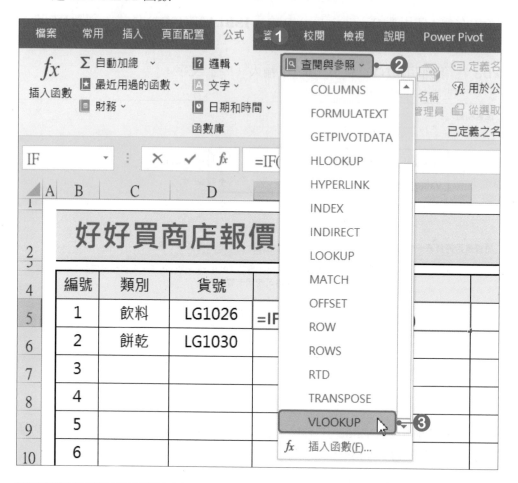

> ISBLANK函數是屬於「其他函數」中的「資訊函數」，若要使用該函數時，可以點選「**公式→函數庫→其他函數→資訊函數**」按鈕，於選單中選擇「ISBLANK」即可。

➡06 開啟該函數的「函數引數」對話方塊後，先於第1個引數(Lookup_value)中輸入 **$D5**。

➡07 在第2個引數(Table_array)中輸入 **INDIRECT($C5&" 清單 ")** 公式，此為要搜尋的表格範圍，也就是C5的值加上清單字串，也就是工作表中被定義為**清單**名稱的儲存格範圍。

Example 08 報價系統

08 在第3個引數(Col_index_num)中輸入**3**，表示顯示**餅乾**工作表的**A2:F7**
儲存格範圍中的第二欄資料。

09 最後在第4個引數(Range_lookup)中輸入**0**，表示要尋找出完全符合的資
料，都設定好後按下**確定**按鈕，即可完成公式的建立。

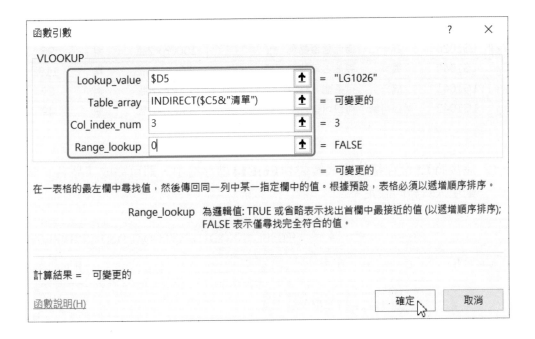

10 回到工作表後，E5儲存格就會根據所輸入的「貨號」自動顯示「品
名」的內容。

◆**11** 這裡來驗證品名是否正確，點選**飲料**工作表，看看**LG1026**貨號的品名是否為**優沛蕾優酪乳**。

	A	B	C	D	E	F
2	LG1003	統一	麥香紅茶	300CC×24入	箱	120
3	LG1022	統一	優沛蕾發酵乳	1000g	瓶	48
4	LG1023	福樂	福樂鮮乳	1892cc	瓶	99
5	LG1026	統一	優沛蕾優酪乳	1000g×2瓶	組	96
6	LG1040	義美	義美古早傳統豆奶	250cc×24瓶	箱	119
7	LG1041	統一	御茶園-日式綠茶	500cc×6瓶	組	89
8	LG1042	可口可樂	可口可樂	350cc×6瓶	瓶	49

◆**12** 最後將**E5**儲存格的公式複製到**E6:E14**儲存格中，即可完成「品名」自動填入資料的設定。

| E11 | | × ✓ fx | =IF(ISBLANK($D11),"",VLOOKUP($D11,INDIRECT(|

好好買商店報價單

編號	類別	貨號	品名	廠牌
1	飲料	LG1026	優沛蕾優酪乳	
2	餅乾	LG1030	可口美酥	
3	速食麵	LG1031	統一碗麵	
4	農產品	LG1008	愛文芒果	
5	糕點類	LG1012	芋泥吐司	
6	冰品	LG1028	台灣牛100%純鮮乳冰淇淋	
7	農產品	LG1018	雞三節翅	
8				
9				

報價單 類別 速食麵 冰品 飲料 農產品 零食 餅乾 糕點類 產品明細 ...

Example 08 報價系統

完成了「品名」自動填入內容的設定後，接下來的廠牌、包裝、單位、售價等內容，只要將「品名」的公式複製到這些儲存格中，再更改「Col_index_num)」引數的欄位資料即可。

◆01 選取 **E5** 儲存格，按下鍵盤上的 **Ctrl+C** 複製快速鍵。

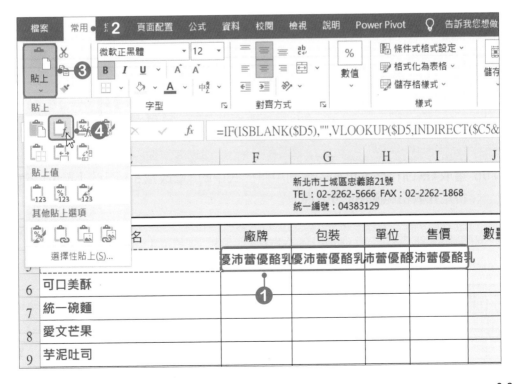

◆02 選取 **F5:I5** 儲存格，按下「**常用→剪貼簿→貼上**」按鈕，於選單中點選
公式，選擇好後即可將 **E5** 儲存格內的公式複製到 **F5:I5** 儲存格。

03 接著要來修改公式內容，選取 **F5** 儲存格，再於編輯列中將公式中的 3 修改為 **2**，因為「廠牌」資料是在表格範圍中的第 2 欄。

=IF(ISBLANK($D5),"",VLOOKUP($D5,INDIRECT($C5&"清單",2,0))

VLOOKUP(lookup_value, table_array, **col_index_num**, [range_lookup])

新北市土城區忠義路21號
TEL：02-2262-5666 FAX：02-2262-1868
統一編號：04383129

品名	廠牌	包裝	單位	售價	
優沛蕾優酪乳	單"),2,0))	優沛蕾優酪乳沛蕾優酪沛蕾優酪乳			
可口美酥					

04 選取 **G5** 儲存格，再於編輯列中將公式中的 3 修改為 **4**，因為「包裝」資料是在表格範圍中的第 4 欄。

=IF(ISBLANK($D5),"",VLOOKUP($D5,INDIRECT($C5&"清單",4,0))

VLOOKUP(lookup_value, table_array, **col_index_num**, [range_lookup])

新北市土城區忠義路21號
TEL：02-2262-5666 FAX：02-2262-1868
統一編號：04383129

品名	廠牌	包裝	單位	售價	
優沛蕾優酪乳	統一	單"),4,0))	沛蕾優酪沛蕾優酪乳		
可口美酥					

05 選取 **H5** 儲存格，再於編輯列中將公式中的 3 修改為 **5**，因為「單位」資料是在表格範圍中的第 5 欄。

=IF(ISBLANK($D5),"",VLOOKUP($D5,INDIRECT($C5&"清單",5,0))

VLOOKUP(lookup_value, table_array, **col_index_num**, [range_lookup])

新北市土城區忠義路21號
TEL：02-2262-5666 FAX：02-2262-1868
統一編號：04383129

品名	廠牌	包裝	單位	售價	

Example 08 報價系統

06 選取 **I5** 儲存格，再於編輯列中將公式中的 3 修改為 **6**，因為「售價」資料是在表格範圍中的第 6 欄。

=IF(ISBLANK($D5),"",VLOOKUP($D5,INDIRECT($C5&"清單",(6,0))

E   VLOOKUP(lookup_value, table_array, **col_index_num**, [range_lookup])

新北市土城區忠義路21號
TEL：02-2262-5666 FAX：02-2262-1868
統一編號：04383129

報價單

品名	廠牌	包裝	單位	售價	數
優沛蕾優酪乳	統一	1000g×2瓶	組	"清單"),6,0))	
可口美酥					
統一碗麵					
愛文芒果					
芋泥吐司					
台灣牛100%純鮮乳冰淇淋					

07 公式都修改好後，再選取 **F5:I5** 儲存格，將滑鼠游標移至填滿控點，並拖曳至 **I14** 儲存格，將公式複製到其他儲存格中。

08 公式都複製完成後，當選擇「類別」及「貨號」時，品名、廠牌、包裝、單位、售價等資料就會自動填入相對應的內容。

F5   fx   =IF(ISBLANK($D5),"",VLOOKUP($D5,INDIRECT($C5&"清單"),2,0))

編號	類別	貨號	品名	廠牌	包裝	單位	售價	數量
1	飲料	LG1026	優沛蕾優酪乳	統一	1000g×2瓶	組	96	
2	餅乾	LG1030	可口美酥	喜年來	1	盒	75	
3	速食麵	LG1031	統一碗麵	統一	85g×3碗	組	38	
4	農產品	LG1008	愛文芒果	土城農會	3	斤	99	
5	糕點類	LG1012	芋泥吐司	亞妮刻	1	盒	25	
6	冰品	LG1028	台灣牛100%純鮮乳冰淇淋	統一	150g×6杯	組	89	
7	農產品	LG1018	雞三節翅	土城農會	1	斤	60	
8								
9								
10								
			合計					

報價單 類別 速食麵 冰品 飲料 農產品 零食 餅乾 糕點類 產品明細 ... +

8-5 用SUMPRODUCT函數計算合計金額

當報價單建立完成後，最後的合計金額可以利用「SUMPRODUCT」函數來做計算，該函數可以用來計算各陣列中，所有對應元素乘積的總和。

說明	傳回指定陣列中所有對應元素乘積的總和
語法	**SUMPRODUCT(Array1,Array2,...)**
引數	◆ Array1,Array2,...：允許1到255個陣列引數，各陣列必須有相同的維度(相同的列數，相同的欄數)，否則SUMPRODUCT函數會傳回「#VALUE!」錯誤值。如果陣列中含有非數值資料的陣列元素，則SUMPRODUCT會將該儲存格當作0來處理。

▶**01** 選取 **H15** 儲存格，按下「**公式→函數庫→數學與三角函數**」按鈕，於選單中點選 **SUMPRODUCT** 函數。

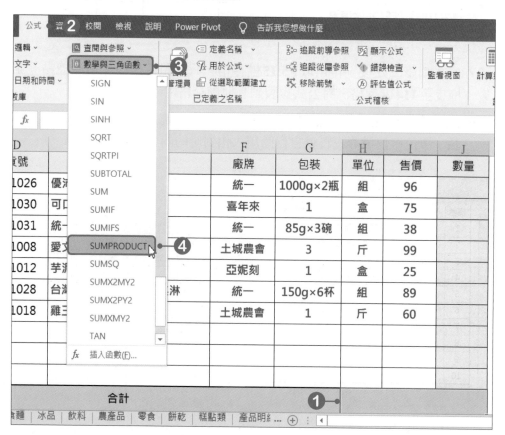

Example 08 報價系統

◆02 開啟「函數引數」對話方塊後，按下第1個引數(Array1)的 ⬆ 按鈕，選擇儲存格範圍。

◆03 於工作表中選擇 **I5:I14** 儲存格範圍，選擇好後按下 ▣ 按鈕。

			=SUMPRODUCT(I5:I14)					
C	D	E		F	G	H	I	J
飲料	LG1026	優沛蕾優酪乳		統一	1000g×2瓶	組	96	
餅乾	LG1030	可口美酥		喜年來	1	盒	75	
速食麵	函數引數					? ×	38	
農產品	I5:I14			❷	▣		99	
點類	LG1012	芋泥吐司		亞妮刻	1	盒	25	
冰品	LG1028	台灣牛100%純鮮乳冰淇淋		統一	150g×6杯	組	89	
農產品	LG1018	雞三節翅		土城農會	1	❶	60	
		合計				=SUMPRODUCT(I5:I14)		

◆04 按下第2個引數(Array2)的 ⬆ 按鈕，於工作表中選擇儲存格範圍。

函數引數 ? ×

SUMPRODUCT

Array1 I5:I14 ⬆ = {96;75;38;99;25;89;60;"";"";""}

Array2 ⬆ = 陣列

Array3 ⬆ = 陣列

= 482

傳回多個陣列或範圍中的各相對應元素乘積之總和

Array1: array1,array2,... 為 2 到 255 個陣列，用以求其乘積後再加總這些乘積。所有陣列的大小必須相同。

計算結果 = $482.00

函數說明(H) 確定 取消

05 於工作表中選擇 **J5:J14** 儲存格範圍，選擇好後按下 ▣ 按鈕。

fx	=SUMPRODUCT(I5:I14,J5:J14)						
D	E	F	G	H	I		J
.026	優沛蕾優酪乳	統一	1000g×2瓶	組	96		
.030	可口美酥	喜年來	1	盒	75		
.031	統一碗麵	統一	85g×3碗	組	38		

函數引數　　　　　　　　　　　　? 　×

J5:J14　　　　　　　　　　　❷ ▣

| .028 | 台灣牛100%純鮮乳冰淇淋 | 統一 | 150g×6杯 | 組 | 89 | | |
| .018 | 雞三節翅 | 土城農會 | 1 | 斤 | 60 | | |

❶

| 合計 | | | | | =SUMPRODUCT(I5: I14,J5:J14) | |

06 範圍都選擇好後按下 **確定** 按鈕，即可完成公式的建立。

函數引數　　　　　　　　　　　　　　　　　　? 　×

SUMPRODUCT

Array1　I5:I14　　　　　↑　= {96;75;38;99;25;89;60;"";"";""}

Array2　J5:J14　　　　　↑　= {0;0;0;0;0;0;0;0;0;0}

Array3　　　　　　　　　↑　= 陣列

= 0

傳回多個陣列或範圍中的各相對應元素乘積之總和

　　　　Array2: array1,array2,... 為 2 到 255 個陣列，用以求其乘積後再加總這些乘積。所有陣列的大小必須相同。

計算結果 =　$0.00

函數說明(H)　　　　　　　　　　　　　確定　　取消

Example 08 報價系統

07 回到工作表後，即可計算出該報價單的合計金額。

編號	類別	貨號	品名	廠牌	包裝	單位	售價	數量
1	飲料	LG1026	優沛蕾優酪乳	統一	1000g×2瓶	組	96	10
2	餅乾	LG1030	可口美酥	喜年來	1	盒	75	12
3	速食麵	LG1031	統一碗麵	統一	85g×3碗	組	38	5
4	農產品	LG1008	愛文芒果	土城農會	3	斤	99	6
5	糕點類	LG1012	芋泥吐司	亞妮刻	1	盒	25	10
6	冰品	LG1028	台灣牛100%純鮮乳冰淇淋	統一	150g×6杯	組	89	15
7	農產品	LG1018	雞三節翅	土城農會	1	斤	60	10
8								
9								
10								
合計							$4,829.00	

報價單 | 類別 | 速食麵 | 冰品 | 飲料 | 農產品 | 零食 | 餅 …

8-6 保護活頁簿

報價系統設計好後，可別先急著發布，為了避免在填寫的過程中，工作表不小心被某些人誤刪或修改，而必須重新製作，所以要為活頁簿加上保護的設定。

01 按下「校閱→保護→保護活頁簿」按鈕，開啟「保護結構及視窗」對話方塊。

◆02 將密碼設定為「CHWA-001」，勾選**結構**選項，設定好後按下**確定**按鈕。

◆03 再次確認密碼，請再次輸入密碼，輸入好後按下**確定**按鈕。

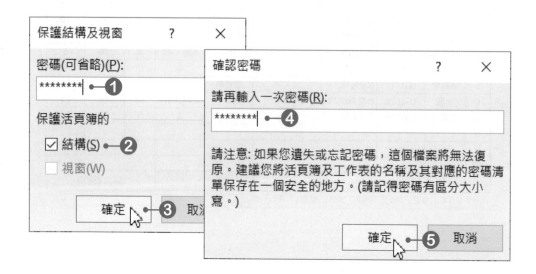

◆03 到這裡就完成了保護活頁簿的設定。而保護活頁簿的結構後，就無法移動、複製、刪除、隱藏、新增工作表了。

4	編號	類別	貨號	品名	廠牌
5	1	飲料		優酪乳	統一
6	2	餅乾		酥	喜年來
7	3	速食麵		麵	統一
8	4	農產品		果	土城農會
9	5	糕點類		司	亞妮刻
10	6	冰品		100%純鮮乳冰淇淋	統一
11	7	農產品		翅	土城農會
12	8				
13	9				

右鍵選單：
- 插入(I)...
- 刪除(D)
- 重新命名(R)
- 移動或複製(M)...
- 檢視程式碼(V)
- 保護工作表(P)...
- 索引標籤色彩(T) ▶
- 隱藏(H)
- 取消隱藏(U)...
- 選取所有工作表(S)

工作表標籤：報價單 | 類別 | 速食麵 | 冰品 | 飲料 | 農產品 | 零食 | 餅...

Example 08 報價系統

在設定保護活頁簿時，不一定要設定密碼，但若沒有設定密碼，任何使用者只要開啟該檔案都可以取消保護活頁簿的設定。

在「**檔案→資訊**」功能中，按下「**保護活頁簿→保護活頁簿結構**」選項，也可以進行保護活頁簿的設定。

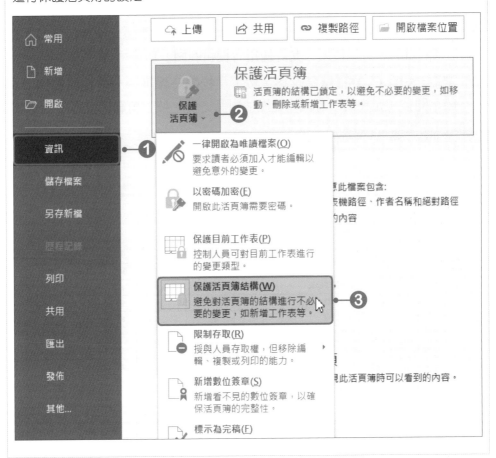

8-7 設定允許使用者編輯範圍

除了針對工作表、活頁簿設定保護外，也可以指定某些範圍不必保護，允許他人使用及修改。例如：在「報價系統」工作表中，只讓使用者在 C5:D14、J5:J14 儲存格中進行資料的輸入動作，而其他部分則無法修改，要達到這樣的目的，可以使用「**允許使用者編輯範圍**」功能。

◆01 選取 **C5:D14、J5:J14** 儲存格，按下「**校閱→保護→允許編輯範圍**」按鈕，開啟「允許使用者編輯範圍」對話方塊，按下**新範圍**按鈕。

◆02 按下**新範圍**按鈕，開啟「新範圍」對話方塊，在**標題**欄位中輸入要使用的標題名稱；在**參照儲存格**中會自動顯示所選取的範圍；在**範圍密碼**欄位中輸入密碼，不輸入表示不設定保護密碼。

Example 08 報價系統

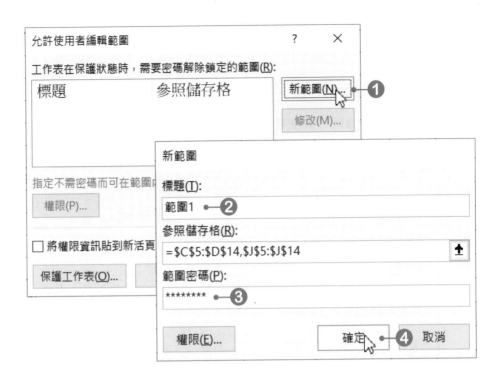

03 設定好後按下**確定**按鈕，需要再確認一次密碼。

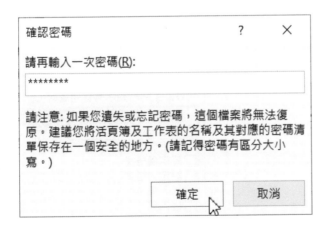

◆04 密碼確認完後，會回到「允許使用者編輯範圍」對話方塊，按下**保護工作表**按鈕，開啟「保護工作表」對話方塊，進行保護工作表的設定。

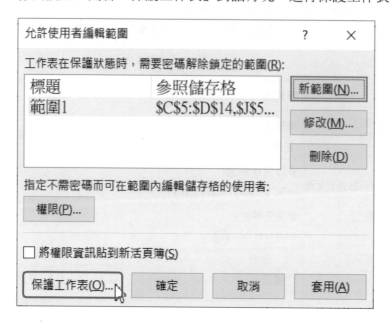

◆05 在**要取消保護工作表的密碼**欄位中輸入密碼(CHWA-001)，在**允許此工作表的所有使用者能**清單中，將**選取鎖定的儲存格**及**選取未鎖定的儲存格**選項勾選，都設定好後按下**確定**按鈕。

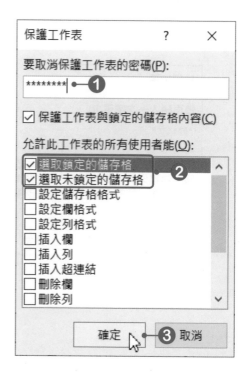

Example 08 報價系統

06 按下**確定**按鈕後，會再開啓「確認密碼」對話方塊，請再輸入一次密碼，輸入好後按下**確定**按鈕。

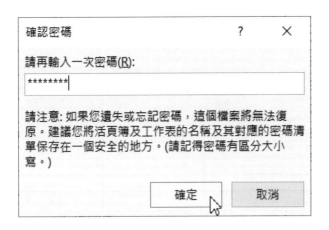

07 完成以上步驟後，當使用者開啓該檔案，若要填寫資料時，須先輸入密碼，才能進行資料輸入的動作。

08 若在不允許編輯的儲存格中輸入資料時,則會出現警告訊息。

　　當工作表及活頁簿被設定為保護狀態,若要取消保護,可以按下「**校閱→保護→取消保護工作表**」按鈕,或「**校閱→保護→保護活頁簿**」按鈕,來解除保護,解除保護狀態時,須輸入當初設定的密碼才能取消保護。

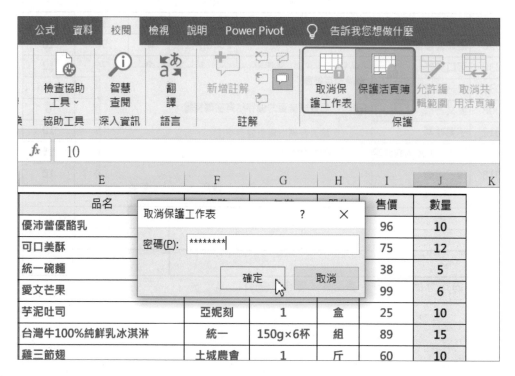

● 選擇題

( )1. 下列哪一個函數,是用來計算各陣列中,所有對應元素乘積的總和? (A) SUM函數 (B) SUMIF函數 (C) SUMPRODUCT函數 (D) COUNT函數。

( )2. 在Excel中,有關篩選唯一值與移除重複值的敘述,下列哪個不正確? (A)篩選唯一值與移除重複值執行後,重複的資料均被刪除 (B)移除重複值執行後會將重複性資料永久刪除,篩選唯一值執行後,將會隱藏重複性資料 (C)執行「資料→排序與篩選→進階→在原有範圍顯示篩選結果」,並選取「不選重複的記錄」即可篩選唯一值 (D)執行「資料→資料工具→移除重複」選擇指定重複項目的欄位,便刪除重複性資料。

( )3. 在Excel中,若要開啟「名稱管理員」時,可以按下下列哪組快速鍵? (A) Alt+F3 (B) Ctrl+F3 (C) Shift+F3 (D) Tab+F3。

( )4. 在Excel中,若要「從選取範圍建立」名稱時,可以按下下列哪組快速鍵? (A) Shift+Tab+F3 (B) Ctrl+Alt+F3 (C) Alt+Shift+F3 (D) Ctrl+Shfit+F3。

( )5. 在Excel中的ISBLANK函數是屬於「其他函數」中的? (A)工程函數 (B)資訊函數 (C)統計函數 (D)文字函數。

( )6. 下列敘述何者不正確? (A)資料驗證功能無法在儲存格內自行設定函數與公式的驗證準則 (B)若要於公式中插入範圍名稱時,可以按下「F3」鍵 (C) INDIRECT函數可以傳回一文字串所指定的參照位址 (D)使用SUMPRODUCT函數時,引數中的「陣列」必須有相同的列數與相同的欄數。

( )7. 下列哪個函數可以在表格裡上下地搜尋,找出想要的項目,並傳回跟項目同一列的某個欄位內容? (A) ISBLANK函數 (B) SUMPRODUCT函數 (C) VLOOKUP函數 (D) INDIRECT函數。

( )8. 下列哪個函數可以用來判斷該數值引數是否為空白? (A) ISBLANK函數 (B) SUMPRODUCT函數 (C) VLOOKUP函數 (D) INDIRECT函數。

● **實作題**

1. 開啟「Example08→手機業績查詢表.xlsx」檔案，進行以下設定。

- 使用「移除重複」工具，統計出共有多少個廠商名稱，並將結果存放於「廠商統計」工作表中。
- 請分別建立各廠牌手機的「名稱」，各廠牌手機分別建立二個名稱，一個為「××機型」，資料範圍是「機型」資料；另一個名稱為「××清單」，資料範圍是該手機的所有資料。

- 在「銷售業績查詢表」工作表中，進行銷售業績查詢表的製作，請在「C2」儲存格中建立「廠牌」選單；在「E2」儲存格中建立「機型」選單。
- 當選擇「廠牌(C2)」後，「機型(E2)」儲存格中便顯示該廠商的所有機型名稱，當選擇好機型名稱後，價格、銷售數量、銷售業績等資料便自動顯示於儲存格中。

銷售業績查詢表

廠牌名稱	Apple	機型名稱	iPhone 15 Pro (256G)		
價格	$33,290	銷售數量	6	銷售業績	$199,740

投資理財試算

無論是公司行號，乃至於家庭或個人，都能運用 Excel 在財務方面的函數，幫助我們有效處理繁瑣又複雜的運算，輕輕鬆鬆掌管自己的財務資訊喔！
本章範例就以 Excel 的財務函數為主軸，看看 Excel 到底能夠提供哪方面的財務運算吧！

FV 函數　　目標搜尋

希望銀行 零存整付定存

每月存入	$10,000.00
期數	36
利率	1.95%
到期本利和	$371,030.54

分析藍本

分析藍本摘要

	現用值: 200萬貸款20年		200萬貸款25年	250萬貸款25年
變數儲存格:				
$B$3	$2,500,000	$2,000,000	$2,000,000	$2,500,000
$D$3	30	20	25	25
目標儲存格:				
$E$4	$20,571	$21,174	$19,561	$21,893

PMT 函數

購屋貸款	貸款金額	利率	償還年限	每月償還
政府首購貸款	$2,000,000	2.12%	20	$10,232
希望銀行房貸	$2,500,000	2.85%	30	$10,339
總計		-	-	$20,571

運算列表

希望銀行房貸	每月償還	償還年限				
	$10,339	10	15	20	25	30
貸款金額	$1,500,000	$14,380	$10,251	$8,207	$6,997	$6,203
	$2,000,000	$19,174	$13,668	$10,942	$9,329	$8,271
	$2,500,000	$23,967	$17,085	$13,678	$11,661	$10,339
	$3,000,000	$28,761	$20,502	$16,414	$13,993	$12,407
	$3,500,000	$33,554	$23,919	$19,149	$16,326	$14,475

購屋貸款	貸款金額	利率	償還年限	每月償還金額
希望銀行房貸	$2,500,000	2.85%	25	$11,661

PPMT 函數

期數	每期應繳金額	利息	本金	合計
1	$11,661	$5,938	$5,724	$11,661
2	$11,661	$5,924	$5,737	$11,661
3	$11,661	$5,910	$5,751	$11,661

IPMT 函數

儲蓄險	康康人壽	健健人壽	長久人壽
每年應繳金額	$36,173	$64,324	$30,769
期間	10	20	12
到期領回	$400,000	$1,500,000	$403,988
利率	1.82%	1.44%	1.38%

RATE 函數

NPV 函數

保單現值	保單淨現值
$161,154	($7,726)

PV 函數

每月存款	固定利率	期數(年)	到期本利和
$14,000	2.00%	10	-$125,756.19

Example 09 投資理財試算

9-1 用FV函數計算零存整付的到期本利和

「零存整付定期存款」是指在一定的期間內，每月持續存入固定的金額在定存帳戶中，等到期滿就可以一次將定存帳戶裡的本金與利息一併提領出來。

有了一份穩定的收入之後，小桃想將薪水固定提撥一部分存起來，所以有意加入「希望銀行」的「零存整付定期存款」方案。

以「希望銀行」目前的牌告利率來估算，三年期的定存利率為1.95%，若小桃每月固定繳存$10,000，三年後到期，小桃的定存帳戶裡共累積了多少本利和？這裡要使用「**FV**」函數來算一算。

說明	用來計算零存整付存款本利和
語法	**FV(Rate,Nper,Pmt,Pv,Type)**
引數	◆ Rate：為各期的利率。 ◆ Nper：為年金的總付款期數。 ◆ Pmt：係指分期付款的金額；不得在年金期限內變更。 ◆ Pv：係指現在或未來付款的目前總額。 ◆ Type：為0或1的數值，用以界定各期金額的給付時點。1表示期初給付；0或省略未填則表示期末給付。

要特別注意的是，在設定引數數值時，若欲代表所付出的金額(如每期存款)，須以負值代表引數。

這裡請進入**零存整付定存試算**工作表中，來看看，三年後小桃的定存帳戶裡，共累積了多少本利和。

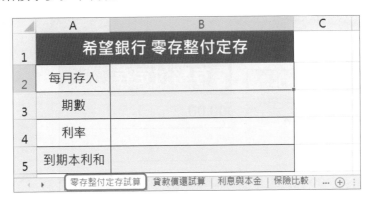

◆01 在 **B2** 儲存格中輸入每月欲存入的金額 **10000**；在 **B3** 儲存格中輸入三年來所繳交的總期數，也就是 12 個月乘以三年，共 **36** 期；在 **B4** 儲存格中輸入希望銀行所規定的利率 **1.95**。

	A	B	C
1	希望銀行 零存整付定存		
2	每月存入	$10,000.00	
3	期數	36	
4	利率	1.95%	
5	到期本利和		

零存整付定存試算 | 貸款償還試算 | 利息與本金 | 保險比較 … ⊕

在此範例中，都已事先將 B2:B5 的儲存格格式，依照欄位需求，設定為「貨幣」或「百分比」等格式。如果想要自己動手建立類似的表格，可別忘了要另外修改儲存格的格式喔！

◆02 選取 **B5** 儲存格，按下「**公式→函數庫→財務**」按鈕，於選單中點選 **FV** 函數，開啟「函數引數」對話方塊。

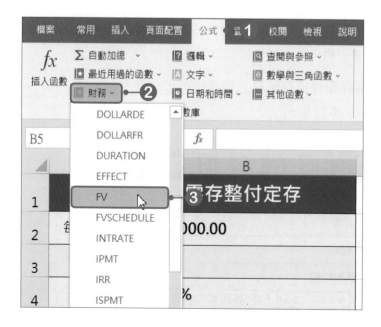

Example 09 投資理財試算

◆03 按下第1個引數(Rate)的 ↥ 按鈕，於工作表中選取 **B4** 儲存格，選取好後按下 ⬓ 按鈕，回到「函數引數」對話方塊中。

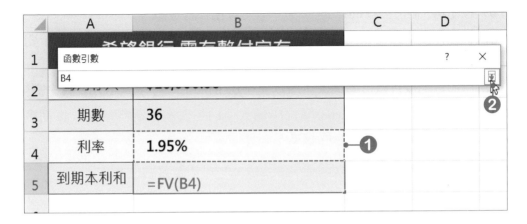

◆04 要注意1.95%為「年」利率，而小桃是按「月」存入的，所以每期利率應將1.95%再除以12個月，才是實際每期的計算利率，所以請在 **B4** 後輸入「**/12**」。

◆05 按下第2個引數(Nper)的 ↥ 按鈕，設定定存的總期數。

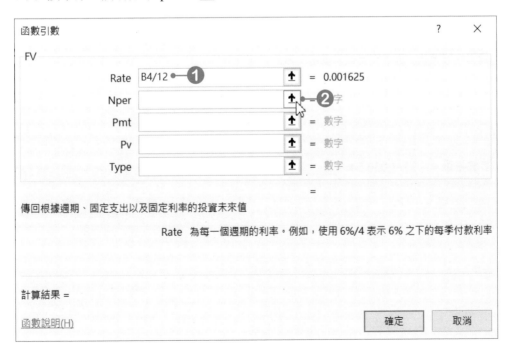

- **06** 於工作表中選取 **B3** 儲存格，選取好後按下 🔳 按鈕，回到「函數引數」對話方塊中。

- **07** 按下第 3 個引數 (Pmt) 的 🔼 按鈕，設定每期存款金額。

- **08** 在工作表中點選 **B2** 儲存格，選取好後按下 🔳 按鈕，回到「函數引數」對話方塊中。

- **09** 由於每期按月繳付 $10000，所以要在 B2 前加上「-」號，表示支付金額。

- **10** 最後在第 5 個引數 (Type) 欄位中輸入「**1**」，表示「期初給付」每期金額，按下**確定**按鈕，完成設定。

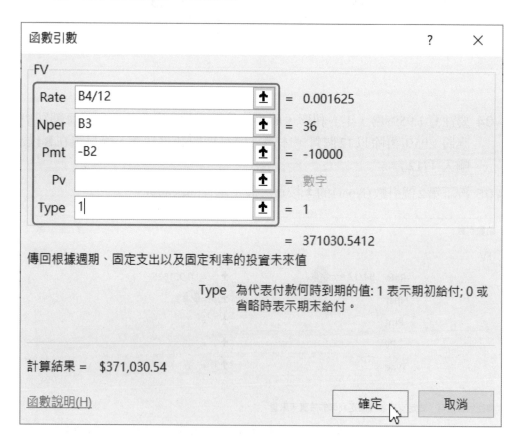

Example 09 投資理財試算

11 回到工作表中，就計算出三年後到期時，小桃可以領回 $371,030.54。

B5		f_x	=FV(B4/12,B3,-B2,,1)

	A	B
1	**希望銀行 零存整付定存**	
2	每月存入	$10,000.00
3	期數	36
4	利率	1.95%
5	到期本利和	$371,030.54

9-2 目標搜尋

　　一般在Excel上的運用，大多都是利用Excel計算已存在的資料，以求出答案，其實Excel也可以根據答案，往回推算資料的數值。例如小桃目前所規劃的購屋計劃，打算在三年後利用零存整付定期存款的本利和，支付購屋的頭期款$1,000,000，那麼以目前的利率推算，她每個月必須要固定存多少錢，才可以達到這個目標呢？

　　遇到這類的問題，可以使用Excel的**目標搜尋**功能來推算答案。目標搜尋的使用方法，是幫目標設定期望值，以及一個可以變動的變數，它會調整變數的值，讓目標能夠符合所設定的期望值。

01 選取要達成目標的儲存格，也就是本利和必須為「$1,000,000」的**B5**儲存格，按下「**資料→預測→模擬分析**」按鈕，於選單中點選**目標搜尋**。

02 在「目標搜尋」對話方塊中，「目標儲存格」即為「到期本利和」，也就是**B5**儲存格。而「目標值」欄位，則設定三年後要存得的金額**1000000**。

◆**03** 按下**變數儲存格**的⬆按鈕，選取要推算每月存入金額的欄位。

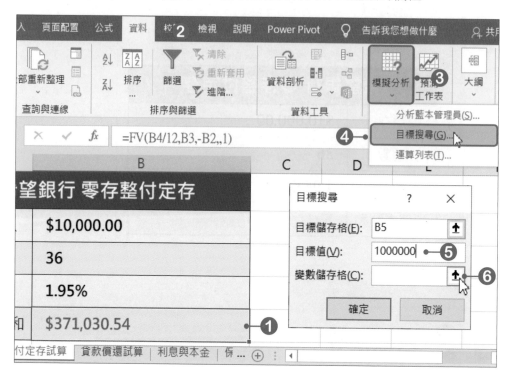

◆**04** 選取 **B2** 儲存格，選取好後，按下◻按鈕，回到「目標搜尋」對話方塊中。

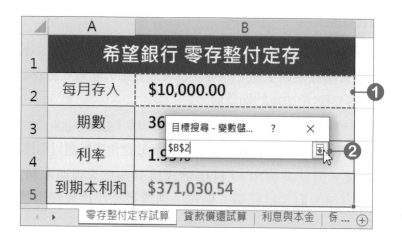

Example 09 投資理財試算

◆05 最後按下**確定**按鈕，工作表中會出現「目標搜尋狀態」的視窗，顯示已
完成計算。

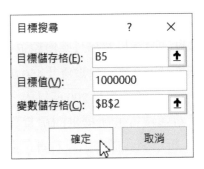

◆06 再看看工作表中的變化，目標儲存格B5，在此同時顯示為目標值
$1,000,000.00，變數儲存格B2，則自動搜尋相對應的數值，計算出小
桃每月必須存入 **$26,951.96**，才能在三年後存得一百萬元。

◆07 如果這時在「目標搜尋狀態」視窗中按下**確定**按鈕，目標儲存格及**變數**
儲存格會自動替換成搜尋後的數值；若按下**取消**按鈕，則工作表會回復
原來的模樣，所有的數值都不會改變。

9-3 用PMT函數計算貸款每月應償還金額

當小桃辛苦存得100萬的頭期款之後,她看中了一戶房價550萬元的房子。但在購屋之前,她想先試算將來的房貸貸款金額以及每月應償還金額。

依照小桃的購屋計劃,扣除已存得的頭期款100萬,尚需貸款450萬元才足夠購屋。配合政府的首次購屋優惠房貸,一般縣市提供200萬以內,二十年2.12%的優惠房貸。其餘的250萬則以「希望銀行」所提供的房貸利率,250萬二十五年的房貸利率為2.85%來估算。接下來我們來試算看看在這樣的條件下,小桃每個月應償還的金額為多少?

說明	用來計算貸款的攤還金額
語法	**PMT(Rate,Nper,Pv,Fv,Type)**
引數	◆ Rate:為各期的利率。 ◆ Nper:為年金的總付款期數。 ◆ Pv:係指未來每期年金現值的總和。 ◆ Fv:為最後一次付款完成後,所能獲得的現金餘額。若省略不填,則預設值為0。 ◆ Type:為0或1的數值,用以界定各期金額的給付時點。若為0或省略未填,表示為期末給付;若為1,則表示為期初給付。

這裡請進入**貸款償還試算**工作表中,進行以下的練習。

	A	B	C	D	E	F	G
1	購屋貸款	貸款金額	利率	償還年限	每月償還		
2	政府首購貸款	$2,000,000	2.12%	20			
3	希望銀行房貸	$2,500,000	2.85%	25			
4	總計		-	-			
5							
6	希望銀行房貸	每月償還	償還年限				
7			10	15	20	25	30
8		$1,500,000					
9		$2,000,000					
10	貸款金額	$2,500,000					
11		$3,000,000					
12		$3,500,000					

零存整付定存試算 | 貸款償還試算 | 利息與本金 | 保險比 ...

Example 09 投資理財試算

01 選取 **E2** 儲存格，按下「**公式→函數庫→財務**」按鈕，於選單中點選 **PMT** 函數，開啟「函數引數」對話方塊。

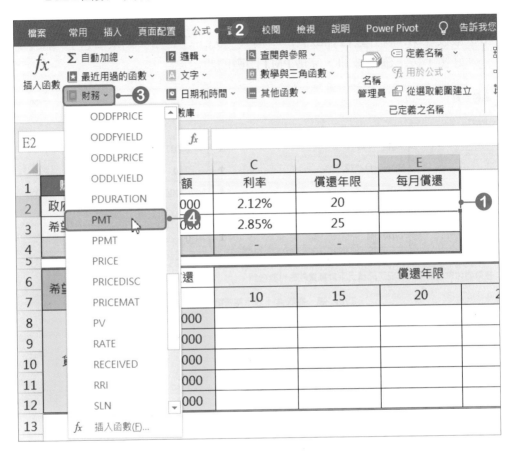

02 按下第 1 個引數 (Rate) 的 ⬆ 按鈕，於工作表中選取 **C2** 儲存格，選取好後按下 ▣ 按鈕，回到「函數引數」對話方塊中。

03 因為 2.12% 為「年」利率，而貸款是按「月」償還的，所以必須要將 2.12% 再除以 12 個月，才是實際每期的計算利率。

04 按下第 2 個引數 (Nper) 的 ⬆ 按鈕，於工作表中選取 **D2** 儲存格，選取好後按下 ▣ 按鈕，回到「函數引數」對話方塊中。同樣由於按月償還的關係，所以償還年限要再乘以 12，才是償還總期數。

◆05 按下第3個引數(Pv)的 🔼 按鈕，於工作表中選取 **B2** 儲存格，選取好後按下 🔳 按鈕，回到「函數引數」對話方塊中。由於償還貸款為支付金額，所以還要在 **B2** 前加上「-」號。

◆06 最後在第5個引數(Type)欄位中輸入「**0**」，代表為「期末償還」，都設定好後，按下**確定**按鈕，完成PMT函數的設定。

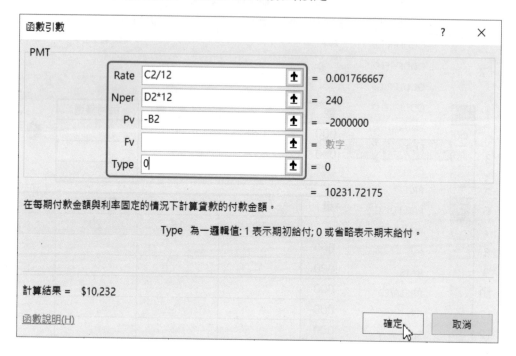

◆07 回到工作表中，已經計算出「政府首購貸款」的每月償還金額為 $10,232。接著拖曳 **E2** 的填滿控點至E3儲存格，將計算公式複製至E3儲存格，就可以計算出「希望銀行房貸」的每月償還金額 $11,661。

◆08 最後點選 **E4** 儲存格，按下「**公式→函數庫→自動加總**」按鈕，於選單中點選**加總**，即可算出每個月應繳交的房貸金額。

E4	✕ ✓ fx	=SUM(E2:E3)		
	A	B	C	D	E
1	購屋貸款	貸款金額	利率	償還年限	每月償還
2	政府首購貸款	$2,000,000	2.12%	20	$10,232
3	希望銀行房貸	$2,500,000	2.85%	25	$11,661
4	總計		-	-	$21,893

Example 09 投資理財試算

9-4 運算列表

除了向政府申請首次購屋的優惠房貸之外，剩下的250萬房貸就必須向民間銀行申辦了。因為房貸償還年限以及利率的不同，為了更準確衡量出在不同金額及年限下，每月須繳交的房貸是否超出將來所能負擔的金額，所以小桃想要在同一張列表中，取得不同貸款金額與不同償還年限下的每月償還金額的資訊。

而這裡只要利用Excel的**運算列表**功能，就可以試算不同情況下的各種結果。在「貸款償還」工作表下方的表格，針對償還年限10到30年、貸款金額$1,500,000到$3,500,000的貸款條件，要建立每月償還金額的資料表。

首先，在運算列表時，必須將「公式儲存格」建立在列表最左上角的儲存格中，接下來才能夠推算出列表中的金額。所以我們要在「B7」儲存格中，先建立「每月償還金額」的運算公式。

◆01 首先，要在**B7**儲存格中使用PMT函數建立計算每月償還金額的運算公式。函數引數的設定方式如下，設定好後按下**確定**按鈕。

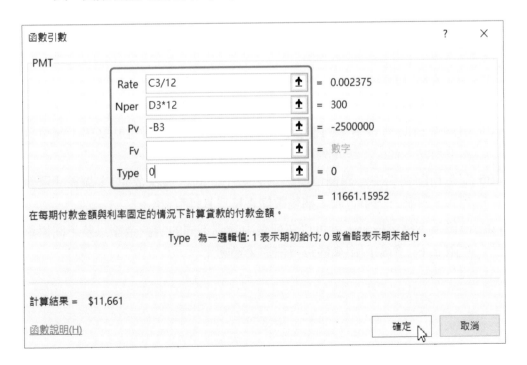

◆02 設定好後，B7儲存格會以上方表格的希望銀行房貸條件來計算(貸款金額$2,500,000、利率2.85%、償還年限25年)，並顯示每月償還金額為 **$11,661**，而接下來列表中的儲存格也都會以B7儲存格的公式為基礎，修改不同的貸款條件後進行運算。

B7	▾	:	×	✓	f_x	=PMT(C3/12,D3*12,-B3,,0)	

	A	B	C	D	E	F	G
1	購屋貸款	貸款金額	利率	償還年限	每月償還		
2	政府首購貸款	$2,000,000	2.12%	20	$10,232		
3	希望銀行房貸	$2,500,000	2.85%	25	$11,661		
4	總計	-	-		$21,893		
5							
6	希望銀行房貸	每月償還		償還年限			
7		$11,661	10	15	20	25	30
8		$1,500,000					
9		$2,000,000					
10	貸款金額	$2,500,000					
11		$3,000,000					
12		$3,500,000					

> 建立資料表時，必須將公式儲存格，在本例中也就是計算每月償還金額的B7儲存格，建立在列表最左上角的儲存格中。

◆03 選取 **B7:G12** 儲存格，按下「**資料→預測→模擬分析**」按鈕，於選單中點選**運算列表**。

◆04 由於空白的列表中，列欄位所顯示的是「償還年限」，故在「運算列表」對話方塊中，設定**列變數儲存格**為 **D3** 儲存格。

◆05 在空白的列表中，欄欄位所顯示的是不同的「貸款金額」，故在「運算列表」對話方塊中，設定**欄變數儲存格**為 **B3** 儲存格。

◆06 最後按下**確定**按鈕，就可以在列表中看到不同的貸款金額以及不同償還年限之下，所對照出來的每月償還金額囉！

Example 09 投資理財試算

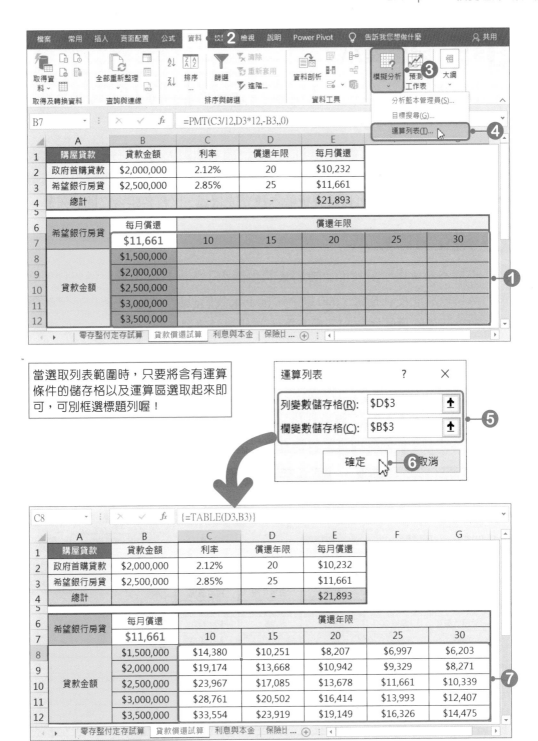

當選取列表範圍時，只要將含有運算條件的儲存格以及運算區選取起來即可，可別框選標題列喔！

9-15

9-5 分析藍本

分析藍本可以儲存不同的數值群組，切換不同的分析藍本，可以檢視不同的運算結果，同時還可以將各數值群組的比較，建立成報表。

舉例來說，要比較各種不同的貸款金額、期數，可以將每一組貸款金額、期數，建立成一個分析藍本，切換不同的分析藍本，就可以檢視不同組合下的償還金額，甚至可以將分析藍本建立成報表，比較各組合之間的差異。

◎ 建立分析藍本

小桃不希望為了房貸而影響將來的生活水平，所以她希望將每個月需償還的房貸總額能控制在$25,000以下。接下來我們設計一個以小桃所希望的償還金額為基準的貸款比較的各種方案，並利用分析藍本建立報表。

→**01** 在應用**分析藍本**功能時，須先將游標移至比較的目標儲存格上，由於比較原則為每月償還總金額約為 $25,000，所以目標儲存格就是「每月償還總金額」，也就是 **E4** 儲存格。

→**02** 按下「**資料→預測→模擬分析**」按鈕，於選單中點選**分析藍本管理員**，開啟「分析藍本管理員」對話方塊，按下**新增**按鈕。

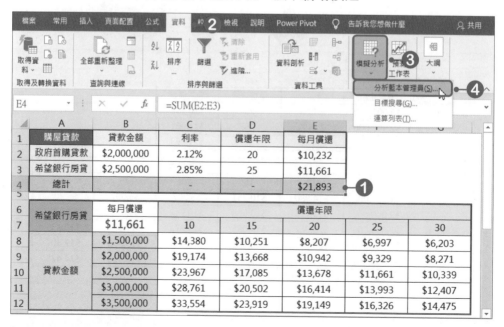

Example 09 投資理財試算

◆03 開啓「分析藍本管理員」對話方塊，按下**新增**按鈕。

分析藍本管理員	? ☓
分析藍本(C):	新增(A)...
	刪除(D)
	編輯(E)...
未定義分析藍本。要新增分析藍本，請選取 [新增]。	合併(M)...
	摘要(U)...
變數儲存格:	
註解:	
	顯示(S)　　關閉

◆04 在「新增分析藍本」對話方塊中，於**分析藍本名稱**中輸入第一個貸款方案「**200 萬貸款 20 年**」，輸入好後按下**變數儲存格**欄位的 ⬆ 按鈕。

新增分析藍本	? ☓
分析藍本名稱(N):	
200萬貸款20年　①	
變數儲存格(C):	
E4　②	⬆
按住 Ctrl 鍵後再按一下儲存格，即可選取不相鄰的變數儲存格。	
註解(O):	

▸05 在工作表中，選取 **B3** 和 **D3** 儲存格(利用 **Ctrl** 鍵分別選取)，這兩個是可以變動的數值，選擇好了之後，按下⬆按鈕，回到「新增分析藍本」對話方塊中，再按下**確定**按鈕。

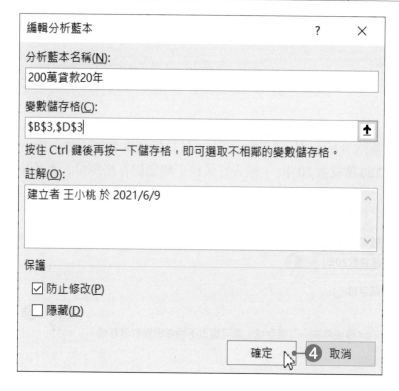

	A	B	C	D	E
1	購屋貸款	貸款金額	利率	償還年限	每月償還
2	政府首購貸款	$2,000,000	2.12%	20	$10,232
3	希望銀行房貸	$2,500,000	❶2.85%	25	❷11,661
4	總計		-	-	$21,893

新增分析藍本 – 變數儲存格：　　　　　　　　　　　?　　✕

$B$3,$D$3　　　　　　　　　　⬇❸

| 8 | $1,500,000 | $14,380 | $10,251 | $8,20? |
| 9 | $2,000,000 | $19,174 | $13,668 | $10,942 |

編輯分析藍本　　　　　　　　　　　　　　?　　✕

分析藍本名稱(N)：

200萬貸款20年

變數儲存格(C)：

$B$3,$D$3　　　　　　　　　　　　⬆

按住 Ctrl 鍵後再按一下儲存格，即可選取不相鄰的變數儲存格。

註解(O)：

建立者 王小桃 於 2021/6/9

保護

☑ 防止修改(P)

☐ 隱藏(D)

確定　❹ 取消

Example 09 投資理財試算

◆06 建立分析藍本後，就可以在「分析藍本變數值」對話方塊中，輸入該方案的變數值。在代表貸款金額的**B3**變數儲存格中，輸入**2000000**；在代表償還年限的**D3**變數儲存格中，輸入**20**，都輸入好後按下**確定**按鈕。

◆07 回到「分析藍本管理員」中，就可以看到剛剛新增的分析藍本「200萬貸款20年」，再按下**新增**按鈕，繼續增加下一個分析藍本。

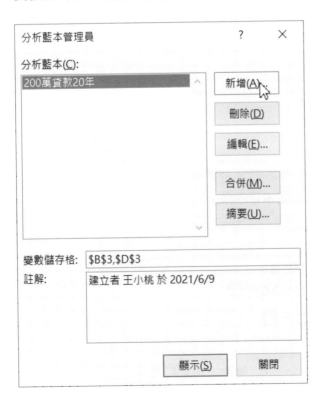

08 輸入第2個分析藍本名稱**200萬貸款25年**，這裡的變數儲存格，會保留第一次設定的值**B3**以及**D3**，所以不用再重新設定，只須按下**確定**按鈕即可。

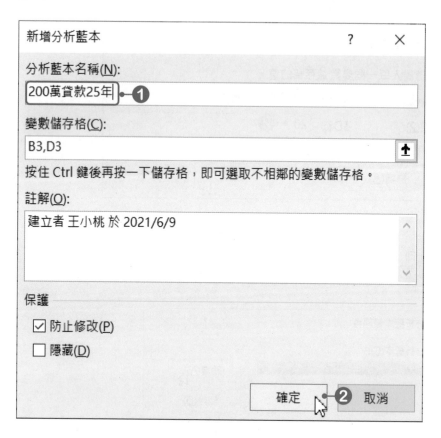

09 設定第2個分析藍本的變數值，分別輸入**2000000**和**25**，輸入好後按下**確定**按鈕，回到「分析藍本管理員」對話方塊中。

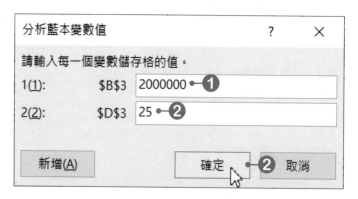

Example 09 投資理財試算

◆10 在「分析藍本管理員」對話方塊中，繼續按下**新增**按鈕，增加第3個分析藍本。輸入第3個分析藍本名稱**250萬貸款25年**，再按下**確定**按鈕。

◆11 設定第3個分析藍本的變數值，分別輸入**2500000**和**25**，輸入好後按下**確定**按鈕，回到「分析藍本管理員」對話方塊中。

◆**12** 再按下**新增**按鈕，繼續增加下一個分析藍本。輸入第4個分析藍本名稱 **250萬貸款30年**，輸入好後按下**確定**按鈕。

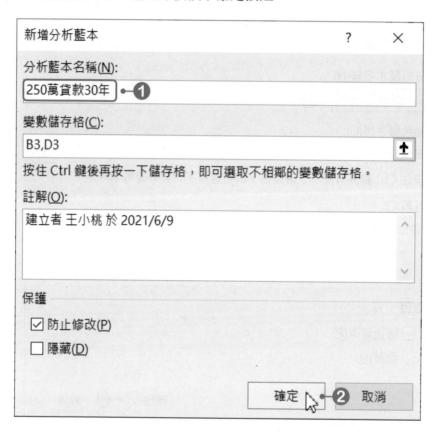

◆**13** 設定第4個分析藍本的變數值，分別輸入**2500000**和**30**，輸入好後按下 **確定**按鈕。

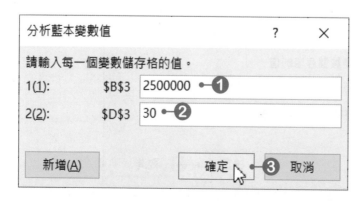

Example 09 投資理財試算

14 回到「分析藍本管理員」對話方塊後，在「分析藍本管理員」對話方塊中，可以看到剛剛新增的四個分析藍本。

15 若想要看以第4個分析藍本「250萬貸款30年」所計算出來的每月償還金額，則在分析藍本選單中點選**250萬貸款30年**，再按下**顯示按鈕**，就可以在工作表上看到以這個條件來計算的每月償還金額了。

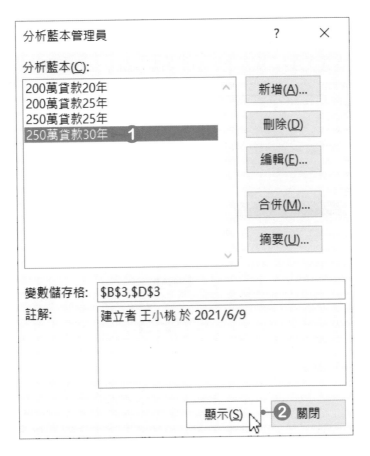

	A	B	C	D	E
1	購屋貸款	貸款金額	利率	償還年限	每月償還
2	政府首購貸款	$2,000,000	2.12%	20	$10,232
3	希望銀行房貸	$2,500,000	2.85%	30	$10,339
4	總計		-	-	$20,571

以分析藍本摘要建立報表

分析藍本不僅可以在畫面上檢視不同的變數結果，它還可以產生**摘要**。分析藍本的摘要是將所有分析藍本排成一個表格，產生一份容易閱讀的報表。

接下來就將已設定好的4個分析藍本，利用**分析藍本摘要**製作成一份易於閱讀並比較的報表吧！

◆01 按下「**資料→預測→模擬分析**」按鈕，於選單中點選**分析藍本管理員**。

◆02 開啟「分析藍本管理員」對話方塊，按下**摘要**按鈕。

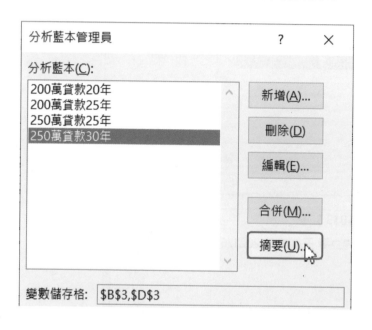

編輯／刪除分析藍本

若想要修改已建立好的分析藍本，同樣按下「**資料→預測→模擬分析**」按鈕，於選單中點選**分析藍本管理員**，在「分析藍本管理員」對話方塊中，點選欲修改的分析藍本，再按下**編輯**按鈕。接著在「編輯分析藍本」以及「分析藍本變數值」對話方塊中，修改相關設定，再按下**確定**按鈕就可以了！

而刪除分析藍本，只須在「分析藍本管理員」對話方塊中，點選欲刪除的分析藍本，再按下**刪除**按鈕即可。

Example 09 投資理財試算

▸03 在**報表類型**選項中，點選**分析藍本摘要**選項，設定「目標儲存格」，該儲存格就是當分析藍本設定的變數儲存格改變時，會受到影響而跟著改變的儲存格，通常 Excel 會自動尋找。現在它所搜尋到的儲存格位置為 **E4**，正好是小桃所要考慮的「貸款總計金額」，所以直接按下**確定**按鈕就可以了。

▸04 回到工作表後，已自動建立一個**分析藍本摘要**的工作表標籤頁，工作表內容也就是所有分析藍本的摘要資料。

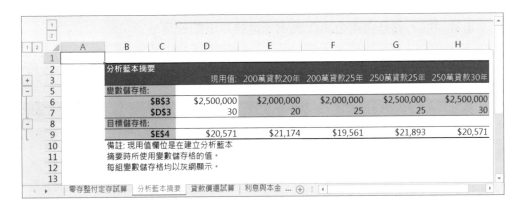

在產生「分析藍本摘要」後，其左側會有一些 ⊞ 或 ⊟ 的大綱符號，用來隱藏或顯示摘要中的內容。你同樣可以利用這些按鈕，來決定摘要中所要顯示的資訊。

9-6 用IPMT及PPMT函數計算利息與本金

將貸款方案使用藍本分析後，小桃決定要向希望銀行貸款250萬，並以25年來償還，雖然知道了每月要償還的金額，小桃還是希望能了解一下各期還款中有多少是本金，又有多少是利息。這裡可以使用 **IPMT** 函數與 **PPMT** 函數，幫小桃分別計算出利息與本金。

說明	IPMT：用來計算當付款方式為定期、定額及固定利率時，某期的應付利息 PPMT：可以傳回每期付款金額及利率皆固定時，某期付款的本金金額
語法	**IPMT(Rate,Per,Nper,Pv,Fv,Type)** **PPMT(Rate,Per,Nper,Pv,Fv,Type)**
引數	◆ Rate：為各期的利率。 ◆ Per：介於1與Nper(付款的總期數)之間的期數。 ◆ Nper：為年金的總付款期數。 ◆ Pv：為未來各期年金現值的總和。 ◆ Fv：為最後一次付款完成後，所能獲得的現金餘額。若省略不填，則預設值為0。 ◆ Type：為0或1的數值，用以界定各期金額的給付時點。若為0或省略未填，表示為「期末給付」；若為1，則表示為「期初給付」。

這裡請進入 **利息與本金** 工作表中，進行以下的設定。

◆**01** 選取 **C5** 儲存格，按下「**公式→函數庫→財務**」按鈕，於選單中點選 **IPMT** 函數，開啓「函數引數」對話方塊。

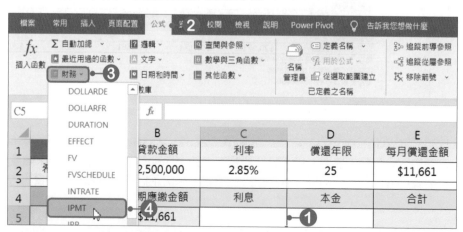

Example 09 投資理財試算

◆02 按下第1個引數(Rate)的 ⬆ 按鈕，於工作表中選取 **C2** 儲存格，選取好後按下 🔲 按鈕，回到「函數引數」對話方塊中。

◆03 為了之後的複製工作不會出現問題，這裡請將C2儲存格改為 **$C$2** 絕對位址，而C2儲存格是以年息來計算，故要除以12換算成月息，請輸入「**/12**」。

◆04 按下第2個引數(Per)的 ⬆ 按鈕，選擇期數，於工作表中選取 **A5** 儲存格，選取好後按下 🔲 按鈕，回到「函數引數」對話方塊中，將A欄設為 **$A** 絕對位址。

◆05 按下第3個引數(Nper)的 ⬆ 按鈕，選擇償還年限，於工作表中選取 **D2** 儲存格，選取好後按下 🔲 按鈕，回到「函數引數」對話方塊中，並將該儲存格設為 **$D$2** 絕對位址，再將D2儲存格乘以12，請輸入「***12**」。

◆06 按下第4個引數(Pv)的 ⬆ 按鈕，選擇貸款金額，於工作表中選取 **B2** 儲存格，選取好後按下 🔲 按鈕，回到「函數引數」對話方塊中，將該儲存格設定為 **$B$2** 絕對位址，並加上「**-**」負號。

◆07 在第5個引數(Fv)中，輸入「**0**」。

◆08 都設定好後按下**確定**按鈕。

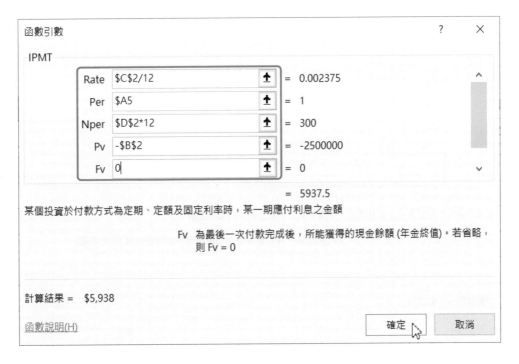

◆09 完成利息的計算。

| C5 | | ▼ | : | × | ✓ | fx | =IPMT($C$2/12,$A5,$D$2*12,-$B$2,0) |

	A	B	C	D	E
1	購屋貸款	貸款金額	利率	償還年限	每月償還金額
2	希望銀行房貸	$2,500,000	2.85%	25	$11,661
4	期數	每期應繳金額	利息	本金	合計
5	1	$11,661	$5,938		
6	2	$11,661			
7	3	$11,661			
8	4	$11,661			

利息計算出來後，接著計算本金。

◆01 請選取 **D5** 儲存格，按下「**公式→函數庫→財務**」按鈕，於選單中點選 **PPMT** 函數，開啟「函數引數」對話方塊。

◆02 開啟「函數引數」對話方塊，這裡的 PPMT 函數的設定與 IPMT 函數的設定是一樣，所以就不再多做操作上的說明，其設定如下：

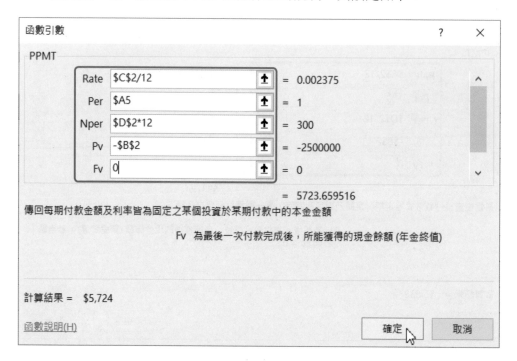

函數引數		? ×

PPMT

Rate	$C$2/12	↑	= 0.002375
Per	$A5	↑	= 1
Nper	$D$2*12	↑	= 300
Pv	-$B$2	↑	= -2500000
Fv	0	↑	= 0

= 5723.659516

傳回每期付款金額及利率皆為固定之某個投資於某期付款中的本金金額

Fv 為最後一次付款完成後，所能獲得的現金餘額 (年金終值)

計算結果 = $5,724

函數說明(H) | 確定 | 取消

Example 09 投資理財試算

◆03 本金也計算完成後，點選 **E5** 儲存格，將 C5 與 D5 儲存格加總後，即可算出該金額是否與「每期應繳金額」相同。

◆04 最後選取 **C5:E5** 儲存格，將公式複製到下方的儲存格，即可知道每期應繳的利息與本金各是多少了。

	A	B	C	D	E
1	購屋貸款	貸款金額	利率	償還年限	每月償還金額
2	希望銀行房貸	$2,500,000	2.85%	25	$11,661
4	期數	每期應繳金額	利息	本金	合計
5	1	$11,661	$5,938	$5,724	$11,661
6	2	$11,661	$5,924	$5,737	$11,661
7	3	$11,661	$5,910	$5,751	$11,661
8	4	$11,661	$5,897	$5,765	$11,661
9	5	$11,661	$5,883	$5,778	$11,661
10	6	$11,661	$5,869	$5,792	$11,661
11	7	$11,661	$5,855	$5,806	$11,661
12	8	$11,661	$5,842	$5,819	$11,661
13	9	$11,661	$5,828	$5,833	$11,661
14	10	$11,661	$5,814	$5,847	$11,661
15	11	$11,661	$5,800	$5,861	$11,661
16	12	$11,661	$5,786	$5,875	$11,661
17	13	$11,661	$5,772	$5,889	$11,661
18	14	$11,661	$5,758	$5,903	$11,661
19	15	$11,661	$5,744	$5,917	$11,661
20	16	$11,661	$5,730	$5,931	$11,661

◀ ▶ ... │ 分析藍本摘要 │ 貸款償還試算 │ 利息與本金 │ 保險比較 │ 保險現值試算 │ 投資現值 ... ⊕

9-7 用RATE函數試算保險利率

在理財規劃上，「保險」也是很重要的一環。小桃想為自己添購一份儲蓄型保單，除了為自己增加一份儲蓄之外，也擁有一份壽險保障，在報稅的時候，更能享有保費節稅的好處。

在比較過幾家保險公司所推出的儲蓄型保單方案，小桃發現康康人壽、健健人壽以及長久人壽三家壽險公司各推出了10年領回$400,000、20年領回$1,500,000、12年領回$403,988等三種不同年期及金額的保單內容。但是光看這三種保單條件每期繳交的保費以及繳費年限，實在無法比較出哪一個方案才是最有利的。在這種情況下，就可以運用Excel的 **RATE** 函數，推算出每張保單的利率各為多少。

說明	用來計算固定年金每期的利率
語法	**RATE(Nper,Pmt,Pv,Fv,Type,Guess)**
引數	◆ Nper：為年金的總付款期數。 ◆ Pmt：為各期所應給付(或所能取得)的固定金額。 ◆ Pv：為未來各期年金現值的總和。 ◆ Fv：為最後一次付款完成後，所能獲得的現金餘額。若省略不填，則預設值為0。 ◆ Type：為0或1的數值，用以界定各期金額的給付時點。若為0或省略未填，表示為「期末給付」；若為1，則表示為「期初給付」。 ◆ Guess：為期利率的猜測數；若省略不填，則預設為10%。

這裡請進入**保險比較**工作表中，進行以下的設定。

◆01 在 **B2**、**C2** 及 **D2** 儲存格中，輸入每年應繳的金額，請分別輸入 **36173**、**64324**、**30769**。

◆02 在 **B3**、**C3** 及 **D3** 儲存格中，輸入保單年限，請分別輸入 **10**年、**20**年及 **12**年。

◆03 在 **B4**、**C4** 及 **D4** 儲存格中，輸入各保單到期可領回金額，請分別輸入 **400000**、**1500000**、**403988**。

Example 09 投資理財試算

儲蓄險	康康人壽	健健人壽	長久人壽
每年應繳金額	$36,173	$64,324	$30,769
期間	10	20	12
到期領回	$400,000	$1,500,000	$403,988
利率			

◆04 這裡先計算「康康人壽」保單的保單利率。選取 **B5** 儲存格，按下「**公式→函數庫→財務**」按鈕，於選單中點選 **RATE** 函數。

◆**05** 開啟「函數引數」對話方塊，在第1個引數(Nper)中按下◆按鈕，於工作表中選取 **B3** 儲存格，選取好後按下◎按鈕，回到「函數引數」對話方塊中。

◆**06** 回到「函數引數」對話方塊後，按下第2個引數(Pmt)的◆按鈕，設定每年應繳金額。於工作表中選取 **B2** 儲存格，選取好後按下◎按鈕，回到「函數引數」對話方塊。

◆**07** 回到「函數引數」對話方塊後，按下第4個引數(Fv)的◆按鈕，設定到期所能領回的金額。於工作表中選取 **B4** 儲存格，選取好後按下◎按鈕，回到「函數引數」對話方塊。

◆**08** 回到「函數引數」對話方塊後，這裡要注意當設定「Fv」引數欄位時，到期領回的金額對於小桃而言，為「收回」支付的金額，所以必須在 **B4** 前再加上「-」號。

◆**09** 最後在第5個引數(Type)欄位中輸入「**1**」，都設定好後，按下**確定**按鈕，完成RATE函數的設定。

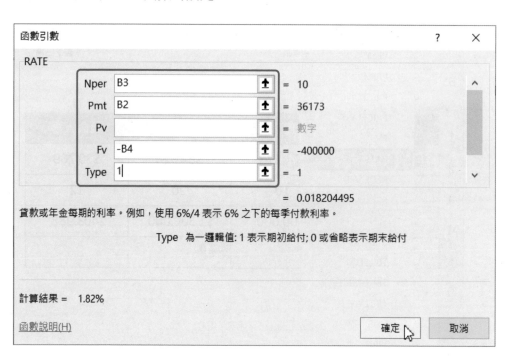

Example 09 投資理財試算

◆**10** 回到工作表後，就計算出「康康人壽」的這份保單，其保單利率為 1.82%。最後將 **B5** 儲存格的公式複製到 **C5** 與 **D5**，就可以計算出每張保單的保單利率了。

D5	▾ ⋮ ✕ ✓ *fx*	=RATE(D3,D2,,-D4,1)	
	A	B	C	D
1	儲蓄險	康康人壽	健健人壽	長久人壽
2	每年應繳金額	$36,173	$64,324	$30,769
3	期間	10	20	12
4	到期領回	$400,000	$1,500,000	$403,988
5	利率	1.82%	1.44%	1.38%

保單的利率越高，表示該保單對於投保者越有利。在這三張保單中，「康康人壽」的保單利率1.82%比起「健健人壽」及「長久人壽」的保單利率1.44%、1.38%都來得高，表示「康康人壽」的保費方案是較有利的。

而且以目前的三年定存利率1.75%來估算，在這三張保單中，也只有「康康人壽」的保單是優於目前定存利率的。小桃便可藉此得知，就利率計算而言，「康康人壽」的保單內容是較值得投保的。

9-8 用NPV函數試算保險淨現值

為了因應顧客需求，壽險公司推出了各式各樣的保險產品，除了到期領回的儲蓄險之外，小桃的保險服務員另外向小桃推薦了一種「一次付清年年得利」保險產品，保期十年，只要第一年將十年的保費$168,880一次付清，就可以在第二年開始，每一年都領回$20,000。

只要支付$168,880，就可以領回$180,000！乍聽之下，利率好像是很划算，但可別急著馬上投保。因為貨幣可是會隨著物價波動的因素而相對增值或貶值的喔！所以在投保之前一定要先考慮到物價指數，也就是貨幣的年度折扣率。

假設目前主計處所統計出來的物價年指數為1.88%，接下來就利用 **NPV** 函數，幫小桃計算這份保單的保單現值，看看是否值得投保。

說明	是使用折扣率及未來各期支出(負值)和收入(正值)來計算某項投資的淨現值
語法	**NPV(Rate,Value1,Value2,...)**
引數	◆ Rate：用以將未來各期現金流量折算成現值的利率。 ◆ Value1、Value2：為未來各期現金流量。每一期的時間必須相同，且發生於每一期的期末。

這裡請進入**保險現值試算**工作表中，進行以下的設定。

◆**01** 在 **B2** 儲存格中輸入年度折扣率，也就是主計處計算出來的物價指數 1.88%。

◆**02** 這裡先計算「保單現值」，請選取 **F2** 儲存格，按下「**公式→函數庫→財務**」按鈕，於選單中點選 **NPV** 函數。

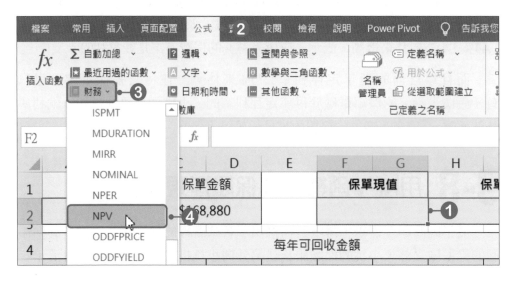

◆**03** 開啟「函數引數」對話方塊，按下第1個引數(Rate)的 ⬆ 按鈕，於工作表中選取 **A2** 儲存格，選取好後按下 ▣ 按鈕，回到「函數引數」對話方塊。

◆**04** 回到「函數引數」對話方塊後，按下第2個引數(Value1)的 ⬆ 按鈕，於工作表中選取 **A6:J6** 儲存格，選取好後按下 ▣ 按鈕。

Example 09 投資理財試算

★05 回到「函數引數」對話方塊後，按下**確定**按鈕。

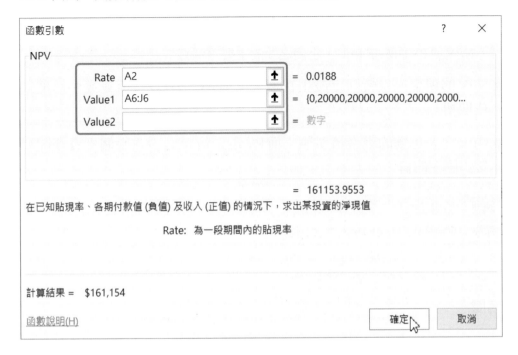

★06 回到工作表中就計算出保單現值為 **$161,154**。

★07 接著要計算「保單淨現值」，請在 **H2** 儲存格中建立公式 **=F2-C2**。

★08 計算出的「保單淨現值」為 **-$7,726**，表示在加入物價指數的計算之後，保單利率已經完全被過高的通貨膨脹率抵消了，所以這份保單對目前來說並不值得投資。

9-9 用PV函數計算投資現值

NPV與PV函數很類似，它們之間的主要差別有：

● NPV的現金流量皆固定發生在期末；而PV允許現金流量發生於期末或期初。

● NPV允許可變的現金流量值；而PV現金流量必須在整個投資期間中皆為固定的值。

說明	可以傳回某項投資的年金現值，年金現值為未來各期年金現值的總和
語法	**PV(Rate,Nper,Pmt,Fv,Type)**
引數	◆ Rate：為各期的利率。 ◆ Nper：為年金總付款期數。 ◆ Pmt：為各期所應給付(或所能取得)的固定金額。 ◆ Fv：為最後一次付款完成後，所能獲得的現金餘額。 ◆ Type：為0或1的數值，用以界定各期金額的給付時點，0或省略不寫則為期末；1為期初。

某銀行推出了：「年利率為2%，現在預繳130,000元，就可在未來的10年內，每年領回14,000元」的儲蓄理財方案。利用PV函數來評估此方案是否值得投資。

這裡請進入**投資現值**工作表中，進行以下的設定。

◆ **01** 選取 **D2** 儲存格，按下「**公式→函數庫→財務**」按鈕，於選單中點選 **PV** 函數。

◆ **02** 開啟「函數引數」對話方塊，按下第1個引數(Rate)的 **⬆** 按鈕，於工作表中選取 **B2** 儲存格，選取好後按下 **▣** 按鈕，回到「函數引數」對話方塊。

◆ **03** 按下第2個引數(Nper)的 **⬆** 按鈕，於工作表中選取 **C2** 儲存格，選取好後按下 **▣** 按鈕，回到「函數引數」對話方塊。

◆ **04** 按下第3個引數(Pmt)的 **⬆** 按鈕，於工作表中選取 **A2** 儲存格，選取好後按下 **▣** 按鈕，回到「函數引數」對話方塊。

Example 09 投資理財試算

◆05 公式建立好後，按下**確定**按鈕。

函數引數　　　　　　　　　　　　　　　　　　　　　　?　×

PV

Rate	B2	↕	= 0.02
Nper	C2	↕	= 10
Pmt	A2	↕	= 14000
Fv		↕	= 數字
Type		↕	= 數字

= -125756.1901

傳回某個投資的年金現值: 年金現值為未來各期年金現值的總和

Pmt　為各期所應給付的固定金額且不得在年金期限內變更

計算結果 =　-125756.1901

函數說明(H)　　　　　　　　　　　　　　　　　　確定　　　取消

◆06 回到工作表中，就會計算出 **-125,756.19**，表示我們只要繳 125,756 元，
即可享有此投資報酬率，並不用繳到 130,000 元。因此，此儲蓄理財方
案並不值得投資。

| D2 | | ⋮ | × ✓ fx | =PV(B2,C2,A2) |

	A	B	C	D
1	每月存款	固定利率	期數(年)	到期本利和
2	$14,000	2.00%	10	-$125,756.19
3				

● **選擇題**

( )1. 下列哪一個函數,是使用折扣率及未來各期支出和收入來計算某項投資的淨現值? (A) FV函數 (B) PMT函數 (C) RATE函數 (D) NPV函數。

( )2. 下列哪一個功能,可以設定達成的目標,再根據目標往回推算某個變數的數值? (A)目標搜尋 (B)資料分析 (C)分析藍本 (D)合併彙算。

( )3. 下列哪一個功能,可以在同一個儲存格範圍,儲存不同的變數數值,檢視不同的運算結果? (A)目標搜尋 (B)資料分析 (C)分析藍本 (D)合併彙算。

( )4. 設定FV函數時,若欲設定金額為「期初給付」,Type引數值應填入? (A) -1 (B) 0 (C) 1 (D) 2。

( )5. 下列有關NPV函數與PV函數的描述,何者正確? (A)兩者皆為「統計」函數 (B) NPV允許現金流量發生於期末或期初;而PV的現金流量皆固定發生在期末 (C) PV允許可變的現金流量值;而NPV現金流量必須在整個投資期間中皆為固定的值 (D)以上皆非。

( )6. 如果想要計算本息償還金額時,可以使用下列哪個函數? (A) FV函數 (B) PMT函數 (C) RATE函數 (D) NPV函數。

( )7. 如果想要計算存款本利和,可以使用下列哪個函數? (A) FV函數 (B) PMT函數 (C) RATE函數 (D) NPV函數。

( )8. 如果想要計算固定年金每期的利率,可以使用下列哪個函數? (A) FV函數 (B) PMT函數 (C) RATE函數 (D) NPV函數。

● **實作題**

1. 開啟「Example09→投資判斷.xlsx」檔案,進行以下設定。

- 手創公司投資了一項設備,該設備的初期投資額為 $800,000,而折扣率為2.5%。

- 在「現在實際價值」欄位中,請利用NPV函數求現在實際價值(指的是根據現在價值換算成各期投資中產生的效果(預計收入)中扣除初期投資所得到的資料。

- 初年度的「現在實際價值」為「初期投資額」。

	A	B	C	D
1	初期投資額	$800,000		
2	折扣率	2.50%		
3				
4		期數	預計收入	現在實際價值
5	初年度	0	$0	-$800,000
6	1年後	1	$120,000	-$682,927
7	2年後	2	$160,000	-$530,637
8	3年後	3	$180,000	-$363,489
9	4年後	4	$200,000	-$182,299
10	5年後	5	$220,000	$12,149

2. 開啟「Example09→汽車貸款計算表.xlsx」檔案，進行以下設定。

● 小桃買了一輛$650,000的汽車，頭期款支付了$200,000，而店家給予 $50,000的折扣，剩下的餘額則要貸款。

● 該汽車貸款的年利率為3.58%，而貸款期間為3年。

● 根據以上的資料計算小桃每個月要付多少錢，而總支出的金額又是多少。

	A	B	C
1			
2		汽車貸款計算表	
4	購買價格		$650,000
5	頭期款		$200,000
6	折價金額		$50,000
7	年利率		3.58%
8	貸款期間(以月計)		36
9	每月應付金額		-$11,735
10	總支出金額		$672,460

3. 開啓「Example09→小額信貸試算.xlsx」檔案,檔案為小額信貸計算表,
小桃選擇了以下三家銀行做比較,請利用藍本分析功能,告訴小桃該選擇
哪一家銀行。

銀行名稱	貸款額度	利率	償還期數
花騎銀行	$120,000	13%	48
勇豐銀行	$100,000	12%	36
台鑫銀行	$100,000	14%	24

		現用值:	花騎銀行	勇豐銀行	台鑫銀行
分析藍本摘要					
變數儲存格:					
	$B$2	$120,000	$120,000	$100,000	$100,000
	$B$3	48	48	36	24
	$B$4	13.00%	13.00%	12.00%	14.00%
目標儲存格:					
	$B$6	-$3,219	-$3,219	-$3,321	-$4,801

備註: 現用值欄位是在建立分析藍本
摘要時所使用變數儲存格的值。
每組變數儲存格均以灰網顯示。

分析藍本摘要　小額信貸試算

Example 10

巨集的使用

範例檔案

Example10→各區支出明細表.xlsx

Example10→成績表.xlsm

結果檔案

Example10→各區支出明細表-巨集.xlsm

Example10→成績表-指定巨集.xlsm

使用 Excel 時，若經常使用某些相同的步驟，可以將這些相同的步驟錄製成一個巨集，而當要使用時，只要執行巨集即可完成此巨集所代表的動作。這章就來學習如何使用巨集吧！

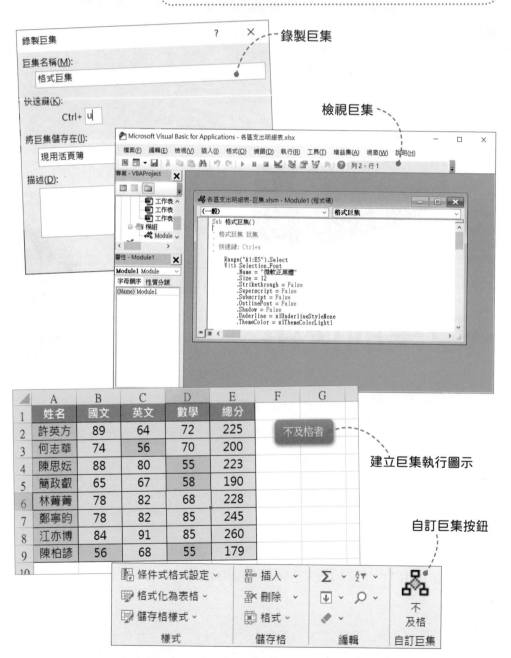

錄製巨集

檢視巨集

不及格者

建立巨集執行圖示

自訂巨集按鈕

Example 10 巨集的使用

10-1 認識巨集與VBA

「巨集」是將一連串Excel操作命令組合在一起的指令集,主要用於執行大量的重複性操作。

在使用Excel時,若經常操作某些相同的步驟時,可以將這些操作步驟錄製成一個巨集,只要執行巨集,即可自動完成此巨集所代表的動作,可大幅提升工作效率。

而VBA為Visual Basic for Application的縮寫,是一種專門用於開發Office應用軟體的VB程式,可直接控制應用軟體。而懂得編輯或撰寫VBA碼,可幫助使用者擴充Microsoft Office的基本功能。

Excel中的每個按鈕或指令都代表一段VBA程式碼,而我們在錄製巨集的過程,即是將所有操作步驟記錄成一長串VBA程式碼,因此,巨集與VBA具備密不可分的關係。

在Excel中可以利用以下兩種方法建立巨集:

◎ 使用內建的巨集功能

最簡單且快速的方法,就是直接按下「**檢視→巨集**」群組中的按鈕。在本章第10-2節中,將會說明如何利用「**檢視→巨集**」群組中的按鈕錄製巨集。

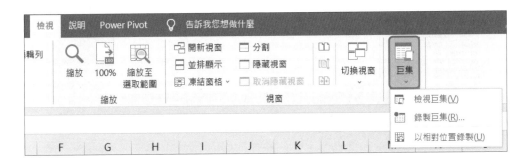

使用Visual Basic編輯器建立VBA碼

另一種較有彈性的作法，是開啓Excel中的VBA編輯視窗，直接編輯VBA程式碼。(詳細作法及說明可參閱本書第11章)

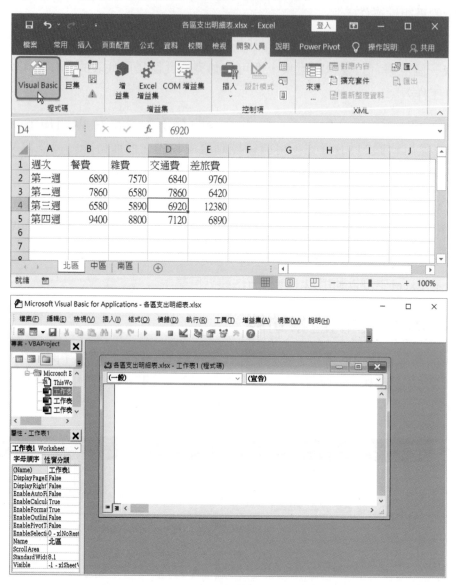

由於本章中所使用到的巨集指令屬於基礎功能，因此未使用「**開發人員**」索引標籤。若欲使用更進階的巨集及VBA功能，則須另行開啓「**開發人員**」索引標籤，可執行更完整的相關指令操作。(開啓設定請參閱本書第11-1節)

Example 10 巨集的使用

10-2 錄製新巨集

在錄製巨集時，可以設定要將巨集儲存於何處。於「錄製巨集」對話方塊中的「**將巨集儲存在**」選單中，提供了**現用活頁簿、新的活頁簿、個人巨集活頁簿**等選項可供選擇，分別說明如下：

巨集儲存位置	說明
現用活頁簿	所錄製的巨集僅限於在現有的活頁簿中執行，為Excel預設值。
新的活頁簿	所錄製的巨集僅能使用在新開啟的活頁簿檔案中。
個人巨集活頁簿	所錄製的巨集會儲存在「Personal.xlsb」這個特殊的活頁簿檔案，它是一個儲存在電腦中的隱藏活頁簿，每當開啟Excel時，即會自動開啟，因此儲存在個人巨集活頁簿中的巨集可應用於所有活頁簿中。

請開啟**各區支出明細表 .xlsx** 檔案，在活頁簿中有三個工作表，三個工作表都要進行相同格式的設定，而我們只要將第一次格式設定的過程錄製成巨集，即可將設定好的格式直接套用至另外二個工作表中。

假設我們要爲北區工作表進行以下的格式設定：

● 將A1:E5儲存格內的文字皆設定爲「微軟正黑體」。

● 將A1:E1儲存格內的文字皆設定爲「粗體」、「置中對齊」。

● 將A2:A5儲存格內的文字皆設定爲「粗體」、「置中對齊」。

● 將B2:E5儲存內的數字皆設定爲貨幣格式。

● 將A1:E5儲存格皆加上格線。

▶01 進入**北區**工作表中，按下「**檢視→巨集→巨集**」按鈕，於選單中點選**錄製巨集**。

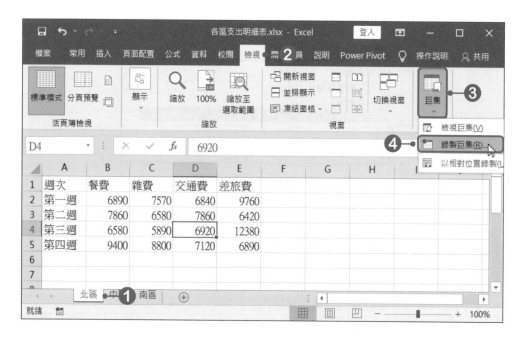

由於燒錄在書附光碟中的範例檔案爲「唯讀」狀態，將無法直接進行巨集的錄製或後續VBA程式碼的編輯，因此在進行範例操作之前，建議您先將書附光碟中的範例檔案複製至電腦中，以便後續的練習。

Example 10 巨集的使用

02 開啟「錄製巨集」對話方塊，在**巨集名稱**欄位中設定一個名稱；若要為此巨集設定快速鍵時，請輸入要設定的按鍵；選擇要將巨集儲存在何處，都設定好後按下**確定**按鈕。

```
錄製巨集                          ?    ×

巨集名稱(M):
    格式巨集 ●①

快速鍵(K):
    Ctrl+ u ●②

將巨集儲存在(I):
    現用活頁簿 ●③              ∨

描述(D):




                    確定  ④ 取消
```

為巨集指令命名時，須注意不可使用 !@#$%＾＆…等特殊符號，也不可使用空格。巨集名稱不可以數字開頭，須以英文或中文字開頭。

03 點選後，在狀態列上就會顯示目前正在錄製巨集。

	A	B	C	D	E
1	週次	餐費	雜費	交通費	差旅費
2	第一週	6890	7570	6840	9760
3	第二週	7860	6580	7860	6420
4	第三週	6580	5890	6920	12380
5	第四週	9400	8800	7120	6890
6					
7					

北區 | 中區 | 南區 | ⊕

就緒 ■

04 選取**A1:E5**儲存格，按下「**常用→字型→字型**」按鈕，將文字設定爲微軟正黑體。

05 選取**A1:E1**儲存格，將文字設定爲粗體、置中對齊。

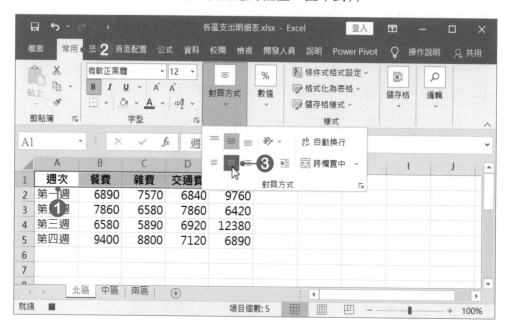

Example 10 巨集的使用

◆06 選取 **A2:A5** 儲存格，將文字設定為粗體、置中對齊。

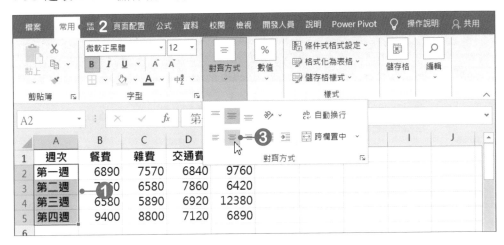

◆07 選取 **B2:E5** 儲存格，按下「**常用→數值**」群組中的 ▣ 對話方塊啓動鈕，開啓「設定儲存格格式」對話方塊。

◆08 點選**貨幣**類別，將小數位數設定為 **0**，設定好後按下**確定**按鈕。

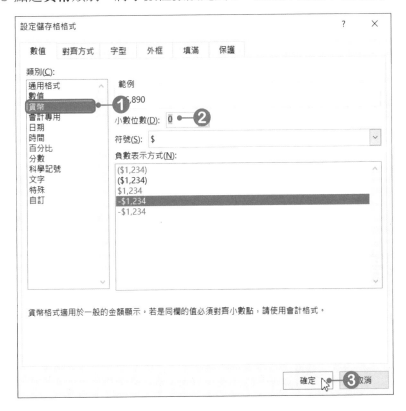

◆09 選取 **A1:E5** 儲存格，按下「**常用→字型→⊞▾ 框線**」按鈕，於選單中點選**所有框線**，被選取的儲存格就會加上框線。

◆10 到這裡「北區」工作表的格式就都設定好了，最後再按下「**檢視→巨集→巨集**」按鈕，於選單中點選**停止錄製**按鈕，即可結束巨集的錄製。

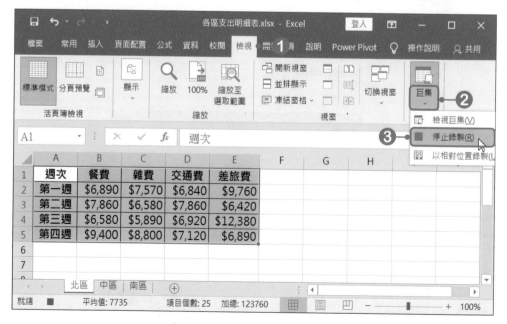

Example 10 巨集的使用

11 完成錄製巨集的工作後，按下「**檔案→另存新檔**」按鈕，開啓「另存新檔」對話方塊，按下**存檔類型**選單鈕，於選單中點選**Excel啓用巨集的活頁簿**類型，選擇好後按下**儲存**按鈕。

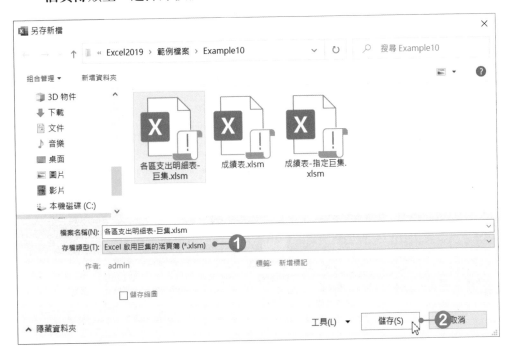

在錄製巨集時若不小心操作錯誤，這些錯誤操作也會一併被錄製下來，所以建議在錄製巨集之前，最好先演練一下要錄製的操作過程，才能流暢地錄製出理想的巨集。

● 開啓巨集檔案

因為Office文件檔案有可能被有心人士用來置入破壞性的巨集，以便散播病毒，若隨意開啓含有巨集的文件，可能會面臨潛在的安全性風險。因此在預設的情況下，Office會先停用所有的巨集檔案，但會在開啓巨集檔案時出現安全性提醒，讓使用者可以自行決定是否啓用該檔案巨集。建議只有在確定巨集來源是可信任的情況下，才予以啓用。

| ! 安全性警告 已經停用巨集。 | 啓用內容 ● 按下**啓用內容**按鈕，即可允許啓用巨集 | × |

D2   ▼ ┊ × ✓ *fx* 6840

10-3 執行與檢視巨集

◎ 執行巨集

接續上述**各區支出明細表.xlsx**檔案的操作，我們錄製好巨集後，便可在「中區」及「南區」工作表中執行巨集，讓工作表內的資料快速套用我們設定的格式。

→01 進入**中區**工作表中，按下「**檢視→巨集→巨集**」按鈕，於選單中點選**檢視巨集**，開啟「巨集」對話方塊。

→02 選取要使用的巨集名稱，再按下**執行**按鈕。

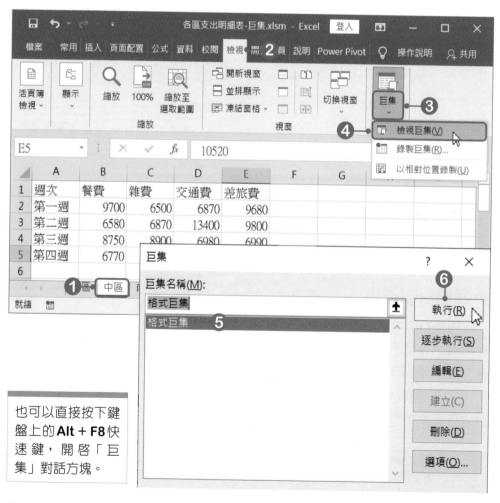

也可以直接按下鍵盤上的 **Alt + F8** 快速鍵，開啟「巨集」對話方塊。

Example 10 巨集的使用

◆03 執行巨集後，**中區**工作表內的表格就會馬上套用我們剛剛所錄製的一連
串格式設定。

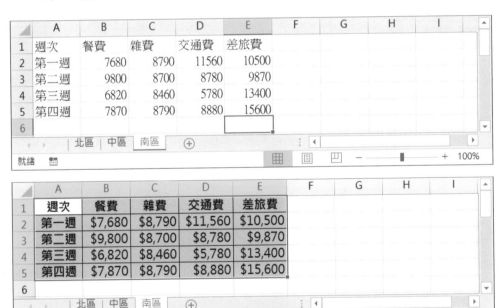

◆04 若在錄製巨集時有同時設定快速鍵，那麼也可以使用快速鍵來執行巨
集，例如：將格式巨集的快速鍵設定為**Ctrl+u**，那麼進入**南區**工作表
時，再按下**Ctrl+u**，即可執行巨集。

利用「巨集」對話方塊執行巨集時，可選擇**執行**或**逐步執行**兩種巨集執行方式。
選擇**執行**，會將指定的巨集程序全部執行一遍；選擇**逐步執行**，則每次只會執行
一行指令，通常用於巨集程序內容的除錯。

檢視巨集

每個錄製好的巨集就是一段VBA程式碼。按下「**檢視→巨集→巨集**」按鈕，於選單中點選**檢視巨集**；或是直接按下鍵盤上的**Alt+F8**快速鍵，就能開啟「巨集」對話方塊，在其中看到可使用的巨集清單。點選巨集後，按下**編輯**按鈕，則可開啟VBA編輯視窗，檢視該巨集的VBA程式碼。

刪除巨集

在「巨集」對話方塊的巨集清單中，點選欲刪除的巨集，按下**刪除**按鈕，即可將該巨集刪除。

Example 10 巨集的使用

10-4 設定巨集的啟動位置

在執行巨集時，除了在「巨集」對話方塊中或是按下快速鍵來執行巨集，也可以將巨集功能設定在更方便執行的自訂按鈕或功能區按鈕上。

◎ 建立巨集執行圖示

我們可以在工作表中自訂一個按鈕圖示，並利用「指定巨集」的功能，將已建立的巨集指定到這個圖案上，當按下圖案後，就會執行指定的巨集。

開啟**成績表.xlsm**檔案，這是一個已設定好巨集的檔案，接下來將在工作表中建立一個可執行巨集的按鈕。

01 按下「**插入→圖例→圖案**」按鈕，於選單中選擇一個圖案。

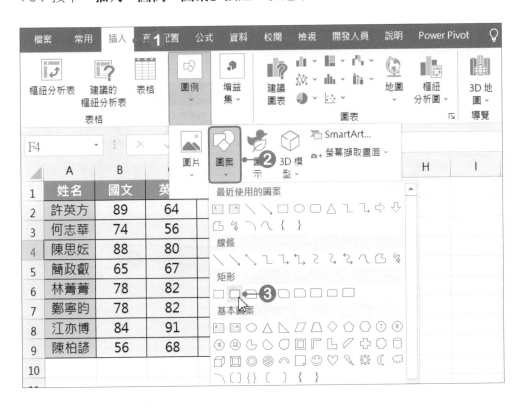

◆02 選擇好後，於工作表中拉出一個圖案，在圖案上按下**滑鼠右鍵**，於選單中點選**編輯文字**按鈕。

	A	B	C	D	E	F	G	H	I
1	姓名	國文	英文	數學	總分		✂ 剪下(T)		
2	許英方	89	64	72	225		📋 複製(C)		
3	何志華	74	56	70	200		📋 貼上選項：		
4	陳思妶	88	80	55	223				
5	簡政叡	65	67	58	190		📄 編輯文字(X)		
6	林菁菁	78	82	68	228		📐 編輯端點(E)		
7	鄭寧昀	78	82	85	245		組成群組(G)	▸	
8	江亦博	84	91	85	260		移到最上層(R)	▸	
9	陳柏諺	56	68	55	179		移到最下層(K)	▸	

◆03 接著於圖案中輸入文字，文字輸入好後，可於「**繪圖工具→格式→圖案樣式**」群組中，進行圖案樣式的設定。

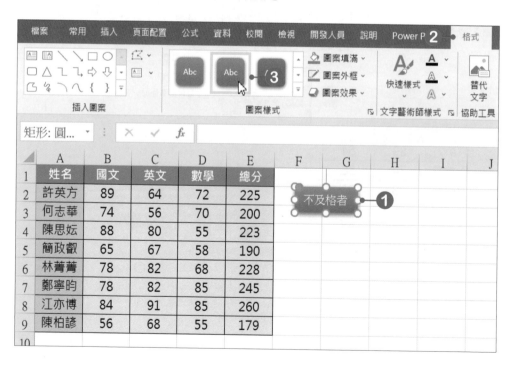

Example 10 巨集的使用

◆04 圖案格式都設定好後，在圖案上按下**滑鼠右鍵**，於選單中點選**指定巨集**，開啓「指定巨集」對話方塊。

	A	B	C	D	E	F	G	H	I
1	姓名	國文	英文	數學	總分		✂ 剪下(T)		
2	許英方	89	64	72	225	不及格	⎙ 複製(C)		
3	何志華	74	56	70	200		貼上選項:		
4	陳思妘	88	80	55	223				
5	簡政叡	65	67	58	190		編輯文字(X)		
6	林菁菁	78	82	68	228		編輯端點(E)		
7	鄭寧昀	78	82	85	245		組成群組(G)		
8	江亦博	84	91	85	260		移到最上層(R)		
9	陳柏諺	56	68	55	179		移到最下層(K)		
10							連結(I)		
11							智慧查閱(L)		
12							指定巨集(N)...		
13							編輯替代文字(A)...		

◆05 選擇要指定的巨集名稱，選擇好後按下**確定**按鈕，即可完成指定巨集的動作。

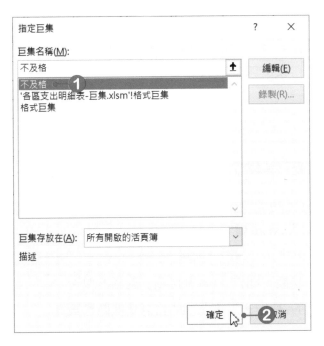

◆06 指定巨集設定好後，選取 B2:D9 範圍，按下圖案，便會自動執行該圖案
被指定的巨集。

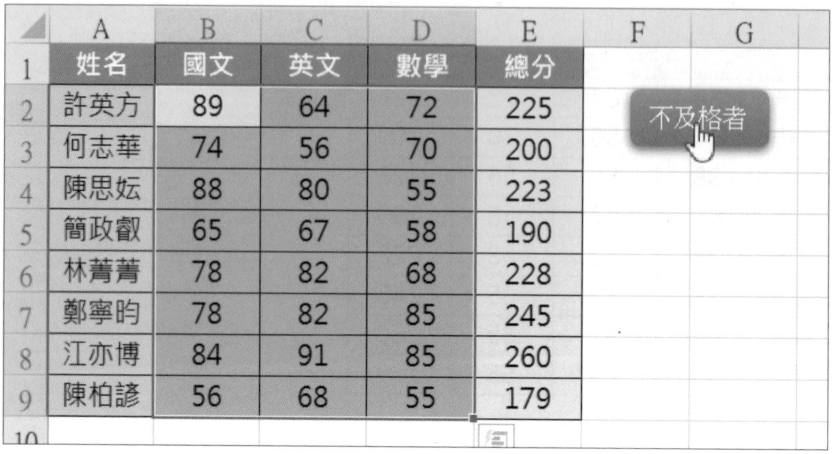

	A	B	C	D	E	F	G
1	姓名	國文	英文	數學	總分		
2	許英方	89	64	72	225	不及格者	
3	何志華	74	56	70	200		
4	陳思妘	88	80	55	223		
5	簡政叡	65	67	58	190		
6	林菁菁	78	82	68	228		
7	鄭寧昀	78	82	85	245		
8	江亦博	84	91	85	260		
9	陳柏諺	56	68	55	179		
10							

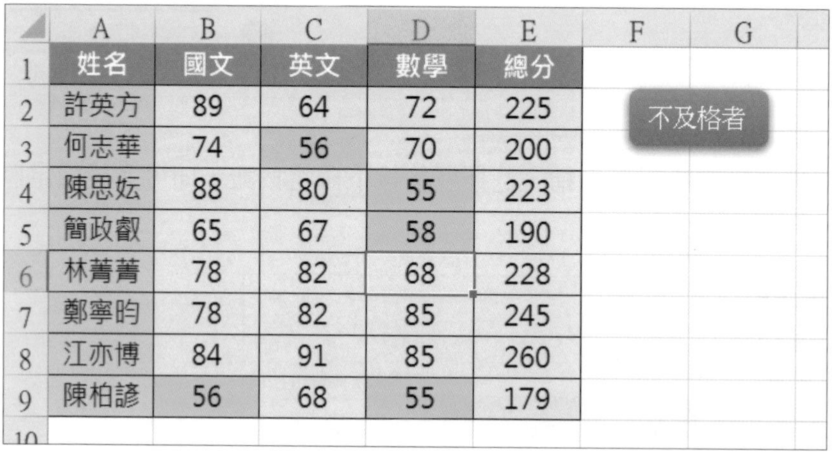

	A	B	C	D	E	F	G
1	姓名	國文	英文	數學	總分		
2	許英方	89	64	72	225	不及格者	
3	何志華	74	56	70	200		
4	陳思妘	88	80	55	223		
5	簡政叡	65	67	58	190		
6	林菁菁	78	82	68	228		
7	鄭寧昀	78	82	85	245		
8	江亦博	84	91	85	260		
9	陳柏諺	56	68	55	179		
10							

◎ 在功能區自訂巨集按鈕

我們可以將常用的巨集功能設定在功能區的索引標籤中，以便隨時執
行。接下來同樣開啟**成績表.xlsm**檔案，我們將為該活頁簿檔案中的「不及
格」巨集，在常用功能表中建立一個指令按鈕。

◆01 按下「**檔案→選項**」功能，開啟「Excel 選項」對話方塊。

◆02 在「Excel 選項」對話方塊中，點選左側的**自訂功能區**標籤頁。

Example 10 巨集的使用

◆03 在右側的**自訂功能區**清單中，按下**常用**項目，按下**新增群組**按鈕，即可在**常用**索引標籤中新增一個群組。

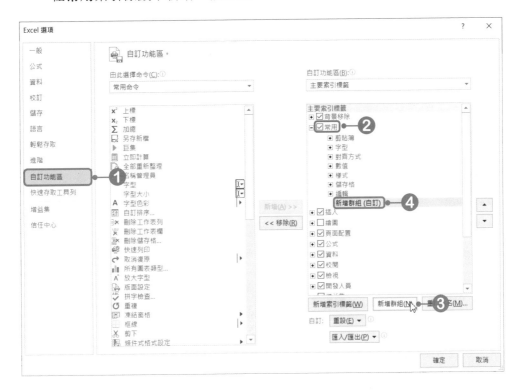

◆04 點選**新增群組**項目，按下**重新命名**按鈕，在開啟的「重新命名」對話方塊中，將該群組命名為**自訂巨集**，設定完成後按下**確定**按鈕。

◆05 回到「Excel選項」對話方塊中,在左側的**由此選擇命令**清單中,選擇**巨集**項目,此時會列出可用的巨集清單。

◆06 點選其中的**不及格**巨集,按下**新增**按鈕,即可將「不及格」巨集功能加入到剛剛新增的「自訂巨集」群組中。

◆07 最後按下**確定**按鈕完成設定。

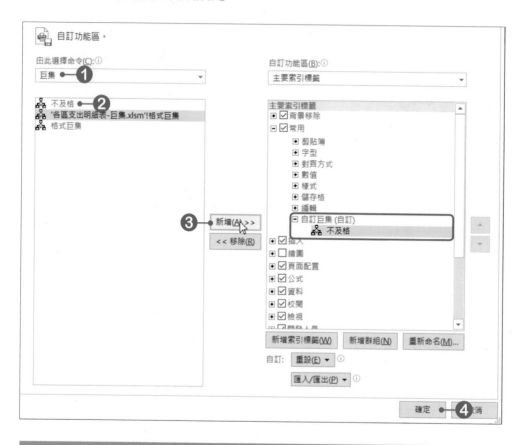

在功能區中自訂的巨集按鈕屬於Excel的視窗設定操作,因此只會出現在目前電腦的Excel視窗中。

Example 10 巨集的使用

◆08 回到Excel操作視窗，可以看到**常用**索引標籤中多了一個**自訂巨集**群組及**不及格**功能按鈕。先選取**B2:D9**儲存格範圍，再按下「**常用→自訂巨集→不及格**」按鈕，即可執行「不及格」巨集功能。

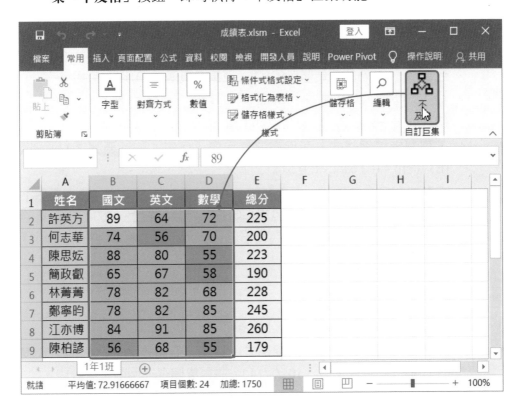

● 選擇題

( )1. 下列何項功能可將Excel的操作步驟記錄下來，以簡化工作流程？
(A)運算列表 (B)錄製巨集 (C)選擇性貼上 (D)自動填滿。

( )2. 將巨集錄製在下列何處，即可使該巨集應用在所有活頁簿？ (A)現用
活頁簿 (B)新的活頁簿 (C)個人巨集活頁簿 (D)以上皆可。

( )3. 按下下列何者快速鍵，可開啟「巨集」對話方塊？ (A) Alt + F8
(B) Ctrl + F8 (C) Alt + F9 (D) Ctrl + F9。

( )4. 下列何者檔案格式，可用來儲存包含「巨集」的活頁簿？ (A) .xlsx
(B) .xlsm (C) .xltx (D) .xls。

( )5. 下列有關巨集之敘述，何者有誤？ (A)一個工作表中可以執行多個不
同巨集 (B)可將製作好的巨集指定在某特定按鈕上 (C)可為巨集的
執行設定一組快速鍵 (D)製作好的巨集無法進行修改，只能重新錄
製。

● 實作題

1. 開啟「Example10→進貨明細.xlsx」檔案，進行以下設定。

● 為 A2:A8 儲存格錄製一個「日期格式」巨集，作用是將儲存格的格式設
定為「日期、中華民國曆、101/3/14」，將巨集儲存在目前工作表中。

● 錄製一個「美元」巨集，作用是將儲存格的格式設定為「貨幣、小數位
數2、符號$」，將巨集儲存在目前工作表中，設定快速鍵為 Ctrl + d。

● 錄製一個「台幣」巨集，作用是將儲存格的格式設定為「貨幣、小數位
數0、符號NT$」，將巨集儲存在目前工作表中，設定快速鍵為 Ctrl + n。

● 將「美元」巨集指定在工作表上的「美元格式」按鈕；將「台幣」巨集
指定在工作表上的「台幣格式」按鈕。

◢	A	B	C	D	E	F	G
1		項目	數量	單價(美元)	折合台幣		
2	113/4/5	麵粉	1000	$3.75	NT$112,500		美元格式
3	113/4/5	玉米	500	$12.80	NT$192,000		
4	113/4/6	綠豆	600	$4.90	NT$88,200		
5	113/4/8	薏仁	300	$10.20	NT$91,800		台幣格式
6	113/4/10	麵粉	300	$3.86	NT$34,740		
7	113/4/15	紅豆	500	$6.20	NT$93,000		
8	113/4/18	黑芝麻	200	$14.25	NT$85,500		
9							

VBA程式設計入門

範例檔案

Example11→計算售價.xlsx

結果檔案

Example11→計算售價-OK.xlsm

雖然 Excel 提供了很多便利好用的功能，但有些進階使用者還是希望能夠透過更具彈性的開發程式，來將一些繁瑣的常用作業或是個別的特殊功能，實現在原有的使用者介面中。這章就來學習如何使用 VBA 吧！

結構化程式設計

```
1   Sub NewSampleDoc()              '建立新的文件
2       Dim docNew As Document
3       Set docNew = Documents.Add
4       With docNew
5           .Content.Font.Name = "Tahoma"
6           .SaveAs FileName:="Sample.doc"
7       End With
8   End Sub
```

撰寫 VBA 程式語言

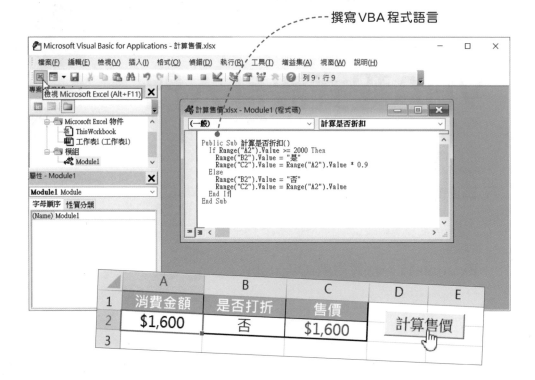

Example 11 VBA程式設計入門

11-1 VBA基本介紹

Office系列應用程式(如:Word、Excel、PowerPoint、Access、Outlook…等軟體)中所具備的Visual Basic for Applications (VBA)是專門用來擴充應用程式能力的程式語言。

自1994年發行的Excel 5.0版本中,即開始支援VBA程式開發功能,讓Excel除了原有內建的功能之外,還能按照使用者的不同需求,擴充更多功能,以提升工作效率。

一般而言,VBA具備以下的功能與優點:

內建免費VBA編輯器與函式庫:Office系列軟體已內建VBA編輯環境與函式庫,使用者毋須另行安裝或購買,就能自己編寫開發程式功能。

- **語法簡單,容易上手**:VBA的語法與Visual Basic類似,屬於容易理解與閱讀的程式語言,初學者甚至可透過錄製巨集,或簡單編輯修改既有的巨集,來達成原本Excel無法辦到的功能。

- **利用VBA製作自動化流程**:Excel的操作程序上若有大量使用到重複性的操作,便可以利用VBA應用程式將這些操作編寫成自動化操作,只要按下一個指令按鈕,即可快速完成一模一樣的作業程序,大幅提升工作效率。

- **減少人為錯誤**:因為將一連串的操作步驟都轉換為固定的程式碼,因此可避免重複性操作所導致的人為錯誤。

- **滿足特殊功能或操作需求**:使用者可能有一些個別的功能需求,當原有套裝軟體的功能不敷使用時,可透過VBA,在既有的軟體功能上開發更符合自己需要的功能。此外,透過VBA可操控應用軟體與其他軟硬體資源(如:Word、PowerPoint、印表機……)的共同作業,自動達成抓取資料、數據更新等作業。

開啟「開發人員」索引標籤

要使用巨集功能，或是撰寫VBA程式碼編輯巨集時，可以利用「**開發人員→程式碼**」群組中的各項相關指令按鈕。在預設的情況下，「開發人員」索引標籤並不會顯示於視窗中，必須自行設定開啟。其設定方式如下：

◆**01** 在Excel中按下「**檔案→選項**」功能，開啟「Excel選項」對話方塊，再點選其中的**自訂功能區**標籤，於自訂功能區中將**開發人員**勾選，按下**確定按鈕**。

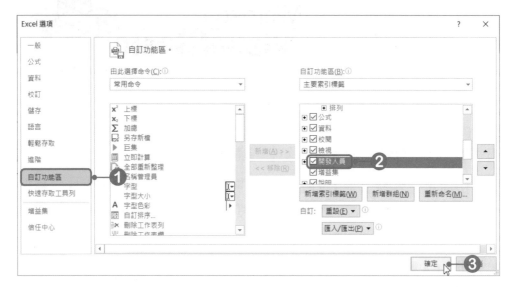

◆**02** 回到Excel操作視窗中，功能區中便多了一個「**開發人員**」索引標籤，在「**開發人員→程式碼**」群組中提供了各種關於巨集的功能。

按下**Visual Basic**按鈕，可開啟 Visual Basic編輯器來編輯巨集

Example 11 VBA程式設計入門

Visual Basic編輯器

在Excel中用來開發VBA程式碼的工具程式，稱之爲**Visual Basic編輯器**。這套開發軟體內建在Office系列產品中，其主要目的是用來幫助用戶開發更進階的應用程式功能，所以只能在Office系列產品中使用，並不能單獨使用。

若是已啓動「開發人員」索引標籤，只要按下「**開發人員→程式碼→Visual Basic**」按鈕；或是直接按下鍵盤上的**Alt+F11**快速鍵，即可開啓Visual Basic編輯器，看到如下圖所示的開發環境。

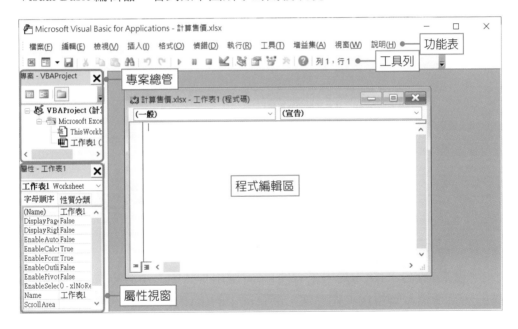

> 一般而言，Excel視窗與Visual Basic編輯器視窗會重疊同時存在，此時可利用鍵盤上的**Alt+F11**快速鍵來切換兩個視窗。

除了上述方法之外，也可以按下「**開發人員→程式碼→巨集**」按鈕，在開啟的「巨集」對話方塊中，先建立一個巨集名稱，再點選**建立**按鈕，即可進入 Visual Basic 編輯器視窗。

◑ 專案總管視窗

「專案總管」的作用是用來管理 Excel 應用程式中的所有專案。而每個開啟的活頁簿檔案皆視為一個專案，活頁簿中的工作表、模組、表單等物件，都會以階層顯示在專案總管視窗中。

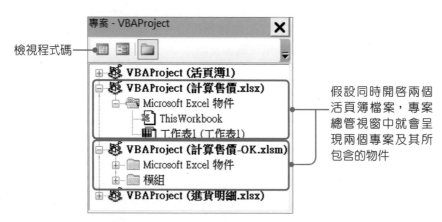

Example 11 VBA程式設計入門

● 屬性視窗

不同的物件有各自不同的屬性設定,而屬性視窗即是用來設定與物件相關的屬性。例如:表單物件的標題列名稱、表單背景色、表單前景圖片、字型、字體大小等屬性。

● 程式碼視窗

程式碼視窗就是用來撰寫及編輯VBA程式碼的地方。

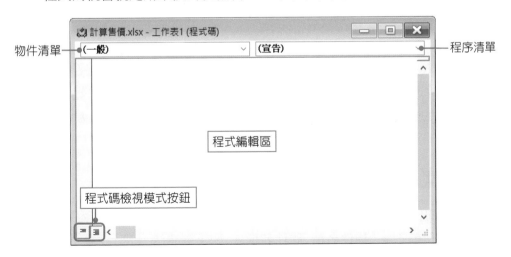

11-2 VBA程式設計基本概念

VBA的程式語言基礎和VB相似,在實際撰寫VBA程式碼之前,若具備基礎的Visual Basic程式設計概念,比較能輕鬆上手。但即使不會編寫程式,只要看得懂基本的程式語法,也有能力修改既有的巨集或VBA程式碼。

◎ 物件導向程式設計

VBA是一種物件導向程式語言,是以**物件**(Object)觀念來設計程式。現實世界中所看到的各種實體,像樹木、建築物、汽車、人,都是物件。物件導向程式設計是將問題拆解成若干個物件,藉由組合物件、建立物件之間的互動關係,來解決問題。

◐ 物件與類別

類別(Class)可說是物件的「藍圖」,物件則是類別的一個「實體」,類別定義了基本的特性和操作,可以建立不同的物件。

舉例來說,「陸上交通工具」類別定義了「搭載人數」、「動力方式」、「駕駛操作」等特性,以這個類別建立出不同的物件,例如:機車、汽車、火車、捷運等,這些物件都具備陸上交通工具類別的基本特性和操作,但不同物件之間仍各有差異。

◐ 屬性與方法

屬性(Attribute)是物件的特性,例如:狗有毛色、叫聲、體重等屬性;**方法**(Method)則是物件具有的行為或操作,例如:狗有叫、跳、睡覺等方法。當一個物件收到來自其他物件的訊息,會執行某個方法來回應。藉由這樣物件之間的互動,可以架構出一個完整的程式。

◎ 物件表示法

每個物件都有其相關特性。在VBA語法中,是以「.」來設定物件的屬性,其表示方法為「**物件名稱.屬性名稱**」。如下列語法,表示「**第10列第10欄儲存格**(物件)中的值(屬性)」。

Example 11 VBA程式設計入門

Cells(10, 10).Value

　　　　物件　　　　　屬性

　　物件的方法是指對該物件欲進行的操作。在VBA語法中，同樣是以「.」來指定該物件的方法，其表示方法爲**物件名稱.方法名稱**。如下列語法，表示「將**A1:E5儲存格**(物件)選取(方法)起來」。

Range("A1:E5").Select

　　　　　　物件　　　　　　　方法

◎ 儲存格常用物件：Ranges、Cells

　　VBA中提供了Ranges與Cells兩種物件來表示儲存格，分別說明如下。

● Ranges物件

　　Range(Arg)物件可用來表示Excel工作表中的單一儲存格或儲存格範圍，其中的**Arg**參數用來指定儲存格所在。

語法	Range(Arg)
說明	◆ Arg：指定儲存格所在位置或範圍。

Range("A10") ← 意指「A10儲存格」
Range("A1:E5") ← 意指「A1：E5儲存格範圍」

● Cells物件

　　Cells(Row, Column)物件可用來表示單一儲存格，其中的**Row**參數是指列索引，**Column**參數則爲欄索引。

語法	Cells(Row, Column)
說明	◆ Row：列索引。 ◆ Column：欄索引。

Cells(6, 1) ←— 意指「第6列第1欄儲存格」
Cells(2, "A") ←— 意指「第2列A欄儲存格」

常數與變數

在設計程式時，有時候會一直重複使用到某個數值或字串，例如：計算圓形的周長和面積時，都會用到 π。π 的值固定是3.14159265358979，不會改變，但如果每次計算都一一輸入 "3.14159265358979"，不僅不方便，而且容易出錯。因此，當資料的內容在執行過程中固定不變時，我們會給它一個名稱，將它設為**常數**(Constants)。常數是用來儲存一個固定的值，在執行的過程中，它的內容不會改變。在程式中使用常數，比較容易識別和閱讀。

而**變數**(Variables)可以在執行程式的過程中，暫時用來儲存資料，它的內容隨時都可以更改。變數是記憶體中的一個位置，用來暫時存放資料，裡面的資料可以隨時取出、放入新的資料。

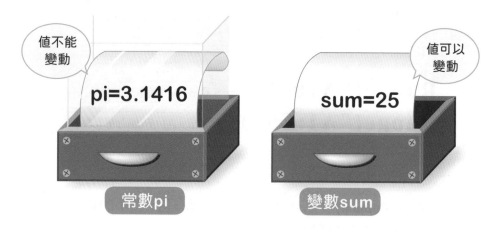

Example 11 VBA程式設計入門

運算式與運算子

運算式(Expression)是由常數、變數資料和運算子組合而成的一個式子，而「=」、「+」、「*」這些符號是**運算子**(Operator)，被運算的對象則叫做**運算元**(Operand)。運算子可分為算術、串接、邏輯、關係及指定等類，分別說明如下。

● 算術運算子

算術運算式的概念跟數學差不多，可以計算、產生數值。最基本的就是四則運算，利用「+」、「-」、「*」、「/」運算子，進行加、減、乘、除的計算。也可以使用「(」、「)」小括弧，優先計算括弧內的內容。

運算子	說明	範例
^	進行乘冪計算(次方)。	3^4，結果為81
\	進行整數除法。計算時會將數值先四捨五入，相除後取商數的整數部分為計算結果。	6.7 \ 3.4，結果為2
Mod	計算餘數。結果可使用小數表示。	17.9 Mod 4.8，結果為3.5

● 串接運算子

在VB中，可使用「**+**」與「**&**」運算子來進行字串的合併串接。「**+**」運算子除了可以作為加法運算子相加數值資料外，若運算子前後都是字串資料，例如：「"Happy" + "Birthday"」則會將「Happy」和「Birthday」字串，合併為新的字串「HappyBirthday」。而「**&**」運算子除了字串之外，還可以合併字串和數值、數值和數值、字串和日期等不同型別的資料，合併結果都會轉成字串。

● 邏輯運算子

邏輯運算子是進行布林值True(真)和False(假)的運算，在數值中，0代表False(假)，非0值為True(真)。邏輯運算子處理時的優先次序，依序是**Not > And > Or > Xor**，在邏輯運算式中也可以使用括弧，括弧內的內容會優先進行處理。

運算子	功能	範例	說明
Not	非	Not A	會產生相反的結果，如果原本的值為真，則結果為假。
And	且	A And B	當A、B都為真時，結果才是真，其餘都是假。
Or	或	A Or B	只要A和B其中有一個是真的，結果就為真。
Xor	互斥或	A Xor B	當A和B不同時，結果就為真。

● 關係運算子

關係運算子可以比較兩筆資料之間的關係，包括數值、日期時間和字串，使用的運算子包括「=」、「<」、「>」、「<=」、「>=」、「<>」，當比較的結果成立，會傳回True(眞)；當比較結果不成立，會傳回False(假)。

● 指定運算

指定運算就是運用「=」符號來設定某一項變數的內容，但是其敘述方式與我們熟悉的運算方式正好相反。例如數學的運算式「1+2=3」中，等號左邊是運算式，等號右邊則是運算結果。但在VBA指定運算中，則必須將等號右邊的運算結果給左邊的變數。例如：在程式設計中，「A=5」表示將常數5指定給變數A，也就是將5存入變數A，可以唸成「將5給A」；而「A=B+C」，則表示「將B和C的相加結果給A」。

```
1  Worksheets(1).Cells(1, 1).Value = 24
2  Worksheets(1).Range("B3").Value = Worksheets(1).
   Range("A1").Value
```

以上面的程式碼爲例來說明，第1行程式碼表示「將工作表1中的第1列第1欄(即A1)儲存格的值設定爲24」；第2行程式碼則表示「將工作表1中的A1儲存格的值指定給B3儲存格」。

◎ VBA程式基本架構

VBA程序是由**Sub**開始至**End Sub**敘述之間的程式區塊，其間由許多陳述式集合而成。在執行時，會逐行向下執行Sub與End Sub敘述之間的陳述式。

Example 11 VBA程式設計入門

若在程式中有需使用到的變數名稱，則可在程式開頭進行明確的變數宣告。

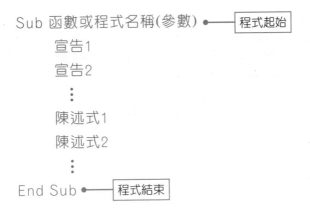

Sub 函數或程式名稱(參數) ← 程式起始
　　宣告1
　　宣告2
　　⋮
　　陳述式1
　　陳述式2
　　⋮
End Sub ← 程式結束

VBA的陳述式

VBA的陳述式可以用來執行一個動作，依其功能大致可分為宣告、指定、可執行、條件控制等四種陳述式，分別說明如下：

● **宣告陳述式**：用來宣告變數、常數或程序，同時也可指定其資料型態。

```
Const limit As Integer = 20    ← 宣告常數
Dim name As String
Dim myrange As Range           ← 宣告常數
```

● **指定陳述式**：以「＝」來指定一個值或運算式給變數或常數。

```
Dim name As String
name = InputBox("What is your name?")    ← 將輸入方塊的傳回值指定給name變數
MsgBox "Your name is " & name
```

● **可執行陳述式**：用來執行一個動作、方法或函數，通常包含數學或設定格式化條件的運算子。

```
Worksheets("通訊錄").Activate    ← 啟動「通訊錄」工作表
Range("A1：D1").Select           ← 選取A1：D1儲存格範圍
```

● **條件控制陳述式：**條件控制陳述式可以運用條件來控制程序的流程，以便執行具選擇性和重複的動作。

```
Sub ApplyFormat()
Const limit As Integer = 33
For Each c In Worksheets("Sheet1").Range("MyRange").Cells
    If c.Value > limit Then
        With c.Font
            .Bold = True
            .Italic = True
        End With
    End If
Next c
MsgBox "All done!"
End Sub
```

選擇結構

重複結構

11-3 結構化程式設計

結構化程式設計是只用**循序結構、選擇結構、重複結構**等三種控制結構來撰寫程式，可以設計出效率較佳的程式。接下來我們將一一介紹VBA在使用控制流程時常用的敘述語法。

循序結構

循序結構是由上到下，逐行執行每一行敘述，也是程式執行最常見的結構。

```
1  Sub NewSampleDoc()                          '建立新的文件
2      Dim docNew As Document
3      Set docNew = Documents.Add
4      With docNew
5          .Content.Font.Name="Tahoma"
6          .SaveAs FileName:="Sample.doc"
7      End With
8  End Sub
```

Example 11 VBA程式設計入門

選擇結構

選擇結構是根據是否滿足某條件式，來決定不同的執行路徑。又可以分為**單一選擇結構、雙重選擇結構、多重選擇結構**等三種。

單一選擇結構

```
If 條件式 Then
    敘述區塊
End If
```

```
1  If docFound = False Then
2      Documents.Open FileName:="Sample.doc"
3  End If
```

雙重選擇結構

```
If 條件式 Then
    敘述區塊
Else
    敘述區塊
End If
```

```
1  If Documents.Count >= 1 Then
2      MsgBox ActiveDocument.Name
3  Else
4      MsgBox "No documents are open"
5  End If
```

多重選擇結構

格式一	格式二

If 條件式 Then
    敘述區塊
ElseIf 條件式 Then
    敘述區塊
Else
    敘述區塊
End If
	Select Case 條件變數
	    Case 條件值1
	        敘述區塊
	    Case 條件值2
	        敘述區塊
	    ⋮
	    Case 條件值N
	        敘述區塊
	End Select

```
1  If LRegion ="N" Then
2      LRegionName = "North"
3  ElseIf LRegion = "S" Then
4      LRegionName = "South"
5  ElseIf LRegion = "E" Then
6      LRegionName = "East"
7  Else
8      LRegionName = "West"
9  End If
```

```
1  Select Case objType.Range.Text
2  Case "Financial"
3    objCC.BuildingBlockType = wdTypeCustom1
4    objCC.BuildingBlockCategory = "Financial Disclaimers"
5  Case "Marketing"
6    objCC.BuildingBlockType = wdTypeCustom1
7    objCC.BuildingBlockCategory = "Marketing Disclaimers"
8  End Select
```

重複結構

重複結構是指在程式中建立一個可重複執行的敘述區段，這樣的敘述區段又稱為**迴圈**(Loop)。而迴圈又區分為**計數迴圈**與**條件式迴圈**兩類。

● **計數迴圈：**是指程式在可確定的次數內，重複執行某段敘述式，在 VBA 語法中可使用 **For…Next** 敘述來撰寫程式。

```
For 計數變數 = 起始值 To 終止值
    敘述區塊
Next 計數變數
```

```
1  For Each doc In Documents
2      doc.Close SaveChanges:=wdPromptToSaveChanges
3  Next
```

● **條件式迴圈：**當無法確定重複執行的次數時，就必須使用條件式迴圈，不斷測試條件式是否獲得滿足，來判斷是否重複執行。

Example 11 VBA程式設計入門

```
Do While 條件式
    敘述區塊
Loop
```

```
1  Do While a <= 10        '計算1加到10的總和
2      sum = sum + a
3      a = a + 1
4  Loop
```

11-4 撰寫第一個VBA程式

　　在錄製巨集時，Excel會自動產生一個模組來存放巨集對應的程式碼；在撰寫一個新的VBA程式之前，也須插入一個模組。**模組**(Module)就是撰寫VBA程式碼的場所，也是執行程式碼的地方。

◆01 開啓**計算售價.xlsx**檔案，按下「**開發人員→程式碼→Visual Basic**」按鈕；或是直接按下**Alt+F11**快速鍵，開啓Visual Basic編輯器。

◆02 按下功能表上的「**插入→模組**」功能，在專案總管視窗中就會新增一個預設名稱爲Module1的模組，並開啓屬於該模組的空白編輯視窗。

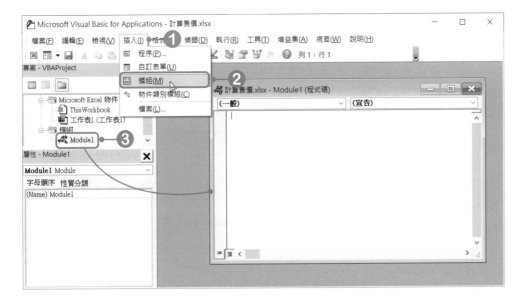

◆03 按下功能表上的「**插入→程序**」功能,開啟「新增程序」對話方塊。

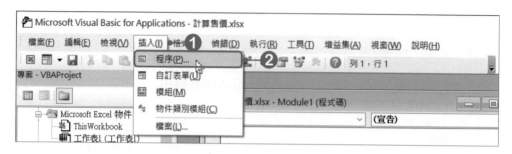

◆04 在「新增程序」對話方塊中,輸入欲建立的程序名稱,設定程序型態為 **Sub**、有效範圍為 **Public**,設定好後,按下**確定**按鈕。

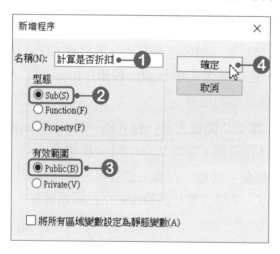

◆05 接著就可以在 **Sub** 開始至 **End Sub** 敘述之間輸入程式碼。

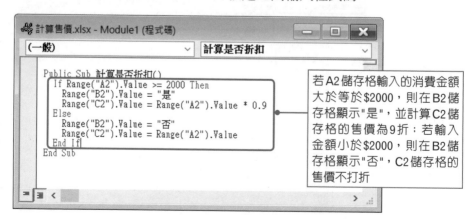

```
Public Sub 計算是否折扣()
  If Range("A2").Value >= 2000 Then
    Range("B2").Value = "是"
    Range("C2").Value = Range("A2").Value * 0.9
  Else
    Range("B2").Value = "否"
    Range("C2").Value = Range("A2").Value
  End If
End Sub
```

若 A2 儲存格輸入的消費金額大於等於 $2000,則在 B2 儲存格顯示"是",並計算 C2 儲存格的售價為 9 折;若輸入金額小於 $2000,則在 B2 儲存格顯示"否",C2 儲存格的售價不打折

Example 11 VBA程式設計入門

◆06 程式碼撰寫完成後，點選一般工具列上的 ⊠ **檢視Microsoft Excel** 按鈕；或是直接按下鍵盤上的 **Alt+F11** 快速鍵，回到Excel視窗中。

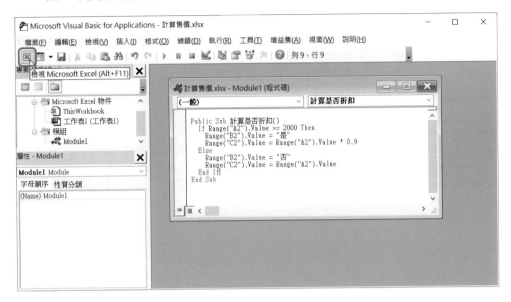

◆07 按下「**開發人員→控制項→插入**」按鈕，於選單中選擇 ▭ **按鈕** 圖示。

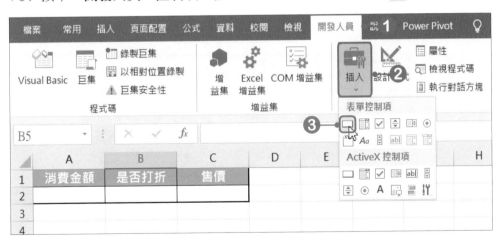

除了可以利用「**插入→圖例→圖案**」指令來製作執行按鈕外(詳細操作參閱本書第10-4節)，也可以利用「**開發人員→控制項→插入**」指令，在工作表中插入表單控制項。

08 選擇好後，於工作表空白處拉出一個區塊為按鈕大小，當放開**滑鼠左鍵**時，會自動開啟「指定巨集」對話方塊。

09 選擇要指定的巨集名稱，選擇好後按下**確定**按鈕，即可完成指定巨集的動作。

10 在按鈕上按下**滑鼠右鍵**，於選單中點選**編輯文字**按鈕。

Example 11 VBA程式設計入門

11 於按鈕中輸入顯示文字，輸入好後，在工作表空白處按下**滑鼠左鍵**即完成輸入。

	A	B	C	D	E
1	消費金額	是否打折	售價	計算售價	
2					
3					

12 在 A2 儲存格中輸入某客戶的消費金額為「2200」，輸入金額後，按下剛剛設定好的**計算售價**巨集按鈕，即可執行巨集。以本客戶來說，因為消費金額超過 $2000，所以儲存格B2會自動顯示"是"，且儲存格C2會計算售價為消費金額的9折。

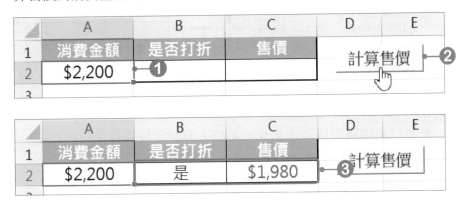

13 在 A2 儲存格中重新輸入另一客戶的消費金額為「1600」，輸入金額後，按下**計算售價**巨集按鈕。以本客戶來說，因為消費金額未超過 $2000，未達折扣標準，因此儲存格B2會自動顯示"否"，而儲存格C2則會與消費金額相同，不會打折。

	A	B	C	D	E
1	消費金額	是否打折	售價	計算售價	
2	$1,600	❶是	$1,980		
3					

	A	B	C	D	E
1	消費金額	是否打折	售價	計算售價	
2	$1,600	否	$1,600	❸	

14 確認VBA檔案的執行無誤後，在儲存檔案之前，要先設定VBA專案的保護，才能避免程式被任意更動。按下「**開發人員→程式碼→Visual Basic**」按鈕；或是直接按下鍵盤上的**Alt+F11**快速鍵，開啓Visual Basic編輯器。

15 按下功能列上的「**工具→VBAProject屬性**」功能，開啓「VBAProject-專案屬性」對話方塊。

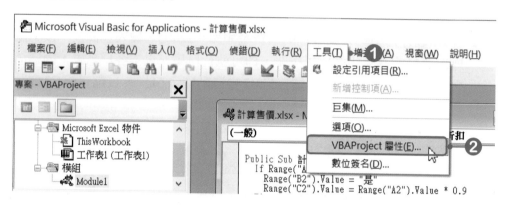

16 在「VBAProject-專案屬性」對話方塊中，點選**保護**標籤，將其中的**鎖定專案以供檢視**項目勾選起來，並於下方設定檢視專案的密碼(在我們的範例檔案中設爲chwa001)，設定完成後按下**確定**按鈕。

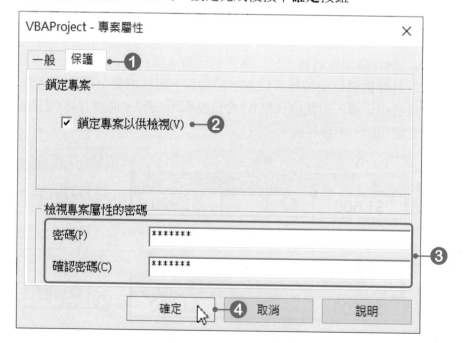

Example 11 VBA程式設計入門

17 最後點選一般工具列上的 🖾 **檢視Microsoft Excel** 按鈕；或是直接按下鍵盤上的**Alt+F11**快速鍵，回到Excel視窗中。

18 完成巨集程式的撰寫與保護設定後，按下「**檔案→另存新檔**」按鈕，開啓「另存新檔」對話方塊，按下**存檔類型**選單鈕，於選單中選擇**Excel啓用巨集的活頁簿**類型，選擇好後按下**儲存**按鈕。

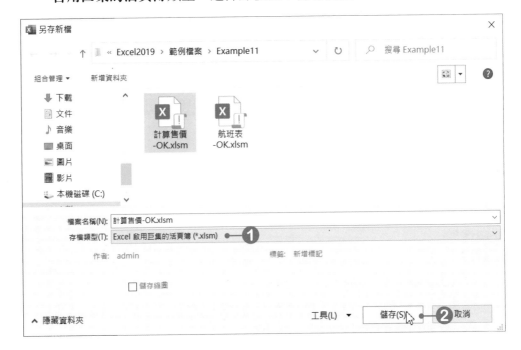

設定專案保護功能之後，日後若欲開啓Visual Basic編輯器來檢視或編輯VBA程式碼，就會出現「VBAProject密碼」對話方塊，須在此輸入正確密碼才能開啓專案內容。

● **選擇題**

( )1. 若A=-1:B=0:C=1，則下列邏輯運算的結果，何者為真？ (A) A>B And C<B (B) A<B Or C<B (C) (B-C)=(B-A) (D) (A-B)<>(B-C)。

( )2. 可以按照選擇的條件來選取執行順序，是哪一種控制流程結構？ (A)循序結構 (B)選擇結構 (C)重複結構 (D)以上皆非。

( )3. 下列VBA程式指令中，何者最適合用於多重選擇結構中？ (A) Do… Loop (B) For…Next (C) Option Base… (D) Select…Case。

( )4. 下列程式執行後，S值為何？ (A) 163 (B) 165 (C) 167 (D) 169。

```
S = 0
For i = 1 To 26 Step 2
    S = S + i
Next i
```

● **實作題**

1. 開啟「Example11→開課明細.xlsx」檔案，在工作表中建立「隱藏列」及「取消隱藏」兩個按鈕。

   ● 按下「隱藏列」按鈕，會隱藏目前儲存格所在的列。(語法提示：Rows(儲存格範圍).Hidden = True)

   ● 進行「隱藏列」操作前，設計一訊息方塊確認是否隱藏。(語法提示：MsgBox "訊息內容字串")

   ● 按下「取消隱藏」按鈕，會重新顯示被隱藏的列。(語法提示：Rows(儲存格範圍).Hidden = False)

	A	B	C	D	E	F	G
1	課程	授課教師	必選修	學分	星期/節次		
2	1131 計算機概論	林祝興	必修	3 - 0	三2 五3 五4		
3	1132 電子電路學	劉榮春	必修				
4	1133 電子電路學實驗	廖啟賢	必修				隱藏列
5	1134 C程式設計與實作	蔡清欉	必修				
6	1135 普通物理	黃宜豐	必修				
7	1136 C程式設計與實作	陳隆彬	必修				取消隱藏
8	1137 數位創新導論與實作	資工教師	必修				
9	1138 3D列印實作	焦信達	必修				
10	1139 C程式設計與實作	蔡清欉	必修	3 - 0	二2 五6 三7 三8		

Microsoft Excel ×

確定隱藏目前儲存格所列？

確定

大數據資料視覺化
—Power BI

資訊科技的進步，讓各種決策有了客觀及重要的資訊可以參考，而大數據資料蒐集與分析技術的引入，更是影響決策速度與品質的關鍵，要如何快速處理與分析大量資料，產生簡單易懂的圖表結果，讓資料視覺化(Data Visualization)，而能廣泛應用至各個領域，已是目前大家所重視的一環。

資料視覺化是指運用特殊的運算模式、演算法將各種數據、文字、資料轉換為各種圖表、影像，成為易於吸收，容易讓人理解的內容。

Power Query 編輯器

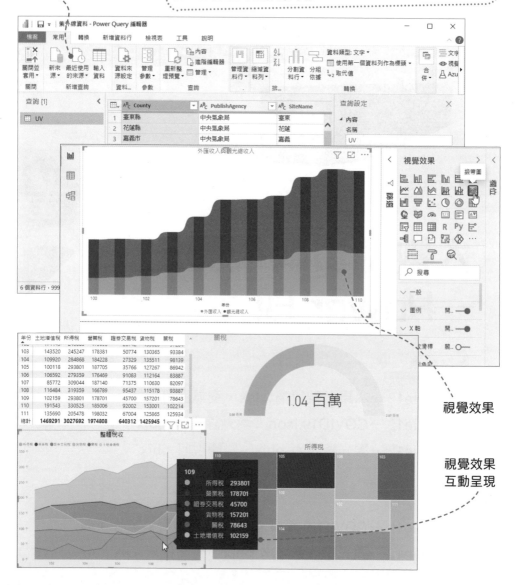

視覺效果

視覺效果
互動呈現

Example 12 大數據資料視覺化 — Power BI

12-1 認識Power BI

Power BI是Microsoft推出的可視化數據商務分析工具套件，可用來分析資料及共用深入資訊，將複雜的靜態數據資料製作成動態的圖表。Power BI提供了Power Pivot、Power Query、Power View及Power Map等四個增益集工具，分別說明如下：

- **Power Pivot**：可以建立資料模型、建立關聯，以及建立計算。
- **Power View**：可以建立互動式圖表、圖形、地圖以及其他視覺效果，讓資料更加生動。
- **Power Query**：可以探索、連線、合併及精簡資料來源，以符合分析需求的資料連線技術。
- **Power Map**：可以建立互動式3D地圖。

Power BI提供了Power BI Desktop及Power BI Mobile版本，前者是Windows桌面應用程式，要安裝於電腦中使用；後者則是要在行動裝置中安裝App，這二者都是免費的。

Power BI網站 (https://powerbi.microsoft.com/zh-tw/)

12-2 下載及安裝Power BI Desktop

Power BI Desktop是Windows桌面應用程式，若要使用時可先至官方網站下載並安裝，即可在電腦中輕鬆讀取各種資料來源，分析資料，並將數據視覺化。

◆01 進入Power BI官網的Power BI Desktop頁面中 (https://powerbi.microsoft.com/zh-tw/desktop/)，按下**免費下載**按鈕。

◆02 網站會要求開啓Windows系統的Windows Store，在該視窗按下**取得**按鈕，即可進行下載。

Example 12 大數據資料視覺化－Power BI

◆03 下載完成後，按下**啟動**按鈕，進行安裝的動作。

◆04 程式安裝完成後，便會啟動Microsoft Power BI Desktop，再按下**開始使用**按鈕，即可進入操作視窗中。

05 進入操作視窗前，會開啟輸入電子郵件的訊息，這裡可以自行決定是否要輸入電子郵件地址。

06 進入 Microsoft Power BI Desktop 操作視窗。

Example 12 大數據資料視覺化─Power BI

12-3 Power BI Desktop的檢視模式

Power BI Desktop主要分為📊報告、▦資料、🔧模型等三個檢視模式，分別說明如下：

● **報告檢視**：可在頁面中建立各種視覺效果類型。

● **資料檢視**：可以檢查、瀏覽及了解Power BI Desktop模型中的資料。

● **模型檢視**：會顯示模型中所有的資料表、資料行及關聯性。這在模型中包含許多資料表，且其關聯十分複雜時十分實用。

要切換檢視模式時，按下視窗左邊瀏覽窗格中的📊、▦、🔧按鈕即可。

12-4 取得資料

Power BI Desktop可取得的資料來源包括了：Excel檔案、CSV檔案、Access資料庫、XML、JSON等，除此之外，也可以透過線上服務(如：Facebook、Google Analytic)取得資料。

◎ 載入Excel活頁簿

◆01 進入Power BI Desktop操作視窗中，按下「**常用→資料→取得資料**」按鈕，於選單中點選**Excel**。

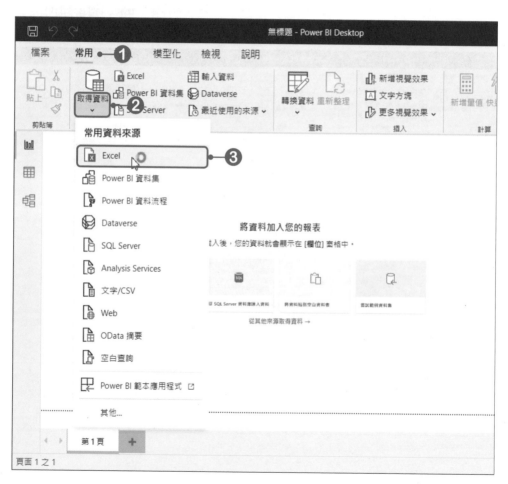

Example 12 大數據資料視覺化 – Power BI

◆02 進入「開啟」對話方塊後，選擇要載入的資料，再按下**開啟**按鈕。

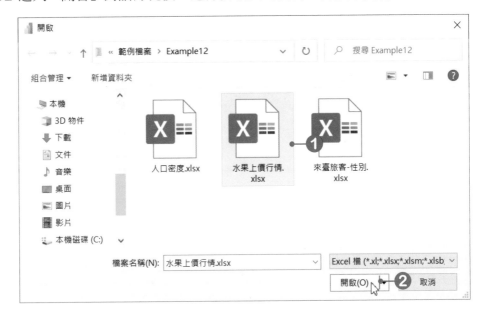

◆03 進入**導覽器**視窗後，勾選要載入的資料表，勾選好後按下**載入**按鈕。

◆**04** 按下**載入**按鈕後，資料便會載入到Power BI Desktop中，在報告檢視模式下，右側**欄位**窗格中即可看到剛剛載入的資料表項目。

◎ 載入CSV文字檔格式

CSV格式的檔案通常會以**逗號字元**來分隔欄位資料，而載入的方式與Excel檔案大致上相同，最大的差異只在要選擇**分隔符號**。

◆**01** 按下「**常用→資料→取得資料**」按鈕，於選單中點選**文字/CSV**。進入「**開啟**」對話方塊後，選擇要載入的資料，再按下**開啟**按鈕。

◆**02** 開啟該檔案預覽視窗後，於**分隔符號**選項中可以選擇檔案的分隔符號，選擇好後按下**載入**按鈕。

Example 12 大數據資料視覺化—Power BI

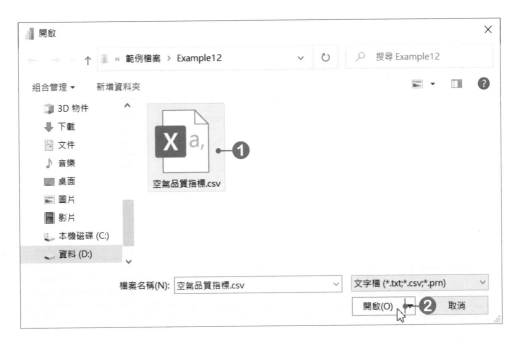

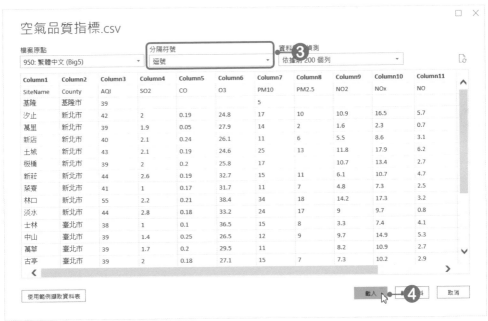

03 資料載入後，進入**資料檢視**模式中，即可觀看資料內容。

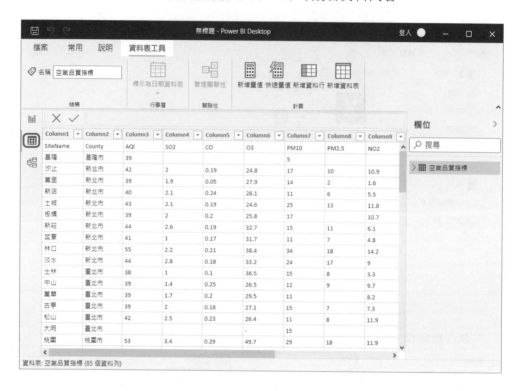

取得網路上的開放資料

　　網路上開放資料平台中，最常見的資料格式有XML、CSV、JSON等，而這些格式也都可以很輕鬆的載入到Power BI Desktop中。

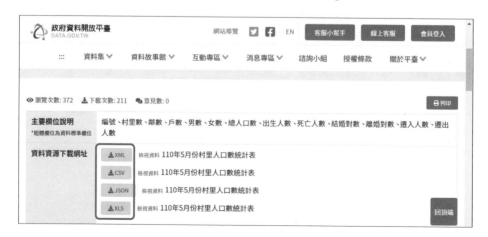

Example 12 大數據資料視覺化─ Power BI

載入XML與JSON檔案的過程大致上與載入Excel檔案相同，若要載入網路資料開放平台上的檔案時，可以先將檔案下載至電腦中，再進行載入的動作。

這裡以政府資料開放平臺為例(https://data.gov.tw)，進入該網站中下載JSON格式的檔案(以Google Chrome瀏覽器為例)。

→01 按下要下載的檔案格式，此時會在瀏覽器開啟該檔案，你會看到一堆數字以及斜線，這裡請直接按下**滑鼠右鍵**，於選單中點選**另存新檔**。

> 下載檔案時，有些檔案會直接以儲存檔案方式下載，有些則會直接於瀏覽器中開啟，每個網站所提供的方式不同，這裡請依實際狀況執行。

◆02 開啓「另存新檔」對話方塊，選擇儲存位置，選擇好後按下**存檔**按鈕。

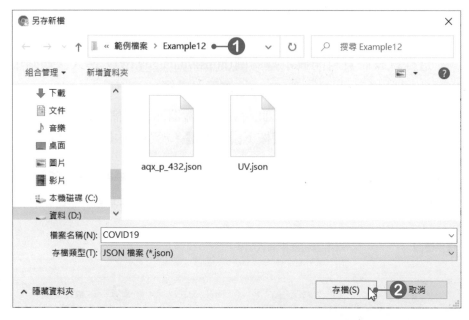

◆03 檔案下載完成後，進入 Power BI Desktop，按下「**常用→資料→取得資料**」按鈕，於選單中點選**其他**。

Example 12 大數據資料視覺化—Power BI

04 開啟「取得資料」視窗，按下**全部**選項，於清單中點選**JSON**，點選後按下**連接**按鈕。

JSON (JavaScript Object Notation)是以文字為基礎的資料交換檔案格式，可以儲存簡單的資料結構和物件，經常用於 Web 應用程式之間的資料交換。JSON 的內容是文字格式，因此幾乎可以使用任何文字編輯器來建立或開啟。

05 開啟「開啟」對話方塊後，選擇剛剛下載的檔案，按下**開啟**按鈕。

06 開啟後，會進入 **Power Query 編輯器**操作視窗中，且資料已轉換為表格。

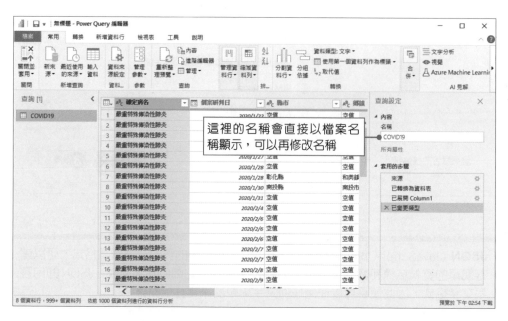

Example 12 大數據資料視覺化—Power BI

07 資料沒問題後，最後按下「**常用→關閉→關閉並套用**」按鈕，於選單中點選**關閉並套用**。

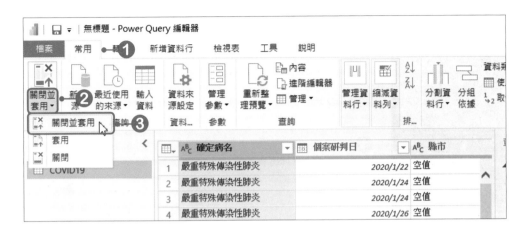

08 回到Power BI Desktop操作視窗後，資料便完成載入。

◎ 儲存檔案

資料匯入後，按下「**檔案→儲存**」按鈕，開啟「另存新檔」對話方塊，即可進行儲存的設定，Power BI Desktop的檔案格式為**pbix**。

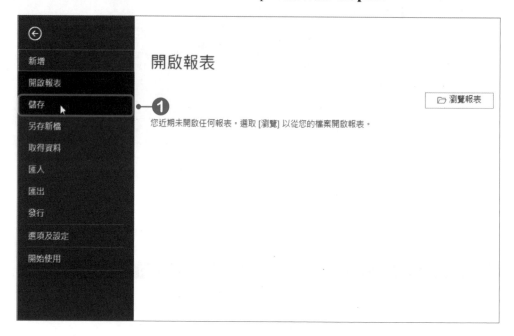

Example 12 大數據資料視覺化－Power BI

12-5 Power Query編輯器

當資料匯入Power BI Desktop後，若要進行整理或修改內容時，可以透過**Power Query編輯器**進行，在Power Query編輯器中可以變更資料表名稱、資料行標題名稱、移除不需要的資料行、變更資料來源、變更資料類型等。

◎ 進入Power Query編輯器

要進入Power Query編輯器時，只要按下「**常用→查詢→轉換資料**」按鈕，於選單中點選**轉換資料**，即可開啓Power Query編輯器操作視窗。

在 Power Query 編輯器中的資料內容，**直的為資料行；橫的為資料列**，這與 Excel 有點不太相同。

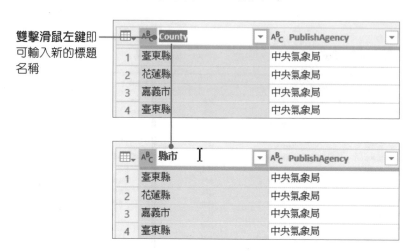

變更資料行標題名稱

要變更資料行標題名稱時，只要在標題名稱上**雙擊滑鼠左鍵**，即可輸入新的標題名稱，輸入完後按下 **Enter** 鍵即可。

雙擊滑鼠左鍵即可輸入新的標題名稱

Example 12 大數據資料視覺化—Power BI

移除不需要的資料行

要將不需要的資料行移除時，先選取資料行，再按下「**常用→管理資料行→移除資料行**」按鈕，於選單中點選**移除資料行**即可。

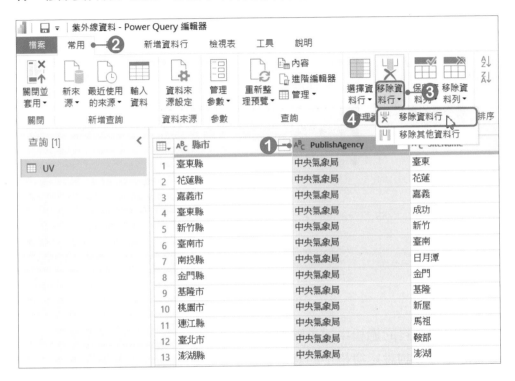

若一次要移除多個資料行時，按下「**常用→管理資料行→選擇資料行**」按鈕，於選單中點選**選擇資料行**，開啟「選擇資料行」對話方塊。

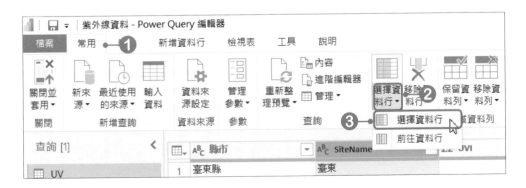

在「選擇資料行」對話方塊中，將不要的資料行勾選取消(表示要移除)，取消勾選後按下**確定**按鈕即可。

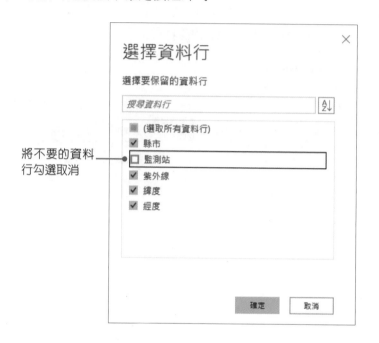

將不要的資料
行勾選取消

在整理資料的過程中，步驟都會被記錄在**查詢設定窗格**中的**套用的步驟**清單裡，若要恢復前一個步驟，可以按下該步驟前的**X刪除**按鈕，將此步驟刪除，就會恢復到該步驟套用前的狀況。

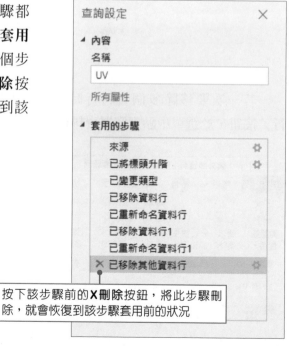

按下該步驟前的**X刪除**按鈕，將此步驟刪除，就會恢復到該步驟套用前的狀況

Example 12 大數據資料視覺化─Power BI

變更資料類型

當我們將資料載入到Power BI Desktop時，會自動將資料轉換成最合適的資料類型，若覺得該資料類型不合適時，也可以進入Power Query編輯器中進行修改。Power Query提供了小數、整數、百分比、日期/時間、文字等資料類型。

要轉換資料類型時，點選要轉換的資料行，按下「**轉換→任何資料行→變更資料類型**」按鈕，於選單中點選要轉換的資料類型。

在任何資料行群組中提供了**偵測資料類型**功能，使用此功能可以偵測該行的資料類型。

在每個資料行的標題名稱旁都會直接顯示該資料的資料類型圖示，從圖示中可以看出此資料行的資料類型，而按下該圖示，會開啟資料類型選單，在此也可以選擇要變更的資料類型。

	縣市		紫外線		緯度	
1	臺東縣		1.2 小數	8		224508
2	花蓮縣		$ 位數固定的小數	1		235830
3	嘉義市		1²3 整數	8		232945
4	臺東縣		% 百分比	4		230551
5	新竹縣		日期/時間	9		244940
6	臺南市		日期	4		225936
7	南投縣		時間	8		235253
8	金門縣		日期/時間/時區	1		242426
9	基隆市		持續時間	2		250760
10	桃園市		A³C 文字	5		250024
11	連江縣		True/False	8		261009
12	臺北市		二進位	1		251057
13	澎湖縣			1		233356
14	臺中市		使用地區設定...	5		240845
15	高雄市			1.73		223358
16	屏東縣			3.73		220014
17	臺東縣			7.66		220213
18	宜蘭縣			7.38		244550

移除空值(null)資料列

當資料中出現空值時，會自動顯示「null」，表示該資料列沒有資料，此時可以利用移除空白功能將空值移除。

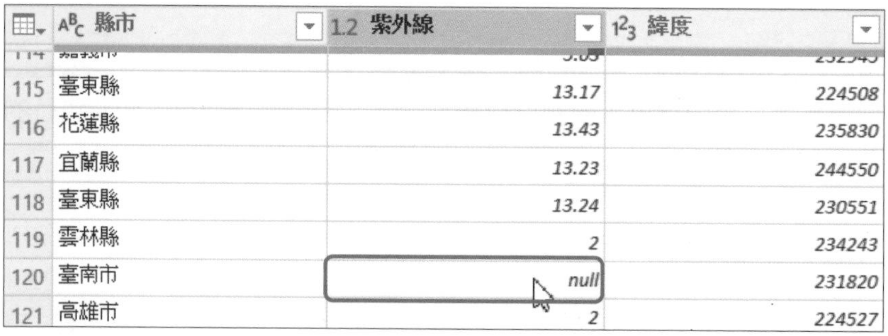

	縣市		紫外線		緯度	
114	嘉義市		5.05			232945
115	臺東縣		13.17			224508
116	花蓮縣		13.43			235830
117	宜蘭縣		13.23			244550
118	臺東縣		13.24			230551
119	雲林縣		2			234243
120	臺南市		null			231820
121	高雄市		2			224527

Example 12 大數據資料視覺化— Power BI

要移除空值時，只要按下篩選鈕，於選單中點選**移除空白**，或將**null**勾選取消，再按下**確定**按鈕，即可將空值移除。

若要再顯示空值時，按下篩選鈕，於選單中點選**清除篩選**，便可顯示有空值的資料。

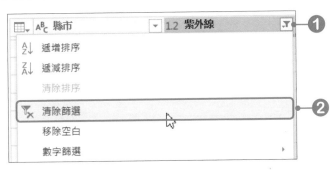

套用Power Query編輯器內的調整

在Power Query編輯器內整理好資料後，最後須執行套用，才會將整個調整結果套用至資料表，回到Power BI Desktop時，才能使用該份資料進行視覺化圖表的製作。

按下「**常用→關閉→關閉並套用**」按鈕，於選單中點選**關閉並套用**，在Power Query編輯器內所做的變更都會套用到資料表中，並回到Power BI Desktop操作視窗中。

Example 12 大數據資料視覺化－Power BI

12-6 建立視覺化圖表

在Power BI Desktop中有了資料表後，便可將資料以視覺化圖表來呈現。

◎ 在報表中建立視覺效果

Power BI Desktop提供了多種視覺效果類型，如：橫條圖、直條圖、折線圖、區域圖、圓形圖、環圈圖、漏斗圖、地圖、區域分佈圖、卡片、量測計、樹狀圖、資料表、矩陣、交叉分析篩選器、KPI等。

在Power BI Desktop要於**報告檢視模式**中的**畫布**建立視覺效果，報表可以有一個或多個頁面，就像Excel活頁簿可以有一或多個工作表一樣；而一個報表畫布內可以有多種視覺效果類型。

這裡請開啟**觀光總收入.pbix**檔案，進行以下練習。

◆01 進入**報告檢視模式**，於**視覺效果窗格**中，點選要使用的類型，該類型便會加入到畫布中。

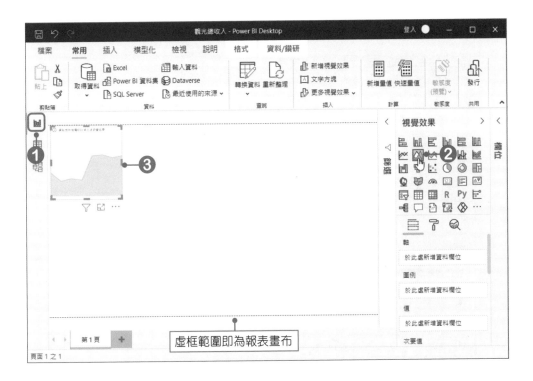

虛框範圍即為報表畫布

◆**02** 於**欄位窗格**中將**年份**欄位拖曳至**視覺效果窗格**中的**軸**項目裡；將**外匯收**
入及**觀光總收入**拖曳至**視覺效果窗格**中的**值**項目裡。

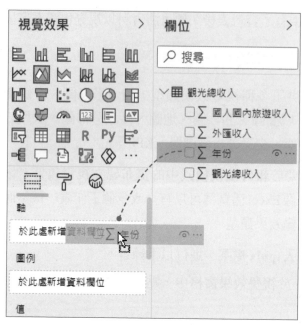

Example 12 大數據資料視覺化—Power BI

03 在畫布中的視覺效果便會呈現數據資料。將滑鼠游標移至右下角的控制點，按著**滑鼠左鍵**不放並拖曳滑鼠即可調整大小。

將滑鼠游標移至右下角的控制點，按著**滑鼠左鍵**不放並拖曳滑鼠即可調整大小

格式設定

在畫布中建立好視覺效果後，即可進行視覺效果的格式設定。

01 點選 格式按鈕，按下**圖例**選項的 ∨ 展開鈕，設定圖例的**位置**及**文字大小**。

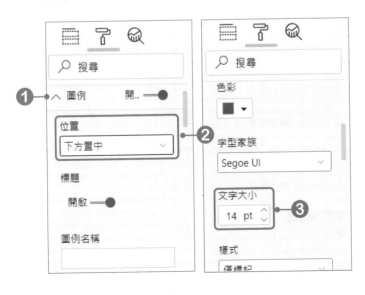

◆02 展開**X軸**選項，設定X軸的文字大小；展開**Y軸**選項，設定Y軸的文字大小及顯示單位。

◆03 將**資料標籤**開啟，並設定資料標籤的文字大小。

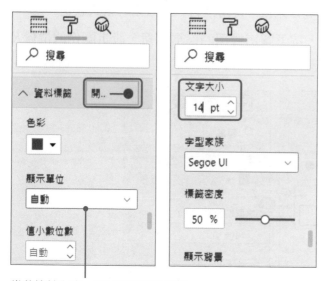

當數值較大時，可以在**顯示單位**選項中，指定數值的顯示單位

Example 12 大數據資料視覺化 - Power BI

◆04 展開**標題**選單，設定標題文字、字型色彩、對齊方式及文字大小。

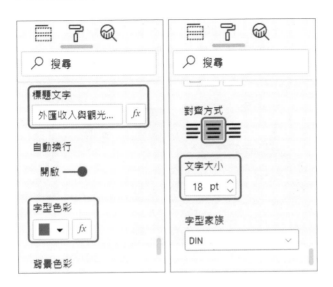

◆05 在進行格式設定時，設定的結果會立即呈現於視覺效果中。

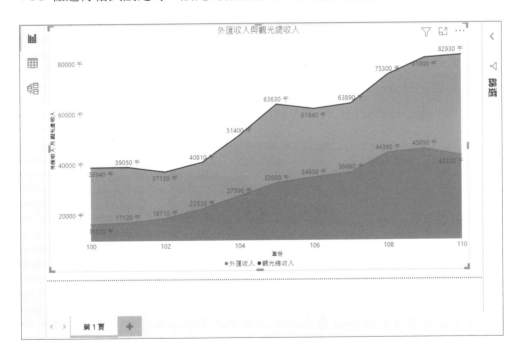

增加或移除欄位

在建立視覺效果時，可以隨時加入欄位，或移除某個欄位。只要在**欄位窗格**中勾選要加入的欄位，或將要移除的欄位勾選取消即可。

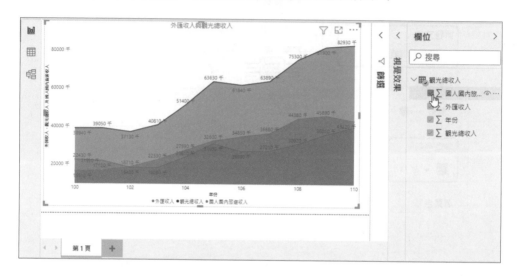

變更視覺效果類型

若要將已建立好的視覺效果變更不同類型時，先點選要變更類型的視覺效果，再於**視覺效果窗格**中點選要使用的類型即可。

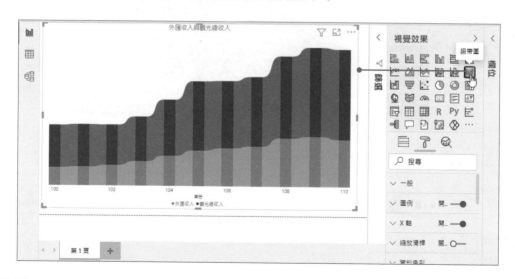

Example 12 大數據資料視覺化—Power BI

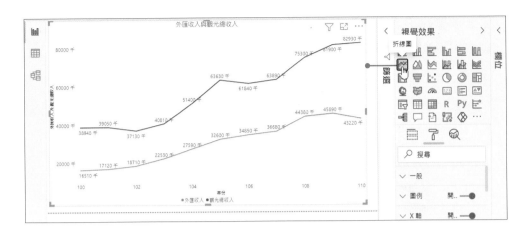

在更換類型時，若視覺效果不屬於同類型，例如：直條圖要更換為環圈圖，在更換後，可能會需要調整欄位及格式，才能完整呈現視覺效果。

新增與刪除空白頁面

在**報告檢視模式**中，預設只有一個空白頁面，若要再新增頁面時，按下頁面標籤旁的**新增頁面**按鈕，即可新增空白頁面。

　　若要刪除不需要的頁面時，將滑鼠游標移至要刪除的頁面標籤上，右上角就會出現 **X** 按鈕，按下 **X** 按鈕即可將此頁面刪除。

12-7　調整報表畫布的頁面大小及檢視模式

　　報表畫布是用來展示視覺效果的區域，而該畫布是可以設定頁面大小及檢視模式。這裡請開啓**整體稅收 .pbix** 檔案，進行以下練習。

◎ 調整頁面大小及背景色彩

　　在預設下報表畫布的頁面大小為 **16:9**，而大小是可以依據實際需求來調整的，可以選擇的大小除了 16:9 外，還有 4:3 的尺寸，若沒有符合的尺寸還可以自訂畫布大小。

→01 進入**報表檢視模式**中，確定在工作區未選取任何頁面上的物件。

→02 於**視覺效果窗格**中按下 📌 按鈕，展開**頁面大小**選單，按下**鍵入**選單鈕，即可選擇要使用的頁面大小。

Example 12 大數據資料視覺化 — Power BI

◆03 展開**頁面背景**選單，按下**色彩**選單鈕，選擇要使用的色彩；拖曳**透明度**拉桿，調整色彩的透明度。

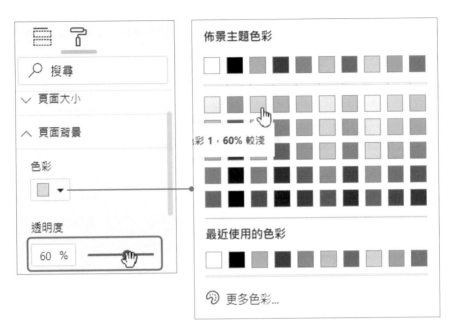

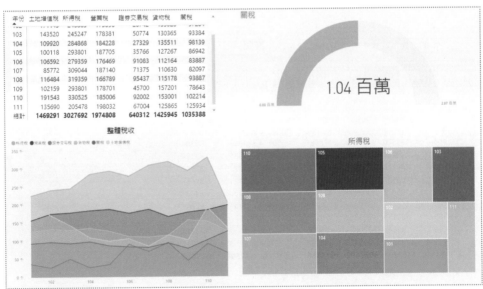

切換報表畫布檢視模式

Power BI Desktop 提供了**符合一頁大小、符合寬度**及**實際大小**三種報表畫布檢視模式，若要變更時，按下「**檢視→縮放至適當比例→整頁模式**」按鈕，於選單中選擇要使用的模式。

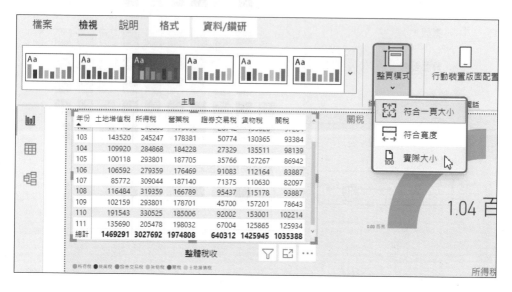

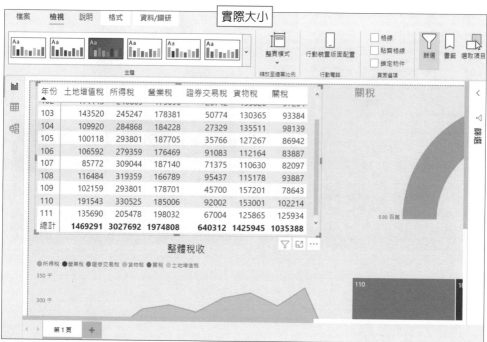

Example 12 大數據資料視覺化—Power BI

使用焦點模式展示視覺效果

Power BI Desktop在單一報表頁面上可以製作多個視覺效果，當需要將某個視覺效果展開到整個頁面時，可以使用**焦點模式**來檢視視覺效果。

◆**01** 按下要放大的視覺效果物件的 ⮺ **焦點模式**按鈕，即可進入焦點模式中。

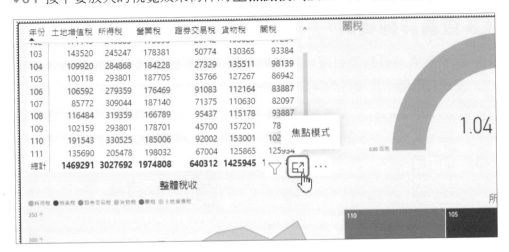

◆**02** 在焦點模式中還是可以進行視覺效果、欄位等設定，若要返回報表時，按下頁面左上角的**回到報表**即可。

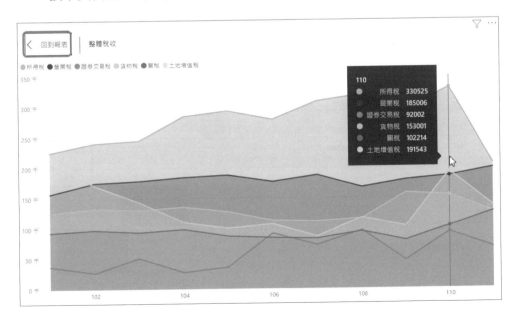

12-8 視覺效果的互動

在相同的報表頁面上有多個視覺效果時，若有相關聯的項目，即可產生視覺效果上的互動。這裡請繼續使用**整體稅收.pbix**檔案，進行以下練習。

查看詳細資料

若要查看某資料項目時，只要將滑鼠游標停留在視覺效果的視覺項目上，便會自動顯示該項目的詳細資料。

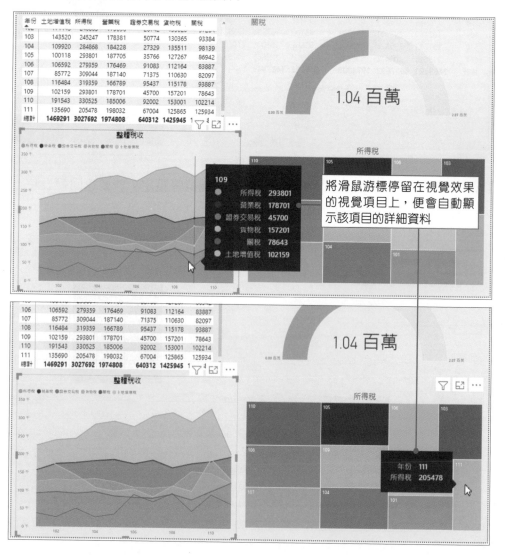

將滑鼠游標停留在視覺效果的視覺項目上，便會自動顯示該項目的詳細資料

Example 12 大數據資料視覺化 – Power BI

互動式視覺效果

在呈現視覺效果時，可以指定要顯示的資料數列的項目。當指定某個資料數列後，其他數列就會呈現半透明狀。

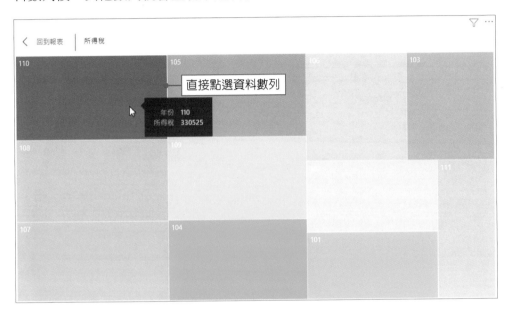

除了直接點選資料數列外，也可以按下**圖例**上的任一項目，視覺效果就會只呈現該項目的相關數列，其他數列則呈透明狀態。

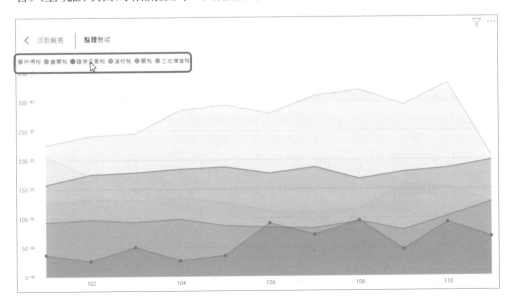

在頁面上若有多個以相同或具有關聯性的視覺效果呈現的資料數列時，如果選取任一資料數列，將會根據選取的數列變更其他視覺效果。

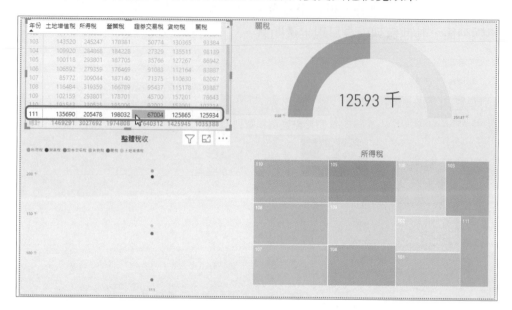

若要恢復所有資料項目時，只要再按一次剛才指定的項目，即可顯示所有資料項目。

變更視覺效果的互動方式

預設下在選按視覺效果中的任一資料項目時，會將其他項目呈現半透明狀態，此種呈現方式為**醒目提示**，若要更改這種互動方式時，先點選一個主要視覺效果，按下「**格式→互動→編輯互動**」按鈕。

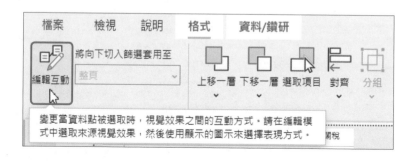

Example 12 大數據資料視覺化－Power BI

開啟**編輯互動**後，在視覺效果右上角就會顯示二個小圖示，利用這二個圖示即可指定要呈現的互動方式。

● **篩選**：點選任一資料項目時，其他項目會被隱藏。

● **無**：不與其他視覺效果產生互動。

例如：將樹狀圖的互動方式設定為**無**時，在區域圖中點選任一資料項目後，樹狀圖就不會跟著互動。

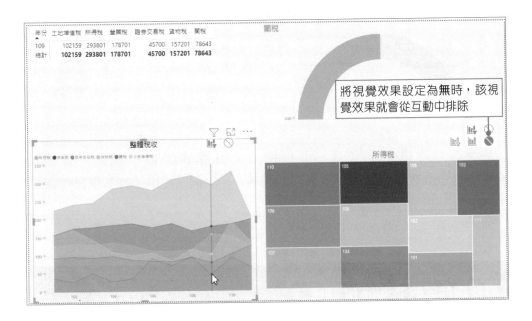

將視覺效果設定為**無**時，該視覺效果就會從互動中排除

互動效果間的互動方式調整好後，便會依指定的方式互動，若要再次變更時，只要再次開啟編輯互動模式即可。

12-9 線上學習

Power BI Desktop提供了線上學習文章、影片及Power BI部落格等,在學習的過程中,若有遇到什麼問題,可以先進入相關的教學網站,看看官方提供的教學影片,讓學習更快速。按下「**說明**」索引標籤,即可看到官方所提供的資源。

例如:若想要看文章,可以按下「**引導式學習**」按鈕,會連結至「Microsoft Power BI 引導式學習」網站中,該網站提供了許多學習內容。

● **選擇題**

(　　)1. 在 Power BI Desktop 中，下列哪個模式可以檢查、瀏覽資料？ (A)報表模式　(B)資料模式　(C)關聯性模式　(D)瀏覽模式。

(　　)2. 在 Power BI Desktop 中，下列哪個模式可以在頁面中建立各種視覺效果類型？ (A)報表模式　(B)資料模式　(C)關聯性模式　(D)瀏覽模式。

(　　)3. 在 Power BI Desktop 中，下列哪個模式會顯示模型中所有的資料表、資料行及關聯性？ (A)報表模式　(B)資料模式　(C)關聯性模式　(D)瀏覽模式。

(　　)4. 下列何者非 Power BI Desktop 可取得的資料來源？ (A) Excel 檔案　(B) CSV 檔案　(C) Access 資料庫　(D) Word 文件。

(　　)5. Power BI Desktop 的檔案格式為？ (A) pbix　(B) json　(C) xml　(D) xlsx。

(　　)6. 當資料匯入 Power BI Desktop 後，若要進行整理或修改內容時，必須進入下列哪套編輯器中？ (A) Power View　(B) Power Pivot　(C) Power Query　(D) Power Map。

(　　)7. 下列何者非 Power Query 所提供的資料類型？ (A)小數　(B)整數　(C)百分比　(D)分數。

(　　)8. 下列關於 Power BI Desktop 中的視覺效果說明，何者不正確？ (A)提供橫條圖、直條圖、折線圖、區域圖、圓形圖、環圈圖等視覺效果　(B)要於資料檢視模式中建立視覺效果　(C)建立視覺效果時，可以隨時加入欄位，或移除某個欄位　(D)一個頁面可以建立多個視覺效果。

(　　)9. 在 Power BI Desktop 中，報表畫布的頁面大小預設是？ (A) 16:9　(B) 4:3　(C) A4　(D) B5。

(　　)10.下列何種視覺效果的互動方式為：點選任一資料項目時，其他項目會被隱藏？ (A)醒目提示　(B)隱藏　(C)篩選　(D)無法辦到。

● **實作題**

1. 開啟 Power BI Desktop 進行以下設定。

　　● 將「Example12→人口密度 .xlsx」檔案，匯入至 Power BI Desktop 中。

　　● 在報表畫布中建立一個地圖視覺效果，將類別標籤開啟，並將泡泡大小設定為 5%。

2. 開啟「Example12→來臺旅客-性別.pbix」檔案,進行以下的設定。

● 刪除沒有資料的資料行。

● 在報表畫布中加入資料表、折線圖、量測計、樹狀圖等視覺效果,格式請自行設定。

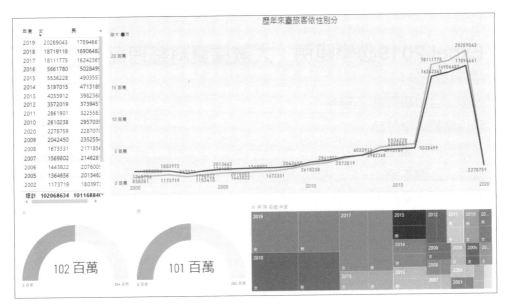

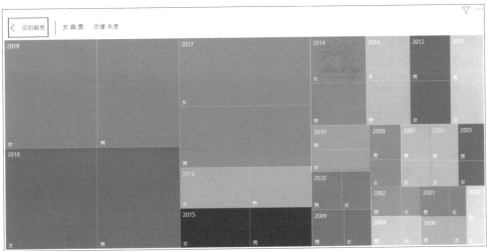

國家圖書館出版品預行編目資料

Excel 2019必學範例：大數據資料整理術 / 全華研究室, 王麗琴
著. -- 初版. -- [新北市] : 全華圖書股份有限公司, 2021.07
　　面；　　公分
　　ISBN　978-986-503-794-9 (平裝附光碟片)
　　1.EXCEL 2019 (電腦程式)
312.49E9　　　　　　　　　　　　　　　　110009908

Excel 2019必學範例：大數據資料整理術

（附範例光碟）

作者／全華研究室 王麗琴

執行編輯／李慧茹

封面設計／盧怡瑄

發行人／陳本源

出版者／全華圖書股份有限公司

郵政帳號／ 0100836-1 號

印刷者／宏懋打字印刷股份有限公司

圖書編號／ 06481007

初版二刷／ 2022 年 10 月

定價／新台幣 480 元

ISBN ／ 978-986-503-794-9 (平裝附光碟片)

ISBN ／ 978-986-503-999-8 (PDF)

全華圖書／ www.chwa.com.tw

全華網路書店／ www.opentech.com.tw

若您對書籍內容、排版印刷有任何問題，歡迎來信指導 book@chwa.com.tw

臺北總公司(北區營業處)
地址：23671新北市土城區忠義路21號
電話：(02) 2262-5666
傳真：(02) 6637-3695、6637-3696

南區營業處
地址：80769高雄市三民區應安街12號
電話：(07) 381-1377
傳真：(07) 862-5562

中區營業處
地址：40256臺中市南區樹義一巷26號
電話：(04) 2261-8485
傳真：(04) 3600-9806 (高中職)
　　　(04) 3601-8600 (大專)